国家出版基金项目
NATIONAL PUBLICATION FOUNDATION

中国卷

世界灌溉工程遗产研究丛书

谭徐明　总主编

可持续水利工程的典范

旷良波　著

都江堰

长江出版社
CHANGJIANG PRESS

总序

在世界广袤的大地上，分布着丰富且类型多样的人类文明，古代灌溉工程就是其中之一。直到今天，还有相当数量的古代灌溉工程在持续地为人们提供着生活、灌溉和生态供水服务。现存的古代灌溉工程历经长久考验，没有成为西风残照的废墟，也没有成为书籍中刻板的回忆，而是以与自然融为一体的形态存在，并成为兼具工程价值、科学价值和文化价值的人类文明奇迹。

2014年，国际灌溉排水委员会（ICID）开始在世界范围内评选收录灌溉工程遗产，旨在挖掘、保护、利用和宣传具有历史意义的灌溉工程所蕴含的自然哲理、科学思想、文化价值和实用价值。从2014年至2020年，经由中国国家灌排委员会推荐和国际评委会评审，我国有安徽的芍陂、四川的都江堰等二十处具有历史意义的灌溉工程入选世界灌溉工程遗产名录。由此，古老而丰富的中国灌溉工程遗产向世界又开启了一个了解和认识中国文明史的新窗口，让更多的人走进中国悠久而辉煌的水利史，探索这些工程中蕴藏的人与自然和谐相处的理念和古代贤人因势利导的治水智慧和方略。

粮食充裕则天下稳定，人民安居乐业，而灌溉工程正是在洪涝干旱灾害频发的自然环境下保障粮食丰收的关键所在。中国是灌溉文明古国，历朝历代从一国之君到州县官员无不重农桑兴水利，并确立了从中央到民间权、责、利相互结合的灌溉管理制度。农耕文明下的这些灌溉工程及其管理制度和道德约束，为水利发展注入了民族精神，并在历史的长河中衍生出独特的文化和记忆，使得现存的古代灌溉工程在这一独特的文化滋养下世代相传、经久不衰。每一处灌溉工程遗产都是人与自然和谐相处和可持续发展活生生的实证。

中国 5000 年的农耕文明史中，因水资源禀赋和自然环境差异而建造出类型丰富、数量众多的灌溉工程。留存下来的古代灌溉工程得以延续至今，往往缘于这一灌溉工程在规划、选址、选型、建设和管理上的可持续性，随着科技和社会的发展，其功能和效益仍在扩展中。如安徽寿县的芍陂，是我国历史最悠久的大型陂塘蓄水灌溉工程，它始建于战国时期最强盛的楚国，历经 2600 多年后，至今仍灌溉着 67 万亩农田，并成为今天淠史杭灌区的反调节水库。再如有 2270 多年历史的四川都江堰，是世界上年代最久远、仍在发挥作用的无坝引水灌溉工程。留存至今的古代灌溉工程堪称人与自然和谐相处的典范，是可持续发展的活样板。

抛弃历史的前进，终究是无本之木，善于继承方能更好创新发展。在我们拥有先进科学技术的当代，从灌溉工程遗产中汲取经过历史检验的科学理念、智慧和经验，把现代科学技术与经过历史检验的思想和理念相结合，有助于更好地设计和建造人水和谐与可持续发展的灌溉工程。灌溉工程遗产也是重要的文化传承，在灌区现代化建设的过程中应该同时加强对灌溉工程遗产和灌溉文明的保护，让中华大地上美轮美奂的古代灌溉工程和丰富多彩的灌溉文化依然充满生命力，让历史文化在流水潺潺的水渠、在生机勃勃的田野得到永恒延续发展，为我国灌溉文化的生命传承和建设现代化生态灌区注入不竭的动力。

中国水利水电科学研究院原总工程师
2011—2014 年国际灌溉排水委员会第 22 届主席

2023 年 8 月于北京玉渊潭

俯瞰都江堰

序

都江堰是世界上历史最为悠久且仍在发挥作用的古代水利工程。这部书以可持续为切入点，使得对都江堰的历史探寻具有深度和广度。

公元前256年，都江堰始建于一统中国的前夜。它历经两千多年无数天灾人祸的冲击，始终屹立在岷江之上，一如既往地为成都平原的繁荣与稳定提供坚实的保障。今天的都江堰以更加青春勃发的姿态将水利的福祉越过成都平原向川中丘陵区扩展，这是世界水利史的奇迹，源自都江堰可持续的天然禀赋。

从迈出校门，我就在都江堰工作，熟悉玉垒关下滔滔岷江以及屹立其间的鱼嘴、飞沙堰、宝瓶口。奔涌的内江流过离堆和南桥，下游不远处就是我工作了三十年的地方。在流向成都平原的一江碧水中，寄托了我对都江堰深厚的情感，令我时常追寻它的历史，叩问它的今天和未来：当如何保留它的历史魅力，又让它延绵不绝持续发展。

东流不尽秦时水。都江堰独步千古长盛不衰的秘诀，在于中国"道法自然""天人合一"的本土哲学思想。都江堰利用山形地势，采用传统堰工技术，坚持顺应引导而不是阻碍对抗，避免对环境的破坏性改造，这种基于道法自然的建设方式、臻于"天人合一"的至高境界，使工程与自然环境浑然天成。岷江分入宝瓶口的一泓清水，成为四川人民赖以生存发展的福泽，亘古以来奔流如斯，不舍昼夜。都江堰在兴利除害的同时，不断改善和优化灌区自然生态环境，将工程本身融为自然景观以及生态系统的有机部分，人与水跨越时空和谐共生，"利水"与"水利"兼得。都江堰的治水实践和成功范例，为世界水利乃至人类可持续发展贡献了"中国智慧"，提供了"中国借鉴"。

我从1989年到2004年历任四川省都江堰管理局副局长、局长，经历了改革开放不断推进和深化的时期，这也是水利事业不断发展和创新的年代，这段时间都江堰开启续建配套与节水改造大建设，同时推进水利管理体制机制改革等一系列重大创新，使灌区水利管理在全国大型灌区中处于领先地位，创造了中国水利的多个第一，如全国规模第一的特大型灌区，第一个突破1000万亩灌面的灌区，等等。在水利建设与管理不断推进的同时，都江堰的知名度和文化影响力也在不断提升。

"历代治蜀者均以治水为重"。与都江堰一以贯之的思想内核相生伴行的是历代堰功人的上下求索，他们根植于文化土壤，励精图治，探寻都江堰的最佳布局和工程构造，推动都江堰治水理念、技术和制度的不断发展。我任职期间，努力挖掘传统文化，在民间相传共循的阴历六月二十四李冰生日这一天举行都江堰灌区祭拜李冰的仪礼，以"既承先贤治水之余绪，昭彰盛世兴水之伟业"初心，企望吾辈水利人能够共勉前行。

本书作者旷良波1995年毕业于河海大学。旷良波同志生长于都江堰，又长期从事都江堰水利建设和管理工作，水利家庭出身和都江堰特有的生活、工作环境培育了他对水文化的深厚情感。作为兼具专业素养和人文情怀的复合型学者，他在三十载工作之

余，潜心于都江堰的研究，在都江堰的文化事业发展中颇有建树，先后参与都江堰博览馆建设、《都江堰文献集成》《都江堰创建史》编写、主编《都江堰志（续修）》、都江堰申报世界灌溉工程遗产等工作。本次编写的这本著作是他多年积累的成果，以翔实的资料为基础，对都江堰发展的历史脉络条分缕析，详尽地解析都江堰的效益、科技价值以及源远流长的文化，为都江堰水利史研究提供有益的参考与借鉴，也将中国灌溉工程遗产研究推向一个新的高度。这部书让我欣喜地看到都江堰文化的传承与光大。

　　是以为序。

2023 年 10 月于成都

（彭述明，教授级高级工程师，国务院特殊津贴专家。1974—2004 年就职于四川省都江堰管理局，1989 年任副局长，1994 年任局长；2004 年任四川省水利厅副厅长，2005 年任厅长；2008 年任四川省人大常委会民族宗教委员会主任；2008—2012 年兼任中国水利学会水利史专委会副会长。）

世界灌溉工程遗产研究丛书

中国卷

目录

概　述 | 001

◇ 第一篇　自然与人文 ◇

第一章　自然环境 | **008**

第一节　都江堰灌区范围 | 008

第二节　都江堰水源区域 | 009

一、都江堰水源区 | 009

二、水源区域自然概况 | 010

第三节　都江堰灌溉区域 | 011

一、自然概况 | 011

二、灌区水资源 | 013

第二章　社会经济情况 | **015**

第一节　政区与人口 | 015

一、都江堰渠首枢纽所在辖区沿革 | 015

二、灌区发展沿革 | 018

◇ 第二篇 都江堰渠首工程 ◇

第三章 都江堰的创建　026

第一节 古蜀先民治水　026

一、大禹治水　026

二、历代古蜀王朝治水　027

三、古蜀水利遗迹　028

第二节 李冰创建都江堰　031

一、李冰守蜀　031

二、李冰建堰　032

三、治蜀功绩　036

第四章 都江堰渠首工程的演变与发展　040

第一节 秦至宋代的渠首工程　040

一、两汉及三国时期　040

二、唐及五代时期　041

三、宋朝时期　043

第二节 元代渠首工程　044

一、元初都江堰的恢复及"硬堰"建筑的

初步探索　044

二、吉当普大修都江堰及铁龟鱼嘴的诞生　046

第三节 明代渠首工程　049

一、明初渠首的恢复与维护　049

二、明朝中期的渠首　051

三、施千祥大修都江堰　054

四、明末渠首的维护　056

世界灌溉工程遗产研究丛书

中国卷

第四节　清代的都江堰渠首　057

　　一、清朝早期都江堰的简易修复和维护　058

　　二、清代中期阿尔泰大修都江堰　062

　　三、强望泰治理都江堰　064

　　四、丁宝桢大修都江堰　066

第五节　民国时期都江堰渠首　070

　　一、民国前期都江堰治理　070

　　二、叠溪大洪水与都江堰大修　074

　　三、民国中、后期都江堰渠首维护　077

第五章　现代都江堰渠首枢纽　080

第一节　渠首枢纽工程范围　080

第二节　鱼嘴　083

　　一、鱼嘴位置　083

　　二、鱼嘴结构　084

　　三、鱼嘴分水堤　087

第三节　飞沙堰　087

　　一、飞沙堰的作用　088

　　二、飞沙堰的构造　090

第四节　宝瓶口　091

第五节　辅助工程　093

第六节　渠首闸群　093

　　一、外江临时节制闸　093

　　二、飞沙堰工业引水临时拦水闸　093

　　三、仰天窝分水闸　094

　　四、蒲柏闸　095

　　五、走江闸　095

六、沙黑总河进水闸 095

七、小罗堰枢纽闸群 096

八、漏沙堰闸 096

第七节 渠首水源调节工程——紫坪铺水利枢纽 097

第八节 成都市应急供水工程——磨儿滩水库 098

◇ 第三篇 都江堰灌区工程 ◇

第六章 成都二江渠系及灌区 100

第一节 二江溯流 101

一、郫江 102

二、检江 104

第二节 二江衍生水系 105

一、石犀溪 105

二、万岁池 106

三、始昌堰、升仙水、沙河 106

四、繁江、卫湖、清白江与赵家堰 109

五、九里堤、縻枣堰 111

六、新源水 114

七、官源渠与沙坎堰 114

八、解玉溪 115

九、金水河 115

十、后溪与摩诃池 118

十一、龙爪堰与浣花溪 121

十二、御河 122

十三、磨底河与螃蟹堰 124

十四、古佛堰 124

十五、其他 125

第七章　外江渠系及灌区　　126

第一节　李冰"导文井江"　　128

第二节　李冰"穿羊摩江"　　130

第三节　秦朝以后外江灌区的发展　　131

第四节　外江左岸渠系　　138

　一、望川原与新开河——江安河水系的演变　　138

　二、大朗堰　　141

第八章　湔江水系与蒲阳河灌区发展　　143

第一节　李冰导洛和治绵　　143

第二节　文翁穿湔江口　　145

第三节　蒲阳河灌区的发展　　146

第四节　纳入"都江堰世界灌溉工程"的
　　　　朱李火堰　　151

第九章　通济堰灌区的发展　　153

第一节　汉与三国时期通济堰的初创　　153

第二节　唐宋时期通济堰灌区的迅速发展　　155

第三节　元明清时期通济堰灌区的衰退与恢复　　158

第十章　现代的都江堰灌区　　161

第一节　老灌区的恢复与发展　　161

　一、干支渠调整及节制设施建设　　161

　二、渠系改建与灌区巩固优化　　162

第二节　灌区扩建与发展　　163

　一、扩建新灌区　　163

二、灌区扩（改）建 164

三、都江堰灌区续建配套与节水改造工程 164

◇ 第四篇　都江堰水利管理 ◇

第十一章　管理机构 167

第一节　渠首管理机构 167

第二节　官堰的管理 173

第三节　民堰的管理 175

第十二章　岁修管理 179

第一节　岁修制度与组织 179

一、渠首、官堰的岁修 179

二、灌区支斗级河堰的岁修工程管理 188

三、民堰岁修 190

第二节　岁修经费与劳力 191

一、岁修筹资的各种方式 191

二、都江堰灌区水费征收 195

三、水费管理使用 208

第十三章　用水管理 212

第一节　渠首及干渠水量调节 212

一、渠首水量分配 212

二、干渠水量调节 213

第二节　民堰及支渠以下用水管理 214

第三节　用水纠纷 217

◇ 第五篇　都江堰的水利科技 ◇

第十四章　独具特色的都江堰传统水工技术　220

第一节　杩槎　220

一、杩槎的用途　220

二、杩槎的结构　221

三、杩槎的施工　223

四、杩槎的独特优势　227

第二节　竹笼　229

一、竹笼用途　229

二、竹笼的制作　230

三、竹笼的特殊优势　232

第三节　干砌卵石　234

一、干砌卵石的用途　234

二、干砌卵石的施工　236

三、干砌卵石的特性及优势　237

第四节　羊圈　238

一、羊圈的形制　238

二、羊圈的功用　239

第十五章　从粗放到精确的测量技术　240

第一节　水位测量　240

一、石人量水　240

二、水则　240

第二节　岁修淘淤标志——卧铁和其他　241

世界灌溉工程遗产研究丛书

中国卷

**第十六章 "软""硬"之争与都江堰鱼嘴
结构及材料演进**   **244**

第一节 早期的软堰主流与零星的硬堰探索   244

第二节 元明时期的硬堰革新   245

第三节 清朝丁宝桢的硬堰与洪水的较量   247

第十七章 都江堰治水法则   **249**

第一节 六字诀   249

一、"检其左、堰其右"   249

二、"深淘滩、低作堰"   250

第二节 三字经   254

第三节 八字格言   256

一、"遇弯截角、逢正抽心"   256

二、"乘势利导、因时制宜"   257

第十八章 都江堰水利科技的向外传播   **259**

◇ **第六篇 都江堰的效益** ◇

第十九章 防洪效益   **265**

第二十章 经济效益   **268**

第一节 "禾黍连云,稻粳如金"的农业盛景   268

一、自流灌溉,功省用饶   268

二、水利滋润,荒地变良田   269

三、灌区膏腴,寸土寸金   272

四、历代灌区发展   275

第二节 通航和水运   281

一、货通天下的黄金航道   281

二、功省而用饶的漂木 284

第三节 稻鱼之乡——成都平原水产养殖 288

第四节 都江堰对成都平原手工业的促进 290

　　一、催生享誉天下的蜀锦 290

　　二、高度发达、利用水能的加工业 291

　　三、独具特色的造纸业 293

　　四、促进成都香粉业发展 294

第二十一章　都江堰对成都平原城市和乡村环境的造就 295

第一节 都江堰对成都城市格局的影响 295

　　一、岷江与成都建城 295

　　二、从秦时"双过郡下"到唐代"二江抱城"
　　　——"二江"与成都城市格局 296

　　三、糜枣堰对成都防洪供水及水景观的贡献 300

　　四、摩诃池与成都城市园林景观水系 303

第二节 都江堰对成都平原城乡布局和环境
　　　的影响 306

　　一、都江堰对成都城镇乡村布局的影响 306

　　二、都江堰与川西林盘 308

第三节 成都水系上的桥梁 309

　　一、七桥名称源流 309

　　二、七桥的位置 310

　　三、七桥又名星桥 312

　　四、其他桥梁 313

◇ 第七篇　都江堰水文化 ◇

第二十二章　李冰、二郎的神话演变　　　325

第一节　李冰建堰的真实历史与神话传说　　325

一、"仿佛若见神"与争取蜀人认同　　325

二、后世屡屡目睹的刻石立犀　　326

三、七桥与七星　　329

第二节　李冰的神化过程　　330

一、东汉——神化李冰的开始　　330

二、唐宋神化李冰的高潮及以后　　332

第三节　对李冰的历代加封　　335

第四节　二郎的演化过程　　337

一、赵昱的传说与二郎的起源　　337

二、李冰之子与二郎　　341

第五节　对二郎的加封　　344

第二十三章　水神祭祀与民俗节庆　　　347

第一节　庙观——都江堰水神祭祀的重要场所　　347

一、二王庙与李冰、二郎祭祀　　347

二、伏龙观　　348

三、李冰与川主庙　　350

第二节　祭典与节庆　　351

一、李冰祭祀与放水节　　351

二、李冰与二郎的生日祭祀　　357

第三节　传统集会及习俗　　359

一、王爷会　　359

二、春会　　360

三、牛王会 360

四、大游江与小游江 360

五、端阳节 362

第四节 各种表彰、纪念堰功习俗 362

一、以功臣姓名命名堰渠 362

二、庙祀功臣 363

三、匾联、牌坊 365

四、碑刻 365

五、上书朝廷封赠 367

六、歌颂 367

七、众人送行 367

八、上书要求留任 367

第二十四章 治水文献 368

第一节 地理、史志文献 368

第二节 明清历史档案 368

第三节 水利艺文 369

一、赋文 369

二、诗歌 370

三、其他体裁的文学作品 373

附 录 375

都江堰历史文献一览表（先秦至清） ... 375

概　述

　　都江堰，人类水利科技与文明的瑰宝，人与自然和谐共处的典范。

　　人类历史中，古老而伟大的水利工程伴随文明的崛起而创建，同时又为文明的兴盛发挥重要作用，如古罗马的人工引水渠、古巴比伦的汉谟拉比渠、古埃及的尼罗河灌溉渠系等，但这些曾经辉煌的水利工程都已掩埋在岁月风尘之中，唯有都江堰独步千古、冠绝天下，至今仍然矫健挺立，并发挥着越来越重要的作用。

———

　　四川治水历史悠久，"岷山导江，东别为沱"，大禹从这里开启了治水的脚步；"鳖灵决玉山，民得安处"，望丛祠诉说着古蜀先民与洪水搏斗的远古传说。公元前316年，古蜀"尔来四万八千岁，不与秦塞通人烟"的长期封闭被秦国铁骑踏破。在"得蜀即得楚，楚亡则天下并"的战略谋图下，秦灭蜀国。后蜀地设郡并实施秦制，生产力和社会动员能力明显提高，铁质工具逐渐被广泛使用，中原的水利技术与蜀地治水经验相融合。同时，蜀地作为秦国战略大后方，兼有扼制上游水道、顺水攻打楚国的战略任务。正是在这样的历史大背景之下，李冰创建都江堰。

　　秦昭襄王时期，李冰任蜀郡守。李冰创建都江堰的最早记载

见于司马迁《史记·河渠书》："于蜀，蜀守冰凿离碓，辟沫水之害，穿二江成都之中。此渠皆可行舟，有余则用溉浸，百姓飨其利。至于所过，往往引其水益用，溉田畴之渠，以万亿计，然莫足数也。"[①]根据史料记载，李冰创建都江堰的主要功绩有三：一是选址准确。李冰选择在岷江出山口建堰，渠首位于岷江由峡谷奔向平原的骤变位置，地处岷江冲积扇的顶点，既能扼制洪水，又能控灌扇形展开的整个成都平原，不仅有利于都江堰自身的安全稳固，也留下了后代万世的兴利空间。二是兴修鱼嘴。鱼嘴将岷江一分为二，外江南下，洪水弭消；内江东进，汩汩清流灌溉成都平原千里沃野。三是开凿宝瓶口。原址本是左岸玉垒山体横斜切入内江的基岩，开凿宝瓶口后，成为扼住内江咽喉的铁锁，使成都平原有引水之利而无洪水之虞。

都江堰建成后，成都平原"水旱从人，不知饥馑，时无荒年，天下谓之天府也"[②]，秦国的综合国力也因此大为增强，推进了并吞六国、一统天下的历史伟业。

二

都江堰既是永恒的，也是变化的。

都江堰的永恒首先体现在其基本布局和所依靠的山形地势没有改变。最迟在唐初建成飞沙堰后，形成了一个三位一体、首尾相应的工程布局。都江堰的修建充分利用了周围的地形地貌，或顺河势以建工程，或裂山形以通水道，使都江堰和周遭地理环境

---

① ［汉］司马迁：《史记·河渠书》，中华书局，2014 年，第 1697 页。

② ［汉］晋常璩撰，任乃强校注：《华阳国志校补图注》，上海古籍出版社，2007 年，133 页。

达到高度的统一，形成浑然一体的工程体系。在这里，几乎找不到工程与环境的分界，已经达到"你中有我，我中有你"的境界。

都江堰的永恒还体现在其治水根本方略——"深淘滩，低作堰；六字旨，千秋鉴，千载传承不变。六字诀相传为李冰所创，最早见于史册是在北魏时期《水经注·江水》载："深淘滩，浅包鄢。"作为淘滩标准的卧铁，分别埋设于明万历年间、清同治年间、民国十三年（1924年）和1994年，可见历代对六字诀的严遵恪守，千载不移。

"乘势利导，因时制宜"，是对都江堰治水思想的总括。李冰之后，治堰代不乏人。天时不同，水势各异，每一代治水者都为都江堰的改进和发展孜孜不息、上下求索。都江堰的变化体现在：一是工程规模不断扩大。西汉文翁任蜀守，"穿湔江口，溉灌繁田千七百顷"，使内江水系与沱江相连，都江堰已经开始跨流域兴利灌田。文翁以降，诸葛亮、高俭、章仇兼琼、吉当普、施千祥、丁宝桢……前赴后继、薪火相传，都江堰从初期十数万亩到近代二百八十余万亩灌面，利济川西十四州县。二是工程布局不断优化。都江堰初创时，鱼嘴位于白沙河出口附近，距今鱼嘴位置之上1650米；元朝时，鱼嘴仍距白沙河出口不远；清初，鱼嘴位置骤移至玉垒山虎头岩对面；宣统时，移至二王庙上方。1933年，岷江上游堰塞湖溃决，渠首工程荡然无存。现代鱼嘴的位置确定于1936年。历代都在探索鱼嘴的最佳位置。三是水利科技不断发展。都江堰独创的堰工技术，如竹笼、杩槎、羊圈、干砌卵石等，具有就地取材、成本低廉、施工方便、功效显著等优点，逐渐传播到中原地区甚至海外。都江堰早期用石人测水，到宋代利用水

则精确测量，沿用至今。元明时期，探索铁石治堰，先后兴建铁龟鱼嘴和铁牛鱼嘴。铁牛鱼嘴重七万二千五百斤，一次浇筑成形，是中国治水史和冶金史上的一大奇迹。四是管理体制不断演进。都江堰逐渐从有司分管到成立专职管理机构，渠首和干渠体系由专管机构负责，支渠由地方管理，支渠口以下由群众民主管理。清朝和民国时期，都江堰专管机构已具备准流域管理性质。传说诸葛亮曾颁布防洪法令《九里堤令》；宋代皇帝下诏颁布《蜀江修堰禁约》；清代设立水利衙门，兼有司法、行政、水利之责。

三

因为都江堰，成都平原由水患之地变为天府之国。都江堰妥善解决了引水、泄洪、排沙问题，此后成都平原极少发生全域性的大洪水，从"江水初荡潏，蜀人几为鱼"的苦痛，转变为"蜀人矜夸一千载，泛溢不近张仪楼"的自得。都江堰沟通了岷江水系和长江水系，成都货通天下，船行四海，锦江更成了南丝绸之路的起点。"窗含西岭千秋雪，门泊东吴万里船"，正是成都作为西部水运枢纽的真实写照。都江堰为成都平原提供了充足的灌溉水源，使成都平原的农业生产迅速发展，"禾黍连云，稻粳如金"，在极短时间内成了闻名天下的巨大粮仓。唐代成都已有"扬一益二"的地位，"军国所资，邮驿所给，商旅莫不取给于蜀"。都江堰造就了成都在中国西南的政治、经济、文化中心地位。两千多年来，成都"城名未改、城址未变、中心未移"，在全球的城市文化与文明发展史中罕见。

都江堰灌区维护了四川的繁荣富庶，为稳定中央政权贡献了力量。汉高祖二年，"关中大饥，米斛万钱，人相食，令民就食蜀汉"（《汉书》）。此后历史上多次中原大旱皆从蜀地运粮赈灾。唐人称颂"蜀为西南一都会，国家之宝库，天下珍货，聚出其中，又人富粟多，顺江而下，可以兼济中国"（《陈拾遗集》）。四川与江浙地区共同支撑着中央大国的赋税和运转。北宋时期，四川成为全国人口密度最高的地区，户数占全国总户数的17%左右；南宋时期，四川每年负担军粮一百五十万石，占全国军粮的三分之一。因为都江堰，繁荣富庶的成都平原与四川盆地特殊的地形地貌相结合，濡养了中华民族，甚至在多次历史关头为保留华夏文明火种贡献了力量。直至20世纪抗日战争，四川成为最重要的抗日大后方，《新华日报》发表题为《感谢四川人民》的社论："在八年抗战之中，这个历史上最大规模的民族战争之大后方的主要基地，就是四川。"而四川的贡献，绝大部分来源于都江堰灌溉的成都平原。

新中国成立以后，都江堰发展迅速，不仅灌溉整个川西平原，而且惠及龙泉山以东广大丘陵地区，至2024年，都江堰灌溉面积1154.8万亩，受益范围包括成都、德阳、绵阳、乐山、资阳、遂宁、眉山、内江8市41县（市、区）。

四

都江堰不仅是一座水利枢纽、一个工程体系，也是一种文化标识。都江堰水文化是我国水文化的优秀代表，是蜀文化的重要组成部分。都江堰治水思想与"道法自然、天人合一"的中国本土哲学深刻相通，崇尚利用山形地势，坚持顺势引导而不是阻碍对抗，采用传统堰工技术，避免对环境的破坏性改造，使工程与自然环境浑然天成。大凡古代或现代的水利工程，都须对工程环境进行人为改造，而能将工程外延至环境、将环境内融于工程且能达到浑然一体、相得益彰者，唯都江堰矣。李冰因创建都江堰而受到蜀地民众的景仰和崇拜。这种崇拜随着李冰被逐渐神化和历代朝廷的累次加封而不断强化，并嵌刻进四川人民的集体记忆之中。李冰崇拜及糅合了后世治水英雄人物与民众治水力量的形象代表——二郎神崇拜，已经成为四川民众身份认同及蜀文化传播与融合的象征，并影响到整个西南地区。在都江堰灌区，地方传统节日、特色民俗与水文化深度融合。与水事有关的宗教和文化活动将灌区千家万户联系和组织起来，为灌溉工程的延续和有效管理注入了活力。每年的清明放水节、李冰诞辰等节日，灌区民众从四方云集于都江堰，极具仪式感的节日庆典年复一年地维系和加强人民与都江堰的精神联系，二王庙神祇享受供奉的同时，也宣告着灌区民众承担都江堰劳力与税赋的正当性。同时，历史上二王庙也是官员召开堰工会议的场所，讨论安排都江堰岁修工作和调解用水纠纷。

五

1982 年，都江堰被国务院列为全国重点文物保护单位。2018 年，习近平总书记在全国生态环境保护大会上指出："始建于战国时期的都江堰，距今已有两千多年历史，就是根据岷江的洪涝规律和成都平原悬江的地势特点，因势利导建设的大型生态水利工程，不仅造福当时，而且泽被后世。"

2018 年 8 月 14 日，在加拿大萨斯卡通召开的国际灌溉排水委员会第 69 届国际执行理事会上，都江堰正式被列入世界灌溉工程遗产名录。2000 年，都江堰被列入世界文化遗产名录。

都江堰

第一篇 自然与人文

第一章　自然环境

第一节　都江堰灌区范围

都江堰是中国著名的水利工程，始建于公元前 256 年。它以历史悠久、规模巨大、布局合理、费省效宏的特点而闻名中外。

都江堰渠首工程位于岷江与成都平原的交界处，距都江堰城西 0.5 千米，距岷江源头 341 千米。

都江堰区域包括都江堰水源区和都江堰受益区：都江堰水源区含岷江主水源区及龙门山和邛崃山辅助水源区，都江堰受益区含都江堰成都平原灌区、川中丘陵灌区以及毗河灌区。

都江堰的主水源区即岷江，发源于四川松潘县岷山南麓，有东、西两个源头[①]。上游水源区位于都江堰鱼嘴工程以上，主河道长 341 千米，集雨面积 23037 平方千米。此外，龙门山水源区、邛崃山水源区是都江堰的辅助水源区。

都江堰老灌区由都江堰蒲阳河、柏条河、走马河、江安河、黑石河、沙沟河供水；都江堰新扩灌区分别由人民渠一至七期工程、东风渠一至六期工程、三合堰工程供水，其中人民渠一至七期工

---

① 中国科学院遥感与数字地球研究所依据国内外地理学界普遍采用的"河源唯远"的原则，通过卫星遥感影像分析及源头地区实地考察验证，于 2013 年确定大渡河是岷江正源，其最上源流名为玛尔曲，源头位于青海省果洛藏族自治州达日县满掌乡境内的莫坝东山西麓，源头坐标为东经 100°17′32″，北纬 33°23′16″，源头海拔高程 4579 米。以新发现的源头为起点，对岷江的长度进行测量，认定岷江全长 1279 千米。但传统上水文水利界仍以四川松潘县作为岷江源头。

程的水源为蒲阳河，东风渠一至六期工程的水源为柏条河、走马河和江安河，三合堰工程的水源为黑石河和沙沟河；都江堰毗河规划灌区由规划的毗河引水干渠供水。

综上所述，都江堰的区域位置（含水源区）为东经103°29′~105°42′，北纬29°27′~33°09′，区域面积4.62万平方千米（含水源区）。

第二节　都江堰水源区域

一、都江堰水源区

（一）岷江上游水源区

岷江是都江堰主水源。岷江发源地有两个源头，相距25千米左右，古称"羊膊岭"，现称东源、西源。东源分水岭在松潘县城北52千米的水晶乡隆板棚弓杠岭，海拔3788米，岭峰斗鸡台海拔3850米。西源分水岭在松潘县城北西72千米的元坝乡大塔玛郎架岭，海拔4000米，岭峰海拔4264米。东、西两源在松潘县城北17千米的虹桥关合流后始称干流。

岷江紫坪铺水文站平均流量为441立方米每秒，年径流量为139.2亿立方米；都江堰渠首枢纽鱼嘴处水量为紫坪铺水量叠加同期上游支流白沙河水量，平均流量为457立方米每秒，年径流量为144.25亿立方米。岷江鱼嘴处来水是都江堰水利工程的主力水源，由都江堰水利工程宝瓶口和沙黑总河两个取水口引水入供水区。[1]

---

[1] 据1959—2016年水文观测资料。

（二）灌区周边水源区

1. 龙门山水源区

龙门山水源区位于都江堰灌区西北面的彭县、什邡、绵竹及安州、绵阳部分边缘山区，为沱江水系多源头的发源地。龙门山主峰九顶山是岷江与沱江的分水岭。沱江多头水源和岷江部分水源通过绵远河、石亭江、湔江、清白江、毗河汇于金堂县赵镇，入沱江干流，集水面积合计为 1665 平方千米，占该水源区域面积的 72.42%；多年平均径流量合计为 16.87 亿立方米。[①]

2. 邛崃山水源区

邛崃山水源区位于灌区西南面的都江堰、崇庆、大邑、邛崃部分边缘山区。该水源区域面积为 1169 平方千米；其中主要支流文井江、斜江、邮江水源区集水面积合计为 1014 平方千米，占该水源区域面积的 86.74%；多年平均径流量合计为 11.10 亿立方米。[②]

二、水源区域自然概况

水源区为四川盆地和川西高原之间的过渡地带，属全国三大自然区域中青藏高原的东南缘，处于龙门山华夏、岷山经向和旋扭构造等体系互相交织之中，地壳构造活动异常强烈。山脉连绵起伏，山峰陡峭，多角峰，河流深切，峡谷幽深，坡度陡峻。水源区沿着巴颜喀拉块体东南边界活动断裂带（龙门山断裂带及其北侧的岷江断裂、虎牙断裂、树正断裂等）中强以上地震密集分

---

① 湔江、石亭江流量数据根据 1966—2016 年水文观测资料计算，绵远河流量数据根据 1962—2016 年水文观测资料计算。

② 文井江流量数据根据 1966—2016 年水文观测资料计算，斜江、邮江流量数据根据 1956—2016 年水文观测资料计算。

布的带状区域为松潘、龙门山地震带，历史上的强震对都江堰渠首水利工程曾造成巨大破坏。公元 1169 年至 2021 年，该地震带共发生 5 级以上地震 107 次（含汶川地震的余震），其中 6.0~6.9 级 18 次，7.0~7.9 级 6 次，8 级 1 次。2008 年 5 月 12 日 14 时 28 分 04 秒，四川省阿坝藏族羌族自治州汶川县境内发生里氏 8.0 级地震，震中位于汶川县映秀镇西南方，严重破坏地区约 50 万平方千米。汶川特大地震是新中国成立以来破坏性最强、波及范围最广、救灾难度最大的一次地震灾害，该地震就发生在龙门山断裂带。

第三节　都江堰灌溉区域

一、自然概况

（一）平原灌区

平原灌区主要属于成都平原。成都平原亦称川西平原，位于龙泉山、龙门山、邛崃山之间，东面为龙泉山，西北为龙门山，西南为邛崃山；南北长约 200 千米，东西最宽近 90 千米，总面积为 8464 平方千米。平原西边及西南、西北为地表水源的进口；西为岷江上游干流出口；西南为岷江中游右岸支流文井江、斜江、邮江出口；西北为沱江上游支流湔江、石亭江、绵远河出口。7 条河分别从山区呈放射状流入成都平原，长期带下大量的冲击物和沉积物，堆积缀合而成扇形平原。地势由西北向东南倾斜，地面自然坡降上陡下缓。灌区平原的范围是安州、涪城、绵竹、什邡、旌阳、金堂、广汉、清白江、新都、金牛、青羊、武侯、锦江、成华、

龙泉、双流、彭州、都江堰、郫都、温江、崇州、大邑、邛崃、新津、彭山等25个县（市、区）的平原，土地利用率高达94%，比盆地其他地方利用率高出0.5~1.0倍。

（二）丘陵灌区

丘陵灌区从平原东部的边缘东山和牧马山到龙泉山以东的属川中丘陵地区，具有缓丘、低丘、中丘、高丘等较全的丘陵地貌景观。

1. 缓丘

以台状较多，面积小，分散零星。如成都北郊的凤凰山、磨盘山，东郊的沙河堡，东北郊的华阳山、黄牛山，东南郊的琉璃厂、三瓦窑，都江堰市天马乡的七头山（金马山）、童梓山（童子山），都江堰市与郫都区之间的横山子等。

2. 低丘

分布于平原周边的山前。较为集中的牧马山，从成都市南郊江安河金花桥进水口起，至彭山县双河乡止，分布于双流县境内。东山分布于金堂、新都至仁寿境内。

3. 中丘

主要分布于龙泉山东面，范围较广，包括人民渠六期的绵阳市以南、中江县以东、三台县以西；人民渠七期的中江县东南、三台县西南及中江县以南至射洪市西南；东风渠六期从龙泉山灌区简阳以北的养马河起，至简阳西南的镇金一带；东风渠五期黑龙滩水库灌区的仁寿县以北，至仁寿县东南。

4. 高丘

主要分布于龙泉山的东部，范围包括人民渠七期的三台县西南至射洪县西南约70余平方千米；东风渠六期龙泉山灌区的金堂五凤镇至简阳贾家镇一带；东风渠五期黑龙滩水库灌区的仁寿县境内约 40 平方千米。

二、灌区水资源

都江堰灌区水资源包括岷江和边缘山区径流、灌区当地地表水资源、灌区地下水资源，其中区域当地地表水资源与区域地下水资源合称区域当地水资源。

（一）岷江上游（鱼嘴以上）水资源

都江堰渠首控制岷江上游流域面积 23037 平方千米，主河道全长 340 千米，落差 3009 米，平均比降 8.85‰，区间分别有渔子溪、寿溪及白沙河等较大支流汇入。都江堰水利工程位于岷江上游干流的末端。根据 1959—2016 年水文资料统计，紫坪铺天然来水为 441 立方米每秒，年来水量为 139.2 亿立方米；鱼嘴处天然来水为 457 立方米每秒，年来水量为 144.25 亿立方米，是紫坪铺天然来水与同期汤柳坪天然来水之和。

（二）成都平原水资源

1. 成都平原地表径流

成都平原主要指北起绵竹，南至彭山，东至龙泉山，西至龙门山边缘之间地区。区内地势平坦、坡度小，河网密布，沟渠纵横，耕地成片，灌排两便，土壤透水性好，地表水和地下水互相联系又互相转化的关系十分突出。成都平原产水量由平原水网区水量、平原周边区水量两大部分组成，两区总产水量为 24.92 亿立方米每年。

2. 成都平原地下水

成都平原地下水天然补给量为 401393 万立方米每年，可开采量为 340433.16 万立方米每年，占天然补给量的 84.8%。

（三）丘陵灌区水资源

丘陵区当地水源主要指丘陵扩灌区内的中小河流，分布面广。对当地径流的利用，可以作为当地农业灌溉、人畜饮水等的补充水源。灌区内中小河流分属涪江、沱江流域。流域面积在 500 平方千米以上的支流有涪江支流凯江、郪江，沱江支流绛溪河、资水河、球溪河、蒙溪河及苏家河，共 7 条，这些中小河流除凯江源于龙门山外，其余发源于丘陵或低山区。

丘陵区地下水贫乏，难以作为灌溉用水，仅可分散开采以解决个别地区农村人畜部分生活用水或用于局部地区抗旱保苗。

第二章　社会经济情况

第一节　政区与人口

一、都江堰渠首枢纽所在辖区沿革

都江堰渠首枢纽所在辖区现为四川省成都市都江堰市，其政区设置，古今有始于秦、始于蜀汉两说。今采始于秦说。

今都江堰市境内政区设置，始于秦。秦、汉叫"湔氐道"，汉升为县。蜀汉时，湔氐亦皆华化，故改称湔县（任乃强、张至皋《四川地名考释》），治所在今都江堰市灌口镇。不久，改湔县为都安县，属汶山郡，郡治为今汶川县绵虒乡。

曹魏亡蜀（公元 263 年），两年后司马炎称帝，西晋王朝以郫地多人少，划出部分地徙都安县于今聚源乡导江村，改湔县为晏官县，属汶山郡，郡治为今汶川县威州镇。

成汉（公元 304—347 年），仍置都安、晏官两县。

东晋（公元 317—420 年），依旧。

南朝宋（公元 420—479 年），汶山郡没于夷，侨汶山郡、汶山县于灌口（郡、县同治），辖都安、晏官、汶山。

南齐(公元479—502 年)，郡县依旧。齐武帝肖赜于永明元年(公元 483 年）以江原县地大户多，割今崇庆市街子、双河，今都江堰市河西等乡至今汶川漩口、水磨一带立齐基县（治所在今青城

乡五里村）。今都江堰市境内有一郡三县建置。

南梁（公元 502—557 年），新析州郡，于齐基县境置齐基郡，郡县同治。

西魏（公元 535—556 年），建置同南梁，另于今灌口街道置灌口镇。

北周天和三年（公元 568 年），汶山郡还治，废晏官县，改置汶山县（治所为今灌口街道），废都安县，以其地还郫。天和四年（公元 569 年），废齐基郡，改齐基县为清城县，治今都江堰市徐渡乡杜家墩子，改隶犍为郡（郡治僰道县，今崇州市江源街道东岸）。

隋大业三年（公元 607 年），精简建置，废汶山县，以其地并入郫县，仍置清城县。

唐高祖武德元年（公元 618 年），于汶山县旧址置镇静军，为军事设置，以府兵守之；于都安县旧址置盘龙县，寻改灌宁。武德六年（公元 623 年），改为导江（据《元和郡县志》）。一说贞观中改为灌宁县。开元中改为导江县（据《新唐书·地理志》），属濛州，治今彭州市濛阳镇，后属彭县（今彭州市天彭镇），仍置清城县，治所同前。开元十八年（公元 730 年），清城县去"水"作"青城"。

前蜀武成元年（公元 908 年），设灌州，辖青城、导江二县。

北宋乾德四年（公元 966 年），改灌州为永安军（军治今都江堰市灌口街道），仍辖青城、导江二县。太平兴国三年（公元 978 年），更永安军为永宁军，旋改为永康军。神宗熙宁五年（公元 1072 年），废永康军为永康寨，以导江县还隶彭县，青城还隶蜀州。九年（公元 1076 年），复于导江置永康军使，隶彭县。哲宗元祐元年（公元 1086 年），复置永康军，又以彭县导江、蜀州青城为其隶属。

南宋（公元 1127—1279 年），建置同北宋。南宋末，永康军废为灌口寨。

元世祖至元十三年（公元 1276 年），以灌口寨地置灌州，废青城、导江二县，以其地并入灌州。并立青城陶坝屯田万户府，隶于四川等处行中书省成都路。

明太祖洪武九年（公元 1376 年），降灌州为灌县，县有蚕崖巡检司，隶属于成都府。十年（公元 1377 年），并崇宁县入灌县。十三年（公元 1380 年）析出复置崇宁县（治今郫都区唐昌镇）。弘治中（公元 1488—1505 年），改属威汶道，旋复属成都府。

清（公元 1644—1911 年），仍置灌县，隶成绵龙茂道，后改川西道、成绵府，道、府治今成都市区西南。

民国时期（1912—1949 年），仍置灌县。初曾短暂称灌县行政公署，隶属于西川道。民国二十四年（1935 年），四川省正式实施督察区制，灌县隶属于第一行政督察区（区署专员公署，治今温江区柳城街道）。

1949 年，中华人民共和国成立，仍置灌县，治今灌口街道，隶属于川西行署温江专区。1953 年初，隶属于四川省温江专区。1968 年 9 月，温江专区改名为温江地区革命委员会，灌县隶属于温江地区革命委员会。1978 年，隶属于温江地区行政公署。1983 年 7 月，地、市合并，灌县隶属四川省成都市。

1988 年 5 月，经国务院批准，灌县撤县设市，并更名为都江堰市，为四川省直辖，由成都市代管，因位于成都平原西北边缘岷江出山口处的水利工程都江堰而得名。都江堰市东与彭州

市、郫县区、温江区交界，西、北与汶川县相连，南邻崇庆市，全市总面积 1208 平方千米，辖 6 街道、5 镇。根据第七次全国人口普查数据，截至 2020 年 11 月 1 日零时，都江堰市常住人口为710056 人。

二、灌区发展沿革

（一）都江堰灌溉区域历史演进

都江堰自创建以来，经历秦、汉、三国、晋、南北朝、隋、唐、五代、宋、元、明、清、中华民国各个历史时代。创建初期，人口不多，城镇也少，用水要求不高，以防洪、行舟为主。灌溉范围约在今都江堰市、成都、原华阳一带部分地方。据东汉应劭著《风俗通义》记载："秦昭王使李冰为蜀守，开成都两江，溉田万顷"，按今制折算，约为 69.16 万亩（1 亩 =0.0667 公顷）。之后随社会生产发展的需要，都江堰灌溉面积逐步扩大，灌溉与防洪、航运一起，成为都江堰的主要功能。

都江堰建成 100 多年后，西汉景帝末年（约公元前 145—前141 年），文翁任蜀郡守期间，第一次扩建发展都江堰灌区。据东晋常璩著《华阳国志·蜀志》载："以庐江文翁为蜀守，穿湔江，溉繁田千七百顷。"在内江宝瓶口以下新开蒲阳河，与清白江自然河道沟通，直接引岷江水灌溉今都江堰市、原崇宁县、原新繁县及原彭县部分农田。

东汉初期，"引郫江水灌广都田"，从今走马河下游引水灌溉今双流部分农田。蜀汉建兴五年至十二年（公元 227—234 年），诸葛亮北征时，派丁护堰，设堰官，并在外江（岷江干流）上段左岸开凿江安河，扩灌今都江堰市、郫都区、温江区、双流区等地部分农田。东晋时，"灌溉三郡"（蜀郡、广汉郡、犍为郡）。唐太宗贞观时（公元 627—631 年），高俭在都江堰干渠两岸开支渠以扩大灌溉。唐高宗龙朔时（公元 661—663 年），"引江水以溉彭益田"，扩灌彭县、成都部分农田。唐武则天时（公元 684—704 年），长史刘易从"决唐昌沱江，溉九陇、唐昌田"，扩灌今彭州市、郫都区部分农田。唐玄宗天宝年间（公元 742—756 年），章仇兼琼在成都北面重开"万岁池"筑堤积水溉田。唐僖宗乾符年间（公元 874—879 年），西川节度使高骈修建成都西北郊糜枣堰扩灌农田。宋仁宗时（公元 1023—1055 年），"疏九升口，下溉民田数千顷"，扩灌郫县、温江之间部分农田。《宋史·河渠志》对都江堰灌溉渠系均有较详细的记载：三流、三派，十四分支和九大堰；《堤堰志》详细记录了各支渠的断面尺寸；两书有关都江堰的数据见表 2-1，干流分水位置及经行与今都江堰内江各干渠非常接近。据王安石《东京提点刑狱陆君墓志铭》，"灌田为顷，万有七千"，可知当时都江堰中心灌区农田即有 1.7 万顷，约合170 万亩。韩亿疏导九升江口后，成都附近亦可灌田"数千顷"，又增数十万亩，都江堰灌区总灌面积为 200 万亩左右。

表 2-1　　宋代都江堰干渠断面尺寸及各干渠灌区范围（不含通济堰）

干渠名	支渠名	进口尺寸				灌溉范围及功能
		横宽		深		
		宋尺	约合今制（米）	宋尺	约合今制（米）	
三石洞（今蒲阳河）	将军桥	23	7.25	3	0.95	导江、九陇、崇宁、濛阳
	灌田	10	3.15	6	1.89	
	雒源	30	9.45	5/3	1.58/0.95	
外应（今柏条河）	外应口	40	12.6	6	1.89	导江、新繁、金堂
	保堂	15	4.72	4	1.26	
	仓门	8	2.52	2	0.63	

干渠名	支渠名	进口尺寸				灌溉范围及功能
		横宽		深		
		宋尺	约合今制（米）	宋尺	约合今制（米）	
马骑（今走马河）	马骑口	60	18.9	2	0.63	崇宁、郫县、温江、新都、新繁、成都、华阳
	石趾	25	7.88	2	0.63	
	敦巅	25	7.88	2	0.63	
	道溪	10	3.15	3	0.95	
	东穴	30	9.45	5	1.58	
	投龙	50	15.75	3	0.95	
	北	40	12.6	3	0.95	
	樽下	50	15.75	3	0.95	
	玉徙	30	9.45	1	0.32	
石渠（今江安河）	石渠口	15	4.72	6	1.89	皆以堤摄北流，注之东，而防其决
	李光、膺村、百丈、石门、广济、颜上、弱水、济导					

说明：进口尺寸资料来源于《堤堰志》，灌溉范围及功能资料来源于《宋史·河渠志》。

　　明英宗天顺二年（公元1458年），"修彭县万工堰，灌田千余顷"。万工堰即原官渠堰、今人民渠前身。根据明代正德《四川通志》卷十二，明武宗正德年间（公元1506—1521年），都江堰灌区受益县13个：灌县（今都江堰市）、原崇宁、郫县（今郫都区）、原新繁、新都（今新都区）、成都、原华阳、双流（今双流区）、汉州（今广汉市）、金堂、温江（今温江区）、崇庆（今崇州市）、新津（今新津区），共计518座堰；彭县（今彭州市）地处清白江左岸，引水堰口常因山洪冲毁，未列为受益县。但到天启年间，根据天启《成都府志》卷六的记载，灌溉州县数目虽然未变，但引水堰数已增加至603座。明正德和天启年间各县堰数见表2-2。

表2-2 明正德和天启年间各县堰数表

灌区州县	正德年间（公元1506—1521年）	天启年间（公元1621—1627年）	灌区州县	正德年间（公元1506—1521年）	天启年间（公元1621—1627年）
成都	58	121	崇宁	16	16
华阳	23	15	郫县	23	24
双流	48	48	灌县	28	20
温江	36	45	崇庆	74	71
新繁	23	36	新津	32	40
金堂	85	62	汉州	47	54
新都	25	56	共计	518	608

明末清初，战祸连年，人口锐减，工程失修，很多田地失耕。据清雍正六年（公元1728年）统计，仅有9个县，灌溉农田76.05万亩。经乾隆以后整治，到嘉庆时（公元1796—1820年），恢复到10个县；到光绪时（公元1875—1908年），恢复和发展到14个县：今都江堰市、原崇宁、郫县（今郫都区）、原新繁、新都、成都（今新都区）、原华阳、双流（今双流区）、原彭县、汉州（今广汉市）、金堂、温江（今温江区）、崇庆（今崇州市）、新津（今新津区），灌溉农田近300万亩。

清初，都江堰灌区小范围的灌溉开始于顺治十六年（公元1659年），四川巡抚高瞻明向商人募捐，开始疏浚河道。清顺治十八年（公元1661年），四川巡抚佟凤彩恢复都江堰岁修，"欲为永久计，必行令各州县，照粮派夫，每年淘凿"。至康熙初年，都江堰灌区岁修规模仍较小，只对渠首和重要河段略事修淘，仅供河渠两旁附近农田就近引水灌溉。康熙二十年（公元1681年），四川巡抚杭爱疏浚渠首内江咽喉宝瓶口及上下河道，都江堰内江灌溉才恢复了供水。随之，成都水运交通逐渐恢复，成都东南西北四门的粮食、百货市场逐渐呈现往日的繁荣。后历经20余年，至康熙后期，据雍正七年（公元1729年）统计，都江堰灌溉成都府9县水田76万亩。

都江堰灌区经清康熙、雍正两朝努力恢复，到乾隆时期，呈现出"沟洫夹道，流水潺潺""菜甲豆肥，稻麦如云"的景象。再经乾隆、嘉庆时期发展，至道光年间，范围已发展到成都、华阳等14州县，超过宋代规模。

清代都江堰渠系，清初《都江堰河道水利记》、乾隆《蜀水考》、嘉庆《四川通志》及清末《灌县堰工利病书》和灌区有关县的县志均有记载，各有侧重。另外，清光绪四川成都水利全图（图2-1）和清光绪十二年（公元1886年）都江堰灌溉图中，都江堰主要河道、灌溉的14县示意清晰。

图2-1　清光绪四川成都水利全图

民国时期，保持受益 14 个县未变。1943 年，灌溉面积按河系统计，共为 265.703 万亩，其中内江为 138.75 万亩，占 52.22%；外江为 126.953 万亩，占 47.78%，见表 2-3。

表 2-3　　　1943 年都江堰灌溉面积按河系统计表（不含通济堰灌区）

内江灌区（万亩）				外江灌区（万亩）			
河名	灌面	河名	灌面	河名	灌面	河名	灌面
蒲阳河	42.221	府河	15.862	沙沟河	20.923	江安河	34.760
柏条河	10.284	毗河	9.174	黑石河	21.579	杨柳河	21.759
走马河	61.209			羊马河	17.399	岷江正流	10.533
合计　138.75				合计　126.953			
内外江灌区共计 265.706 万亩							

1955 年，对都江堰受益的 14 个县老灌区灌溉面积进行全面清查，按渠系清查到干、支、斗、农四级渠道，按受益县行政区划核实灌溉面积，见表 2-4。清查结果为：按渠系统计为 282.227 万亩，按行政区划统计为 282.57 万亩，相差 0.34 万亩，误差 0.12%，准确率达 99.88%。

表 2-4　1955 年对老灌区按渠系清查核实灌溉面积统计（不含通济堰灌区）

内江灌区（万亩）				外江灌区（万亩）			
河名	灌面面积	河名	灌面面积	河名	灌面面积	河名	灌面面积
蒲阳河	66.931	府河	15.862	沙沟河	18.256	江安河	38.060
柏条河	10.478	毗河	9.174	黑石河	21.299	杨柳河	18.95
走马河	59.577			羊马河	11.943	岷江正流	9.982
合计　163.737[①]				合计　118.49			
内外江灌区共计 282.227 万亩							

① 含内江汇总干渠直接引水灌面。

（二）现代新扩灌区域

1950—1952年为都江堰老灌区恢复巩固时期。1953年，开始在老灌区基础上向北、南、东三面延伸扩建。先实现龙泉山以西成都平原全部灌溉，再延伸穿过龙泉山中部、南端和北端灌溉川中丘陵。

1953年，在蒲阳河上段左岸的彭县（今彭州市）庆兴乡境内开引水口扩建人民渠（官渠堰）一至四期灌溉工程开工，后延伸扩建五期、六期灌溉工程。1955年，在外江沙沟河出口入西河的右岸崇庆县公议乡境内开引水口扩建三合堰灌溉工程。从此，引岷江水灌溉由7个冲积扇缀合而成的整个成都平原。1956年，在平原中部府河上段左岸的郫县（今郫都区）安靖乡境内开引水口扩建东风渠一至四期工程，灌溉东山丘陵农田。1958年，在江安河下游右岸的双流金花乡境内开引水口扩灌牧马山丘陵农田。1970年，延伸扩建人民渠五期、七期（五期进口扩大并用）灌溉输水工程穿过龙泉山北端；同时延伸扩建东风渠五期、六期灌溉输水工程，分别穿过龙泉山南端和中部，灌溉川中丘陵农田。到1985年，灌区范围已达6个市（地）29个县（市、区），灌溉面积861.96万亩。

经过一期、二期扩（改）建后，1993年底，灌区灌溉面积为1003万亩，成为全国第一个实灌面积突破千万亩的特大型灌区。1996年，开始实施都江堰灌区续建配套和节水改造工程建设，到2024年，都江堰灌溉面积为1154.8万亩，涵盖成都、德阳、绵阳、资阳、内江、遂宁、眉山和乐山8市41个县（市、区）。

（三）远期规划面积

都江堰总体规划最终设计灌面为1513万亩，包括现灌区范围（含通济堰灌区）及毗河扩灌灌区。

都江堰

第二篇　都江堰渠首工程

第三章　都江堰的创建

第一节　古蜀先民治水

成都平原位于四川盆地西部的龙门山脉及龙泉山脉之间，由岷江、沱江及其支流冲积而成。岷江由西北而东南，纵贯成都平原，为成都平原的生态繁衍提供了良好的水源条件，但也带来了洪涝频发的灾害。远古时期就有人类在岷江上游和成都平原栖息活动。在漫长的历史进程中，古蜀先民逐步对成都平原进行开发，并逐渐发展出高度发达和特色鲜明的古蜀文明。与此同时，古蜀先民与岷江上游和成都平原频繁的水患灾害进行顽强的抗争。传说大禹出生在汶山并治理了岷江。历史记载和考古发现都表明古蜀王朝与洪水进行了长期的斗争，形成和发展出了本土治水经验与技术，客观上为都江堰的创建作了技术上的铺垫。

一、大禹治水

各类历史记载表明，大禹出生地在四川。《史记·六国年表》记载："故禹兴于西羌。"西汉扬雄《蜀王本纪》载："禹本汶山郡广柔县人，生于石纽。""石纽"所在地有四（说），分别为汶川县绵虒镇飞沙关山岭、北川县禹里乡石纽山、理县通化乡汶山村石纽山和茂县石鼓乡 [1]。

----

[1] 李德书：《北川、汶川、理县、茂县、什邡禹迹考辨》，《成都理工大学学报（社会科学版）》2008 年第 2 期。

图 3-1 为北川羌族自治县禹里乡石刻，据传为禹迹证明。

图 3-1　北川羌族自治县禹里乡"石纽""禹穴"石刻

《尚书·禹贡》中记载了大禹治水的内容与功绩，其中就包括治理四川水害，"岷山导江，东别为沱"。清人崔述认为大禹治水起始于弱水和里水。现代有学者认为里水即黑水，指蜀山地区的河流[1]。大禹首先在岷山地区疏导河流，然后随着大禹部落从西蜀迁往中原，其治水经验和技术应用于中原地区。因此有学者认为大禹治水的顺序为"首先治理岷江，其次治理汉水，再次治理河济，最后治理江淮"[2]。

二、历代古蜀王朝治水

古蜀王朝经历蚕丛、柏灌、鱼凫、杜宇、开明等，其中开明治水的事迹在各类蜀史中广为记载。《蜀王本纪》载："望帝以鳖灵为相。时玉山出水，若尧之洪水。望帝不能治，使鳖灵决玉

---

[1] 谭继和：《禹文化西兴东渐简论》，《四川文物》1998 年第 6 期。
[2] 黄剑华：《文明从治水开始》，收录于《夏禹文化研究》，巴蜀书社，2000 年。

山，民得安处。"《华阳国志·蜀志》中也记载："后有王曰杜宇，教民务农。""会有水灾，其相开明，决玉垒山以除水害。帝遂委以政事，法尧、舜禅授之义，遂禅位于开明。"

开明（鳖灵）不仅治理岷江水害，在四川其他地区开展治水活动。《水经注》第三十三卷引《本蜀论》载："时巫山峡而蜀水不流，帝使鳖灵凿巫峡通水，蜀得陆处。"宋代张俞《郫县蜀丛帝新庙碑记》中也有"巫山龙战，崩山壅江水"的记述，《宋代蜀文辑存》卷二十五记载："鳖灵凿巫山开三峡……然后得陆处，人保厥命"。开明时期，蜀地就与中原地区有过治水方面的交流。《竹书纪年》记载，周显王八年（公元前 361 年），"瑕阳人自秦导岷山青衣水来归"，瑕阳位于现山西省临猗县西南。

三、古蜀水利遗迹

（一）古城遗址与洪水 [①]

蜀国的一系列古城遗址反映了蜀政治中心从成都冲积平原边缘台地向成都平原腹地迁徙的过程。现已发现的古城遗址中，郫都区的望（蚕）丛古城、温江鱼凫古城均位于岷江干流以东成都平原北部，而岷江干流以西的都江堰市及崇州市境内则分布了蒲陂时代的芒城、紫竹城，还有新津境内的宝墩城等遗址。相当于中原龙山文化时期的广汉三星堆遗址则位于鸭子河南岸二级阶地。

古蜀国早期都城依山傍水的格局，说明因生存所需，这些城市建筑都接近成都平原的各条河道。但考古发掘同时证明这些早期城市的城墙均有具有防洪功能，也有被洪水袭击的痕迹，说明

---

① 主要参考谭徐明《都江堰史》。

这类城市的迁移或消失与洪水灾害密切相关。如新津宝墩古城，古城城垣长约 1000 米、宽 660 米，城内面积约 66 万平方米。城垣为堆土拍打筑成，城垣宽阔但高度不高，边坡非常平缓，可能实为堤防工程或城墙兼作堤防。临近岷江干流或山溪河流的城市都有被洪水袭击的痕迹，如芒城山溪河流从城北自西而东穿过，遗留的城垣有洪水冲过的明显痕迹。三星堆古城北城墙也毁于洪水。成都的十二桥遗址群沿郫江（今走马河支渠磨底河）两岸分布，各遗址间被一条条河溪分割。在十二桥遗址地势低洼处考古发现了商代木结构的房屋被洪水冲塌后的遗址。干栏式结构表明当时房屋临河而建，底楼仅竖支柱以抵御河水泛滥。见图 3-2。但是，十二桥遗址已经远离了岷江干流，并且深入成都平原的中心，不乏水源，洪水威胁也小多了。

图 3-2　成都十二桥遗址干栏式房屋复原模型

（二）水利遗迹

成都市西门汽车站向南绵延数千米，达新南门一带，有超过 1 米厚的砾石淤沙堆积，是古河床故道。1982 年，在成都市方池街总工会会址距地表约 4 米深的沙砾石层中，发现一批新石器晚期至商代的石锄、石斧、骨针、骨锥、骨匕及泥质灰陶尖底器等物。1985 年，又在此处的东周地层中发现浅盘豆、尖底盘、平底钵、绳纹陶釜、敞口罐等陶器，还有早期的斧、锛、球、杵、钻、

镞等石器，以及一些小甲和工骨料。距地表 2~3 米深处是夹少量卵石的地层，有多处河道遗迹，河道上还有用竹笼卵石结构垒砌的埂堤 10 条，埂与埂之间形成一道道排水沟，层厚约 1 米。同时，在竹笼卵石埂中还出土了一件陶塑猪头龙。1989 年、1990 年，又在这一带发现了排水沟，与前次的发现相连，总长近 100 米。

1984 年，在成都市西胜街西口成都市第二十八中学教学楼工地打入 8 米长的桩柱，发现下沉很快，经勘察证明是河道故址中的深水区，含有流沙，后改用 12 米长桩柱。同年，在成都市西干道修建中，于省消防机械厂大门外距地表约 4 米深处发现一排长约 2 米的木桩及石柱，是原来的河堤护岸桩，有的桩上还留有一道道绳勒的痕迹，是拉船留下的印迹。

1985 年，成都市南河畔的岷山饭店工地开挖基坑时发现商周时代古文化遗址，面积 425 平方米，出土有碗、豆、钵、釜、罐、盘等陶器及鼎、敦、剑等铜器，还有朱漆八棱形辊、竹编筐等，总数有几百件，并有从东向西按同一方向倒下的古树 20 多株，成排有序。同时出土的有一条小型打鱼船、竹笠、人骨等遗物。木材标本经 C14 测定，年代为距今 2200~2700 年，约在开明治水时代。1985 年 12 月，在成都市西郊河、磨底河、南河之间的十二桥附近发现商代木结构干栏式房屋遗址，纵横交错的木结构件有数百根，出土文物近 2000 件。其房屋自西向东南按同一方向倒塌，证明为洪水所冲倒。

1986 年 3 月，在距方池街遗址约 100 米处的金河宾馆工地发现一条残长 10 米的竹笼卵石埂，建造方法与方池街遗址相似，卵石埂中还发现岩化的竹篾编痕。根据石埂方向推断，古代这条河道应是自西向西南流向。1987 年 7 月，在羊市街延线王建墓门口约 50 米的公路工地上发现秦汉时期的古建筑遗址，在 4 米深处的冲积层中发现，80 米长的范围内有 10 间以上的房屋曾被洪水淹没。

2000 年，在成都商业街出土了战国中期 14 艘船形棺木，用楠木雕凿而成，其中有 4 艘长 10 米以上，最长的一艘长 18.8 米，原木直径为 1.7 米。棺木中随葬精美的漆器、竹器。船棺的习俗意味着先秦时期成都天然河道已有发达的水路交通。

上述考古发现表明，古代成都平原河道纵横，并经常遭受洪灾。古蜀先民治水活动代代相沿，不但总结了丰富经验，而且创造出独特的治水方法和技术，如用竹笼卵石筑堤，用木桩、石桩护岸等，后世治理都江堰仍在使用，一直延续 2000 多年。

第二节　李冰创建都江堰

一、李冰守蜀

战国之初僻居西北的秦国，经"商鞅变法"后迅速崛起，成为战国七雄之首。秦惠文王更元九年（公元前 316 年），巴国和蜀国互相攻打，都来向秦国告急求救。秦惠文王想出兵攻打蜀国，但顾虑道路险峻难行，又担心韩国可能会前来侵犯，所以犹豫不决。[1]主张伐韩的张仪和主张攻蜀的司马错在秦惠文王面前进行了一场辩论。司马错奏对道："夫蜀，西辟之国也，而戎狄之长也，

---

[1]《史记·卷七十·张仪列传第十》：苴蜀相攻击，各来告急于秦。秦惠王欲发兵以伐蜀，以为道险狭难至，而韩又来侵秦，秦惠王欲先伐韩，后伐蜀，恐不利；欲先伐蜀，恐韩袭秦之敝。犹豫未能决。

而有桀、纣之乱。以秦攻之，譬如使豺狼逐群羊也。取其地足以广国也，得其财足以富民，缮兵不伤众，而彼已服矣。故拔一国，而天下不以为暴；利尽西海，诸侯不以为贪。是我一举而名实两符，而又有禁暴正乱之名。"（《战国策·秦策一》）秦惠文王采纳司马错建议，发兵攻蜀，当年十月灭蜀。

秦入巴蜀后，在很短的时间内，在西蜀兴建了成都、郫、临邛、武阳及若干县城。在农村、山区，蜀侯后裔等旧的残余势力、戎伯势力还非常强大，秦朝廷虽三次分封蜀侯，皆不善而终，武力冲突时起。秦昭王二十二年（公元前 285 年），秦杀掉分封的第三任蜀侯，不再分封蜀侯，"但置蜀守"，标志着政权过渡时期从此结束，将蜀地作为秦国的一个郡并任命郡守。现在史学界的主要观点认为李冰是继司马错、张若之后的第三任蜀郡守。秦灭蜀后在蜀地的统治大体可分为三大阶段：一是从秦灭蜀至公元前 277 年张若离蜀，主要为军事控制时期，约 40 年；二是从公元前 277 年开始的李冰治蜀时期，为大规模经济建设时期，有 30~40 年；三是李冰之后至秦亡，为继续建设和稳定时期。秦国吞并促进了蜀地社会经济发展，增强了秦国国力。《战国策·秦策》载："蜀既属秦，富厚轻诸侯。"蜀地平定后，经济发展，人口增长，成为秦国的战略大后方，同时，蜀地还兼有扼制上游水道、顺水攻打楚国的战略任务。

二、李冰建堰

秦灭蜀国并设郡后，蜀地实施秦制，生产力和社会动员能力均有明显提高。明徐光启《农政全书》载："自秦开阡陌，水利乃兴，于是史不绝书，以为伟绩。"商鞅变法后，秦国废井田制为阡陌制，也促进了水利的发展。秦灭蜀后，秦国的水利技术与蜀地治水经验相融合。李冰正是在这样的历史大背景之下创建都江堰。

秦昭襄王时期，李冰任蜀郡守[①]。李冰创建都江堰的最早记载见于司马迁《史记·河渠书》："于蜀，蜀守冰凿离碓，辟沫水之害；穿二江成都之中，此渠皆可行舟，有余则用溉浸，百姓飨其利。至于所过，往往引其水益用。溉田畴之渠，以万亿计，然莫足数也。"后来晋代常璩在《华阳国志·蜀志》补《记》为："冰乃壅江作堋。穿郫江、捡江，别支流，双过郡下，以行舟船。岷山多梓、柏、大竹，颓随水流，坐致材木，功省用饶。又溉灌三郡，开稻田。于是蜀沃野千里，号为'陆海'。旱则引水浸润，雨则杜塞水门。故记曰：'水旱从人，不知饥馑；时无荒年，天下谓之'天府'也。……乃自湔堰上，分穿羊摩江，灌江西。于玉女房下白沙邮，作三石人，立三水中。与江神要：水竭不至足，盛不没肩。"综合起来，李冰在创建都江堰时主要做了以下几项工作。

（一）凿离堆

离堆原本是岷江左岸玉垒山余脉由北而南延伸向岷江的一道山梁，它挡住了岷江出山以后由西向东的流向，逼使江水向西南流，造成岷江以东的成都平原因引水困难而苦旱，又对下游地势低洼地区造成洪水威胁。李冰组织蜀地民众由西向东在山梁上开凿一道平均宽22米（顶部31米、底部19米）、高于河床16~19米、长76米的引水口，后人称为宝瓶口。凿开宝瓶口后在右岸留下一

---

① 《风俗通义》："秦昭王使李冰为蜀守，开成都两江，溉田万顷。"冯广宏著《都江堰创建史》中推测李冰任蜀守年代约为秦昭襄王三十一年至三十九年（公元前276—前268年）。

座孤立的小山堆，称为离堆，取其与原山体分离之意。故汉代人记述都江堰往往以"凿离堆""穿二江"为代表。西汉扬雄《蜀都赋》描写成都"灵山揭其右，离堆被其东"，即指离堆所引之水覆被成都东部。东汉崔寔《政论》："蜀郡李冰凿离堆，通二江，益部至今赖之。"司马迁所记"冰凿离堆"，也是以离堆特指都江堰。

由于离堆、宝瓶口处的山体基岩是坚硬的砾岩，硬度很高，开凿难度很大。后人根据《华阳国志》所记李冰在僰道（今宜宾）凿崖时曾采取"积薪烧之"的办法，推测在秦代尚无炸药的条件下，李冰凿离堆时也采用了火攻法：先将岩石焚烧加热，再骤然浇注冷水，利用热胀冷缩的原理使岩石破碎，然后一层层地凿开。宝瓶口是引岷江水进入成都平原的咽喉要冲，都江堰后来历经风雨，屡废屡兴，长效永续，千古不朽，重要原因之一就在于凿开离堆后形成了宝瓶口这样一个永久性的、具有控制功能的引水道。

（二）壅江作堋

堋是指把岷江分为南、北二江的鱼嘴和金刚堤。《史记》及西汉、东汉的文献中均没有李冰修建鱼嘴的记载。李冰建鱼嘴的最早记载出自东晋《华阳国志·蜀志》"冰乃壅江作堋"。2005年3月，都江堰鱼嘴西侧外江河床中出土东汉建安四年（公元199年）石碑，上刻有"择、汜受任作北江堋""堋在百京之首""时陈溜高君下车，闵伤犁庶，民以谷食为本，以堋当作"等。可知，在汉晋时期，都江堰鱼嘴和金刚堤在习惯上均被称为"堋"。鱼嘴顶端迎水处呈流线型，形状如鱼的头部，被后人称为鱼嘴。壅江作堋的目的是将岷江分为内、外二江，外江用于泄洪，内江引部分江水进入宝瓶口，为二江提供稳定的水源。北魏郦道元《水经注·江水》记："李冰作大堰于此。堰于江作堋，堋有左右口，谓之湔堋。江入郫江、捡江以行舟"，非常明确地表明了堋即后世所称鱼嘴及其左右大堤。

《蜀中广记》卷六引宋《堤堰志》记载了当时有关鱼嘴的一些重要数据："秦昭襄王时，蜀守李冰凿虎头于江中：设象鼻长七十余丈，首阔一丈，中阔一十五丈，后一十三丈，指水十二座，大小钓鱼护岸一百八十余丈……以分岷江之水，北折而东。""象鼻"即鱼嘴；"指水"者，支水也。根据该记述，当时的鱼嘴同后面的堤身共长约二百五十丈，约合今 800 米，前端宽约 30 余米，沿堤两侧还设有大量的"支水"护岸。

（三）穿二江

最早记载李冰创建都江堰的《史记·河渠书》《汉书·沟洫志》中都有"穿二江成都之中"的说法。东晋常璩《华阳国志·蜀志》记为："穿郫江、捡江，别支流，双过郡下。"穿二江是指凿开离堆后，内江经宝瓶口后向东延伸，后分为两支进入成都平原。这两条人工河道就是郫江和捡江。郫江历经演变，成为现在的柏条河水系；捡江也屡经变迁，成为现在的走马河水系。其中捡江及其所分出的一条支流双双从成都郡城区流过，为成都的发展提供了良好的水环境。李冰在"穿郫江、捡江"时充分地利用了古蜀先民在成都平原上开凿的人工河道，包括岷江"东别为沱"的故道等。二江接纳宝瓶口引入的稳定水流，既控制了成都平原水患，又为发展航运和灌溉奠定了基础。

（四）穿羊摩江

《华阳国志·蜀志》于李冰穿郫江、捡江之后，记有："乃自湔堰上，分穿羊摩江，灌江西。"湔堰即壅江作堋的"湔堋"，就是在分水鱼嘴地段的岷江右岸开穿的一条引水干渠，称为羊摩

江。"江西"是指岷江正流以西。为了灌溉岷江以西的大片农田，李冰在都江堰渠首地段岷江西岸开凿人工河道羊摩江，既利用岷江灌溉岷江右岸的农田，亦减轻了外江洪汛的行洪压力。后世发展为都江堰外江灌区的沙沟河、黑石河、羊马河等，相传均系古羊摩江演变而成。

（五）作三石人

《华阳国志·蜀志》称："李冰于玉女房下白沙邮，作三石人，立三水中。与江神要：水竭不至足，盛不没肩。"白沙邮是古代设在岷江右岸支流白沙河汇入岷江处的驿站，《水经注·江水》补充此段记载："邮在堰上"。玉女房，北宋乐史《太平寰宇记》卷七十三导江县引梁李膺《益州记》："其房凿山为穴，深数十丈，中有廊庑堂室，屈曲似若神功，非人力矣。"李冰在白沙邮处立三石人于三条水流中，或分别为内江、外江、羊摩江，用以观察水位的消长情况。石人的足与肩之间是李冰所创都江堰正常运行的允许范围，也是保证成都平原不受水旱灾害侵扰的理想范围。

三、治蜀功绩

除了创建都江堰之外，李冰还带领蜀地民众在蜀地其他区域开展了大量治水、建设活动，对蜀地的经济社会繁荣作出卓越贡献。

（一）作石犀五头

北宋李昉《太平御览》卷八百九十引西汉扬雄《蜀王本纪》："江水为害。蜀守李冰作石犀五枚。二枚在府中；一在市桥下；二在水中；以厌水精。因曰石犀里也。"《华阳国志·蜀志》记李冰："外作石犀五头，以厌水精。穿石渠溪于江南，命曰犀牛里。后转为耕牛二头：一在府市市桥门，今所谓石牛门是也；一在渊中。"清代二王庙主持道士王来通《灌口备考》引古籍记："李冰作五石犀以压水，一在青城，一在犀浦，一在成都市桥，一在江中，一在县北玉女房。"2013年1月8日，成都市天府广场钟楼拆除工地出土一座石犀，长3.3米、宽1.2米、高1.7米，重8.5吨，考古学家认为极有可能是战国中晚期雕刻作品。

（二）凿平溷岩，通正水道

《华阳国志·蜀志》："时青衣有沫水，出蒙山下，伏行地中，会江南安，触山胁溷崖，水脉漂疾，破害舟船，历代患之。冰发卒凿平溷崖，通正水道。"青衣江（古称沫水）与岷江汇合在南安（今乐山）城下，其合流处水势汹涌，冲击溷崖，为船运险地，来往船只往往在此沉没或被撞破。李冰调集军队凿平礁石和沿岸凸向江中的岩石，同时整治水道，使之更加平顺。

（三）作笮，通文井江

李冰治理和疏浚岷江下游右岸支流，古称汶井江或文井江。《华阳国志·蜀志》："冰又作笮，通文井江，径临邛，与蒙溪分水白木江会。至武阳天社山下，合江。"《水经注·江水》："江水又与文井江会，李冰所导也。"[1]作笮，是指架设管桥（竹索桥）于岷江、羊摩江、文井江上，开通成都至临邛的陆路交通，达到加强地区间的政治、经济、文化联系的目的。疏导文井江并与白木江相连，既可引水灌溉，又连通了临邛至武阳的水路交通，由是，成都、临邛、武阳三地水陆相接，往来畅通。

（四）导洛通山

李冰疏导了沱江上源支流石亭江（古称洛水）。《华阳国志·蜀

---

[1] 文井江为现西河，临邛为现邛崃市，白木江为现南河，武阳为现彭山区，"合江"指与岷江汇合。

志》："又导洛通山洛水，或出瀑口，经什邡、郫、别江，会新都大渡。""洛通山"为什邡西北高景关处之章山，又称章洛山，为古洛水（即今石亭江）出山口处[①]。"瀑口"则为高景关处的关口河谷，为洛水出山进入平原之地。"别江"指洛水出山口后分出的较大一支水道。"新都大渡"指今之金堂赵家渡，地处沱江金堂峡入口处，汉晋时属新都县。石亭江进入成都平原后形成散乱的多条水道，李冰导洛水的重点即是对其中主要的水道加以整治，使其汇入沱江干流。

（五）分绵水、溉稻田

《华阳国志·蜀志》："又有绵水，出紫崖山，经绵竹入洛。东流过资中、会江阳，皆灌稻田。"绵水（今绵远河）发源于今绵竹与茂汶交界山区，上源今名深沟，水从深山老林中奔流而出，至绵竹汉旺镇出紫崖山分水别流，为引水灌田，就朝东向开河，再折向西南流，经黄浒、德阳合洛水。因黄浒是秦汉时绵竹县治，故云"经绵竹入洛"。成都平原东北部导洛水、绵水之后，新辟稻田，于是"膏润稼穑，是以蜀人称郫、繁为膏腴，绵、洛为浸沃也"（《华阳国志·蜀志》）。

（六）开凿盐井

李冰在任时修建了一批蓄水的陂池，利用当地径流，供农田灌溉、养鱼及民众生活用水，又可为制盐生产提供充足的水源。《华阳国志·蜀志》："穿广都盐井、诸陂池。蜀于是盛有养生之饶焉。"广都为汉县，地跨今双流、仁寿及成都龙泉驿区。仁寿县籍田铺、秦皇寺、贵平寺一带，地层中含有卤水。李冰"穿广都盐井"，裨益民生，促进了蜀地经济繁荣。

----

① 也有断句为"又导洛、通山"。

（七）造二江七桥

古代成都二江上建有七桥，七桥平面位置形似天上的北斗七星，相传为李冰所造。《华阳国志·蜀志》："西南两江有七桥：直西门郫江，冲治桥；西南石牛门，曰市桥，下，石犀所潜渊也；城南，曰江桥；南渡流[①]，曰万里桥；西上，曰夹里桥，上[②]曰笮桥；从冲治桥西出北折，曰长升桥；郫江上，西有永平桥。长老传言：李冰造七桥，上应七星。"七星桥在秦汉时名冲星桥、玑星桥、员星桥、长星桥、夷星桥、尾星桥、曲星桥，架于成都西边、南边的二江之上，略似北斗之形。

（八）整治南安、僰道等地河滩

《华阳国志·蜀志》："（南安县）位于郡东四百里，治青衣江会。县溉，有名滩，一曰雷垣，二曰盐溉，李冰所平也。"《水经注》作："悬溉有滩名垒坻，亦曰盐溉，李冰所平也。"南安县辖境包括今乐山、青神、夹江、峨眉山、洪雅、丹棱、犍为、荣县与井研诸市县之全部或部分。在今青神、乐山之间的岷江段有青神峡，南、北各有一岩层横阻江水，构成上、下二滩，"雷垣""盐溉"即二滩古地名。河滩高耸，妨碍行舟。李冰平掉险滩，使得航行畅通，并消除这一地带的水患。《华阳国志·蜀志》："僰道有故蜀王兵兰，亦有神，作大滩江中。其岩崭峻不可凿，乃积薪烧之。故其处悬崖有赤白五色。"李冰整治今乐山段岷江航道后，又整治今宜宾段岷江航道，"僰道"即今宜宾。僰道江中有大滩，传说是神造出来的，其岩石险峻，难以开凿，李冰采取"积薪烧之"的办法，使岩石破碎，疏通了航道。

---

① "流"即"流江"，李冰所开成都"二江"之一。

② "上"，部分版本也作"亦"字。

第四章 都江堰渠首工程的演变与发展

第一节 秦至宋代的渠首工程

一、两汉及三国时期

两汉三国时期，都江堰运行不辍，其间渠首必有多次维修和变化，但资料失载。南北朝时期，根据当时的文献记载，都江堰渠首仍是"堤有左右口"（左思《蜀都赋》刘逵注）。东汉时期的都江堰渠首出现了"堤岸有石如猪"的挑水防冲设施（《太平寰宇记》卷（七十二）引《九州要纪》）。2005 年 3 月 4 日，都江堰鱼嘴西侧外江河床中出土石碑，上部断裂，中间字迹有所磨损。同时出土尚有残头石像 2 尊，与 1975 年外江出土石像相近。都江堰市文物局对汉碑加以清理、释文，得知碑为东汉建安四年（公元 199 年）堰吏所刻，意在表扬监作守史郭择、赵汜之功。这一碑文补充了汉末堰史的空白，留下了宝贵的历史信息。当时习称堰名为"北江朔"，由于堰是"百京①之首"，关系"民以谷食为本"的大事，因此蜀郡太守高君一上任就安排"作堋"，命掾史分工负责冬修，而专任监工的郭、赵二人身先士卒，十天左右就修好，得到堋吏和工师百余人的赞赏，碑文如下：

---

① 京：粮仓。

建安四年正月中旬故监北江堋太守守史郭择、赵氾碑

惟择，产广都，氾，郫县人。择、氾体履仁义，结发修善。择袭父固业，治《春秋穀梁》，兼通《孝经》二业。东诏京师，给事府县。故府郭君召署文学、师簿、兵曹史、县史□政□□。择父固生兄文，孤无子姓，文以寿终。择单（殚）尽家财收葬文，以文所□奴婢二人，□□合直卅五万，让与文养女珠，行丧三年。又择前署县长□□主记掾□□部郡所隐切，广汉、绵竹；择为要证，幽厄成都狱。氾□□毋辞，封不□□；轻财重义，乡党所称。又氾故县主簿，劝农仅（勤）于政□，□□□顾分明□□。收养孤嫂齿、兄累子二人；兄弟和雍，行之难鳌。

三□□□□间，择、氾受任监作北江堋，堋在百京之首。冬寒凉慄，争时错作，□□□□□，不克□□。时陈留高君下车，闵伤犁（黎）庶，民以谷食为本，以堋当作。□□□□□公留掾史、都水郭荀、任南；杜期履历平司；择、氾以身帅下，志□□□，□□作堋，旬日之顷，堋鄢竟就备毕。佐直修身，契白不文，水□分□□□，□□不足，淤□不汝，众亦不咋，宜建碑表。

时堋吏李安、傅阳，作者赵□卿、郑□□、□□、彦□、苏子印、定卿、杨叔财等百余人。报服恩施，比方先后，治造趋□□冬，□兴意推盛，出家钱勒石纪行，刊示后贤，以劝为善。

二、唐及五代时期

唐代龙朔年间（公元661—663年），在都江堰大修侍郎堰（即飞沙堰），又修百丈堰，并从百丈堰开渠引水，灌溉彭县、益州的田地。《新唐书·地理志》："彭县濛阳郡，导江县……有侍郎堰，其东百丈堰，引江水以溉彭、益田，龙朔中筑。……西有

蚕崖关。有岷山、玉垒山。"这是飞沙堰第一次见诸史籍。

五代前蜀时期，公元 910 年，曾发生过一场特大洪水，冲毁都江堰渠首鱼嘴等大部分水利工程。五代杜光庭《录异记》卷四说："蜀朝庚午（即前蜀武成三年）夏大雨，岷江泛涨，将坏京江，灌口堰上，夜闻呼噪之声若千百人，列炬无数，大风暴雨，如火影不灭。及明，大堰移数百丈，堰水入新津江。李冰祠中，所立旗帜皆湿。导江令黄璟及镇静军同奏其事。是时，新津、嘉、眉，水害尤多，而京江不加溢焉。"

杜光庭《贺江神移堰笺》又说："伏睹导江县令黄璟奏，六月二十六日江神移堰事。伏以大禹浚江，发洪源于龙冢；李冰创堰，分白浪于龟城。导彼灵津，资乎民用。而涸胫泛肩之誓，表则有常；若怀山沃日之多，奔腾难制，立虞垫溺，必害蒸黎。昨者，夏潦渤兴，狂波未息；顾岷江之下濑，便逼帝都；当灌口之上游，遽彰神力。于是震霆嶪地，白雨通宵。驱阴兵而鼓噪连天，簇灵炬而荧煌达曙。回山展石，巨堰俄成。浸淫顿减于京江，奔蹙尽移于硖路。仰由圣感，仍假英威。见天地之合符，睹神灵之致祐，编于简册，冠彼古今。叨奏奖私，弥增忭跃，谨奉笺陈贺以闻。"《全唐文》前蜀庚午年六月二十六日即公元 910 年 8 月 5 日，灌口上游连夜暴雨，洪水猛涨，所过之处山崖崩断，岩石开裂，地动山摇，洪水冲毁原来所建鱼嘴等工程后，应该是水利主官利用在下游数百丈的地方形成淤积体建造了新的鱼嘴，并附会为李冰的威德所至。从"浸淫顿减于京江，奔蹙尽移于硖路"两句可知，新鱼嘴发挥了分水排洪功能，将大部分洪水排入外江，使外江沿线遭到的水患、进入内江的水量则得到控制，使成都免于水灾。

时隔四十二年，公元 952 年，都江堰又遭一次大洪灾。张唐英《蜀梼杌》载："须臾，天地昏暗，大雨，雹。明日，灌口奏岷江大涨，镇塞龙处铁柱频撼。其夕，大水漂城，坏延秋门，深丈余，溺数千家，摧司天监及太庙。令宰相范仁恕祷青羊观；又遣使往灌州，下诏罪己。"

三、宋朝时期

南宋时期，宗室赵不恳于乾道元年（公元 1165 年）任成都转运判官。当时吏治腐败，都江堰岁修积弊甚深，官吏贪污，偷工减料，随意减免夫役，造成炅堰"不固而圮"，农田缺水，连年减收，每年饥民甚多。乾道八年（公元 1172 年）夏秋，岷江大水，冲坏都江堰渠首，灌区"下田涨、上田涸"，百姓怨声载道。赵不恳在深入调查的基础上，一边大力整顿都江堰的岁修制度，"绳吏以法"，整顿堰务，一边大修都江堰渠首及灌区。在都江堰大修中，他亲到工地，"操板筑"，与民工同劳动。（宋叶适撰《水心集》卷二十六《故昭庆军承宣使知大宗正事赠开府仪同三司崇国赵公行状》）

有关宋代都江堰渠首的一些基本数据，见于宋人的《堤堰志》和《宋史·河渠志》。根据《宋史·河渠志》记载的情况看，当时都江堰渠首内江渠系主要分为三大支：一支叫外应（应为今柏条河），灌溉永康之导江、成都之新繁，达于怀安之金堂。在东北方向的一支叫三石洞（应为今蒲阳河），灌溉导江，彭县的九陇、崇宁、蒙阳，达于雒县（今广汉）。东南方向的一支叫马骑（今走马河），灌溉导江，彭县的崇宁、成都的郫、温江、新都、新繁、成都、华阳。三支流又派别支分，不可悉纪。其中较大的，外应溪下有保堂、仓门，三石洞下有将军桥、灌田、雒源，马骑

下有石址、跋觖、道溪、东穴、投龙、北、樽下、玉徙。石渠（直接在岷江取水的堰口）则自离堆别而东，与上、下马骑、干溪合，共有九堰，即李光、膺村、百丈、石门、广济、颜上、弱水、济、导。《宋史·河渠志》还记载了渠首的水则等工程：在离堆之南，以竹笼石为大堤，共七垒，如象鼻状，以捍之（今人字堤或鲤鱼沱大堤）。离堆之趾，旧镌石为水则。水则每一尺为一画，共十画。水及六则，流始足用，过则从侍郎堰减水河（飞沙堰）泄，而归于江。

第二节　元代渠首工程

一、元初都江堰的恢复及"硬堰"建筑的初步探索

宋末元初，四川战况空前惨烈。端平三年（公元 1236 年），元军第一次攻入四川，全蜀"五十四州俱破，独夔州一路及泸、果、合数州仅存"。（《宋季三朝政要》卷一）淳祐元年（公元 1241年），元军破成都，俘四川制置使陈隆之等。至此，西川残破，都江堰管理体系瘫痪，岁修时行时止。宝祐五年（公元 1257 年），蒙古军筑成都城，确立了对成都地区的统治。此后仍征战不息，直到至元十六年（公元 1279 年），元军攻下重庆等地，才最终占领整个四川。在长达五十年的拉锯战中，成都平原人口锐减，经济、文化设施遭到毁灭性的打击和破坏。据《元史·地理志三·成都路》记载，元至元二十七年（公元 1290 年），成都路残存"户三万二千九百一十二，口二十一万五千八百八十八"，仅占南宋绍兴年间成都府路七百四十二万人口的 2.9%。南宋时期，灌州有导江、青城二县，元初因人口太少，甚至不能设县，只设一屯。

　　元代初期，首先对都江堰渠首进行大修的是李秉彝。李秉彝，字仲常，通州潞县人，早年随元世祖伐宋建功，至元二年（公元1265年）首次调入四川，为行省郎中。"民苦竹税"，他即上奏罢免了此税。不久，他升为大中大夫，外调。至元十二年（公元1275年），李秉彝以大中大夫、陕西四川道按察副使兼劝农事，入蜀，巡行灌州（今都江堰市），了解到都江堰工程简陋，常被洪水冲坏，每年岁修艰巨，百姓负担太重，劳费不堪。为减轻百姓负担，他主张"宜筑之坚"，改用砌石工程。但有人顾虑这样会"壅遏涨势，恐为成都害"。李秉彝令人投石水中，问曰："水从石上过，宁有壅遏涨势之患乎！"虽然当时在百战之际，仍令有关部门马上开始对都江堰渠首进行大修。经过三个月的努力，大修工程竣工。李秉彝首先在都江堰渠首采用砌石的"硬"建筑，究其原因，客观上与当时灌区人口太少，岁修经费、劳动力都难以保证有关，主观上与李秉彝长期生活在北方，而北方水利工程多筑石条的影响有关。无论怎样，这都是都江堰水利建筑史上的一次大胆探索，在都江堰发展史上具有重要意义。据《新元史·李秉彝传》载，当年洪水来时，没有过多壅高水位，岁修工程也没被冲坏，群众心悦诚服。李秉彝故去后，其墓志铭记载此次大修后，"溉田万顷，土人刻石颂德"（《紫山大全集》卷十八《正议大夫两浙转运使李公墓志铭》）。

　　赵世延，字子敬，其先永古特族人，至大元年（公元1308年）除绍兴路总管，改四川肃政廉访使，在任期间大修都江堰，民尤便之，有功农田。（《元史·赵世延传》）

二、吉当普大修都江堰及铁龟鱼嘴的诞生

在都江堰维修历史上，主要采用竹笼、杩槎这类"软"建筑，虽有易于维护之便，但"软堰"建筑易遭洪水毁损，需年年岁修，耗费甚巨，在当时灌区人口极少的背景下，是一个极为沉重的负担。元顺帝元统二年（公元 1334 年），吉当普任四川肃政廉访使。他上任时，都江堰需要整治的工程多达 132 处，每年征用兵民劳力多则万人，少则数千人、数百人不等。规定每人每年服役 70 天，不服劳役的人每日缴纳三缗钱。因吏治不清贪污腐败，每年所收的代役钱约 7 万缗，绝大部分落入官吏私囊，治理效果并不理想。吉当普到都江堰灌区进行实地调查研究，巡行周视，发现为害最大的病害工程有 32 处，需要彻底整治；而岁修之烦，亦需改进。过去，唐代章仇兼琼和元代李秉彝都在坚筑硬堰方面作过局部探索，吉当普谋划用以浆砌大块石为主的"硬"建筑对都江堰竹笼装石为主的"软"建筑进行整体改造，以达到"则百役可罢，民可苏，弊可除"的目的。

吉当普与灌州判官张弘商议此事。张弘对此表示支持，赞扬道："公意及此，此生民之福，国家之幸，万世之利也。"为取得第一手资料，张弘个人出资，试做一小堰，"堰成，水暴涨而堰不动"。试验成功后，吉当普"乃具文书，会行省及蒙古军七翼之长、郡县守宰，下及乡里之老"。通过反复讨论，各陈利害，最后"咸以为便"，大修方案得到有关官员和群众的认可。其中，张弘在实地做的小堰试验，在我国水利科学试验发展史上具有重要意义。

吉当普、张弘等作了上述充分准备后，于至元元年（公元 1335 年）十一月，正式动工大修都江堰。这次大修历时 5 个月，共修建了三道分水工程。

第一道分水工程是筑鱼嘴。为减杀水势，以铁一万六千斤，铸为大龟，贯以铁柱，置放在水势湍急处，作为鱼嘴头部。这是这次大修中最大的一项工程，同时也是最引人瞩目的一项工程。铁龟鱼嘴分岷江为南、北两江。

第二道分水工程是在铁龟鱼嘴的后面偏东处修建大钓鱼矶和小钓鱼矶，又在东跨二江处修建石门，以节北江之水；又往东修建利民台。在利民台东南，恢复侍郎堰（飞沙堰）。又在外江马坝崩缺处开凿杨柳渠，迂回流入马坝渠。又修建斗鸡台，在台上画水则，以尺画之，共十一画。水深到九画，百姓则喜；超过九画，百姓则忧；若淹过十一画，便预示着洪灾。吉当普还在斗鸡台边，仿李冰做法，重书"深淘滩，低作堰^①"六字。

第三道分水工程是在离堆内三石洞处（今三泊洞水口）分为二渠，分流入于成都。

整个工程以铁龟鱼嘴、利民台二处为最大，其次是侍郎、杨柳、外应、颜上、五斗等处，再次是鹿角、万工、骆驼、碓口和三利处等工程。诸堰都用石条包砌，范铁以贯其中，取桐油和石灰、麻丝并捣之使熟，作为粘结材料，以苴罅漏。容易崩坏的堤岸则包砌卵石以加固。堰堤上植杨柳，旁种蔓荆，栉比鳞次，赖以为固，盖以数百万计。分流节点处砌成石门，以控制启闭。图4-1根据《蜀堰碑》的记载绘制，为吉当普大修都江堰后渠首图。

这次大修用石工、金工各七百余人，木工二百五十人，役徒三千九百人，其中蒙古兵便有两千人；开山取石百余万条，用石

---

① 揭傒斯《大元敕赐蜀堰碑》（又名《蜀堰碑》，选自《揭文安公文集》）记为"低作堰"，《元史》转载时记为"高作堰"，应为笔误。

灰六万多斤，桐油三万多斤，铁六万五千斤，麻五千斤，耗用粮食一千余石；整个工程费用四万九千贯。需注意的是，这次大修虽普遍采用了"硬"建筑，但总费用比以往一般岁修费用，减少了大约三成。

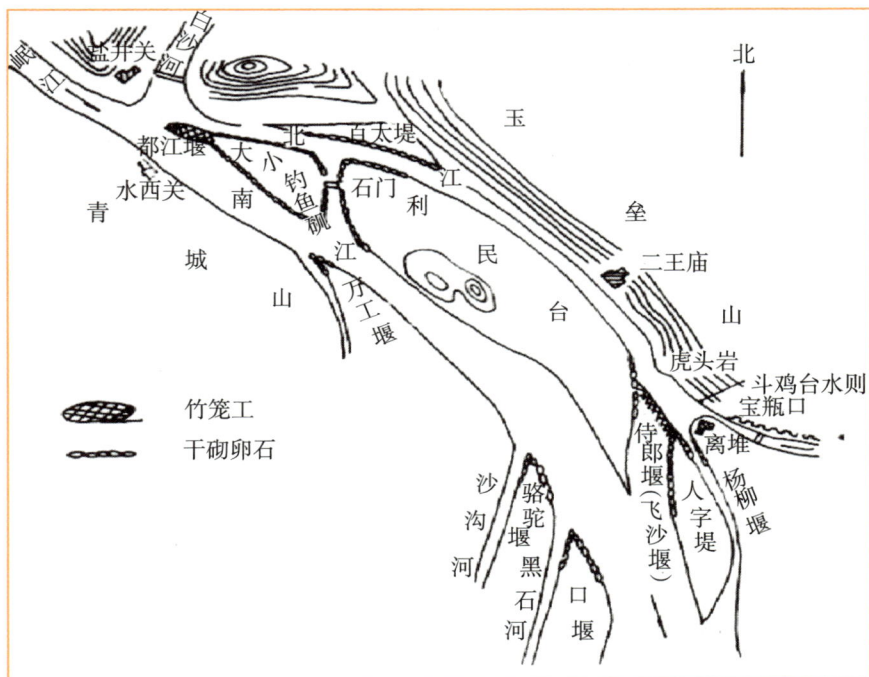

图 4-1　元代都江堰渠首工程示意图（鱼嘴在白沙河口附近）[1]

此外，吉当普还组织力量对都江堰水系中的成都之九里堤，崇宁之万工堰，彭之堋口、丰润、千江、石洞、济民诸堰进行大修，或疏旧渠以导其流，或凿新渠以杀其势。凡遇两条河流交汇之处，则建石门，按时启闭而泄蓄之，以节民力而资民利，"凡智力所及，无不为也"。

---

① 根据《蜀堰碑》并参照渠首岷江河道变迁图绘制。

此次大修费用虽大大高于以往的一般岁修，但维持了四十二年之久，比"软"建筑的时间延长了数十倍。都江堰铁龟鱼嘴建筑在砂卵河床上，因古代建筑技术难以根本解决地基问题，铁龟鱼嘴于建成四十二年后终于湮没。期间仍然存在"深淘滩"的岁修工作，但工作量已比以前大大减少，为灌区人民大大减轻了负担。这在元代成都地区人口极少的背景下，尤其难能可贵。

第三节　明代渠首工程

一、明初渠首的恢复与维护

元末明初，四川地区又经历了一次大战乱。元代晚期，四川人民普遍贫困，当时有官员上奏朝廷说："蜀人积弊实非一朝，百家为村不过数家有食，穷迫之人十有八九。"（《草木子》卷三《克谨篇》）从至正三年（公元 1343 年）开始，四川境内不时发生中、小规模的农民起义，所谓"群盗蜂起"。至正十一年（公元 1351 年），红巾军起义。至正十五年（公元 1355 年），红巾军明玉珍部开始进攻四川。至正二十一年（公元 1361 年），明玉珍攻克全川，次年建立大夏政权。洪武四年（公元 1371 年）六月，明军攻入四川，大夏亡。在近二十年的战乱中，元军、农民军和明军你来我往，反复拉锯，四川经济遭受严重破坏，人口锐减，都江堰管理几近瘫痪，岁修基本处于停滞状态。

据《明史·河渠志六》载，洪武九年（公元 1376 年），彭州知州胡子祺率先修复都江堰。灌县在明初隶属于成都府下的彭州（据《明史·地理志四》记载，彭州于洪武十年五月降为县）。

当时的彭州知州胡子祺（名寿昌）见兵乱堰废，民不得耕，田野荒芜，即向省府汇报抢修都江堰，大兴水利之事，可省上的官员却"咸不乐，反复诘难"，欲阻其修堰。胡子祺道："所利于民，吾何恤乎？"又再三要求，言辞恳切，省府才把他的建议上报到朝廷。朝廷命省府修堰，省府即命胡子祺负责修堰之事。

胡子祺受命后，到渠首、灌区反复考察，制订了大修方案，上报成都府后获得支持，即征调灌区民众，开展明代的首次大修工程。胡子祺因见元人用铁石修堰费用过大，便在这次大修时恢复了竹笼杩槎工程。大修中，他率丁夫砍伐可用的大树木一万五千多株，用大竹十九万八千多根。"绞长木为三脚架，锐上而阔下，束短木于其腰，戴以竹筏，竖置于江口水中，表里二重，大小九十余坐（座）。复架长木于横木之上，压之以石，制其动摇，立顺水木于三脚架外，又排立水竹于顺水木傍，布以竹簟苴，以萑苇实以砂土，闸断减江流。"（《胡文穆公文集》）此为杩槎见于史籍的最早记载。大修工程用竹笼一千三百多笼，每笼皆实以沙石后封口。在堰岸处，重叠三层竹笼，前高后低，以分水势。又用木三千余株，纵横错综，交串其面，复用木三千余株，自上击下，贯穿联系，使无冲决。这次大修重点修了都江堰渠首中的水钓鱼（或当时以此命名"鱼嘴"）、大石门、侍郎口、宝瓶口、颜上等堰，护岸工程二百二十八丈，又作护水堤二里。大修工程完成后，即举行放水仪式。江水循渠下流，成都的农田均得以灌溉。（明徐纮撰《明名臣琬琰录》卷十，胡广《中宪大夫赠翰林学士胡公墓表》）但当时灌区人口甚少，每年岁修劳役过重，胡子祺调离后，又在局部地区恢复了铁石"硬堰"建筑工程，都江堰渠首的维修只能满足低标准的通水。

二、明朝中期的渠首

建文时期（公元 1399—1402 年），胡光任灌县知县，受元代李秉彝、吉当普影响，他在主持都江堰大修时，对鱼嘴采用铁石结构方案，"伐石、冶金，即旧址甃砌为防，贯以铁锭"，鱼嘴堤身用石料浆砌，铁锭铆接，还用铁柱三根，各长一丈二尺，插入砌体，以防水冲。石堤中贯铁处固以油灰。当时鱼嘴共长十五丈，高一丈三尺，前端阔五尺，后段阔一丈二尺，共用铁三万两千多斤、桐油五百斤、麻线两百斤、木料两千五百根。

关于胡光修堰年代，史料说法不一。明阮朝东《新作蜀守李公祠碑》载："元之吉当普，建文时胡光，往辙可鉴也。""建文"为公元 1399—1402 年；清杭爱《复浚离堆碑记》、赵尔巽《四川总督部堂赵札文》、钱茂《历代都江堰功小传》等认为，胡光在弘治九年（公元 1496 年）以灌县县令身份治堰。明代弘治三年（公元 1490 年），四川巡抚都御史丘鼐上奏朝廷，要求设专官负责都江堰堰务，获朝廷批准，在四川按察司中增加佥事一员，总理都江堰堰务。此后出面负责治堰的要么是省巡抚，要么是水利佥事，不应是灌县县令。且阮朝东为嘉靖间水利佥事，他撰文资料应有本朝档案可依，因此当以建文说为是。

洪武二十三年（公元 1390 年）至永乐二十一年（公元 1423 年），灌口都江堰坏，民苦水患。平江侯陈彦纯跟从蜀献王巡边，招抚边夷兼理茶马之政的同时，率民修都江堰堤防。大修时，他亲自躬督于工地，注重质量。[1]

---

[1] 明徐纮《明名臣琬琰录》卷十六杨士奇《平江侯恭襄陈公神道碑铭》。

宣德三年（公元 1428 年）春，岷江洪水冲决都江堰渠首及其所灌共四十四堰。灌县阴阳学训术严亨于这年四月二十七日上奏道："本县都江堰等四十四堰，洪武间筑，以障水灌溉民田。比因江涨冲决，乞仍发民筑为便。"朝廷即命工部移交有司，令农隙用工修复。《钦定续文献通考》[①]卷三载："宣宗宣德三年，诏天下：凡水利当兴者，有司即举行，毋缓视。是年既修灌县都江等堰四十四。"这一年，宣宗大兴水利，都江堰被列为代表。虽细节不详，但特别大的灾害才上报朝廷，朝廷命工部处理，工部即批复，并将其列为全国第一项，可见对都江堰的高度重视，同时也表明工程较大。故此次应是对都江堰渠首和灌区都进行了全面大修。

正德八年（公元 1513 年），卢翊任四川按察司金事，主管水利。卢翊主张恢复传统的都江堰岁修工程，认为加固堤堰如动用铁件，费钱几千万贯，工程也不能一劳永逸，而竹笼卵石结构省工省费，古今称便。因此卢翊在治理都江堰时全部恢复竹笼工程，获得了在成都的蜀王支持，蜀王每年助青竹四万竿，委官督织竹笼，装石资筑。相传卢翊治水时淘得李冰所刻"深淘滩，低作堰"治水六字诀，便修建一亭，名观澜亭（明高韶《铁牛记》中为"疏江亭"），将六字诀置于其中，用昭永鉴。卢翊治理都江堰后，灌区农业连年丰收。

正德年间（公元 1506—1521 年），吕翀任四川副使，曾下大力修治都江堰，促进了都江堰灌区水利的大发展。但文献简略，详情不知。《明史·刘蓂列传附吕翀列传》载："吕翀，江西永丰人，弘治十二年进士。……既削籍归，后起云南金事。迁四川

---

① 李国祥，李昶：《明实录类纂·四川史料卷》，武汉出版社，1993 年。

副使，修成都江堰以资灌溉，水利大兴。嘉靖初卒。"

嘉靖二十一年（公元1542年）夏，岷江洪水，二江暴涨，金堂、简州、资州、内江一带水势弥漫，洪水浸淫，连续四五日后逐渐减弱。这一年十月丙午，成都府、威州地震，声如雷。（《世宗实录》卷二十七）嘉靖二十六年（公元1547年），岷江再次暴发洪水，"二江"暴涨，"田土冲决无遗，附江居民之庐舍，亦漂没殆尽""江两岸田地冲决，见在民居漂洗，靡遗寸椽，盖百年来所未见之灾也"。（明高韶《铁牛记》）当时担任四川布政使（一说为副都御史）的严时泰重新担任巡抚少职，路过内江时拜访了户部右侍郎高韶。高韶认为："是都江堰淘筑之失宜也。"严时泰回到成都后，即召集管带成都水利、按察司副使周相、成都知府孙宗鲁、选委成都府通判汤拱、崇宁知县刘守德，部署治理都江堰事。众人通力合作，多次相度地势，寻求故址，查得大堰中急需治理的九处地方，首先着手治理，并打算"尽砌以石"，石之外再护以铁，全部采用"硬"建筑。后因有人反对，加之孙宗鲁外调，有的地方没完全实现。这次抢修对都江堰渠首进行了大规模治理，同时对成都二江也进行了疏淘。次年，岷江水位再次达到前一年的高度，却没造成洪灾。高韶即代表乡人写信感谢严时泰的大恩。严时泰复书曰："此有司勤事之劳，泰何与焉。"

嘉靖年间，成都知府蒋某见都江堰每年岁修费用、劳役甚为巨大，而当时成都人口并不多，便向宪副周相汇报，又亲到都江堰渠首及灌区"度地势，求故址，得堰之最要者九"，想恢复元代的"硬"建筑，"尽砌之石"。在渠首工程中，"则石之外，再护之铁"，但苦于资金难以筹措。后周相调任江西参政，大修最终搁置。

三、施千祥大修都江堰

明嘉靖二十九年（公元 1550 年），提督水利按察司副使兼金事施千祥接替周相的职务，主持都江堰渠首的大修工程。施千祥为每年岁修费用巨大、竹笼工程的寿命仅能维持当年而深深忧虑，欲效法吉当普，以图久远。他与崇宁知县刘守德、灌县知县王来聘等反复商议。王来聘谈到上年度岁修时曾在鱼嘴增立铁桩三株，贯石以砌鱼嘴，今年鱼嘴上的竹笼损失便大大减轻，仅为通常损失的一半，仅这一项便可节省岁修费用两千余两白银。他提出制铁牛以护鱼嘴的建议，认为这样可更节省岁修费用，工程也更加耐久。施千祥甚为嘉许，认为"事贵有序，功贵因时，铸铁之功，易于甃石且要焉，盍先之，徐谋其后"，即向巡抚副都御史李香、巡按四川监察御史鄢懋卿请示，二人"深以为然"，即日同意方案。

嘉靖二十九年（公元 1550 年）二月中旬，春水始发，岷江汹涌，大家都担心短期内难以开工。施千祥道："今即不及事，不可以为来岁计乎？"毅然下令开工。首先在鱼嘴前方三丈左右的地方，制作大量竹笓、竹笆以拦截江流。先做基础，在放置竹笓、竹笆后淘江及底，密植柏桩三百余株，深夯插入河底之中，再筑土夯实，夯土与木桩平衡，在木桩上铺柏木，上面再铺大石板，石板长逾丈，厚近二尺。基础完成后，开始熔铁为锭，以链相连。又铸铁板为底。在铁板上做铁牛模。施千祥与顺庆府通判张仁度、崇宁知县刘守德等一直在现场亲自指挥，又亲到二王庙祷告求佑。二月二十四日，在鱼嘴上立大炉十一座，鼓鞴于牛模旁。在牛模边筑土台，使熔化后的铁水能顺着槽子流注到模子内。旁边再用五十多口大锅，陆续熔铁添浇，以装满模子。整个浇铸经一昼夜顺利完成，共用铁六万七千斤。铸成的二铁牛首合尾分，形如人字，尖端作为分水鱼嘴顶端。每牛长丈余，牛背高度与原鱼嘴堤顶相当。牛身铸有铭文："问堰口，准牛首；问堰底，寻牛趾；堰堤广狭顺牛尾。水没角端诸堰丰，须称高低修减水。"可见铁牛鱼嘴除作为鱼嘴头部分水用外，还为调节流量、工程岁修等提供参照。在铁牛后，又立三根铁桩，用以加固鱼嘴。在鱼嘴下仍置竹笼、竹卷以保护堤坝。仅此项工程，参加的铸工 120 人、炉夫 1200 人，烧炭 13 万斤，工费共用银七百两。整个费用，除蜀府支金一百两外，其余全由布政司支出。动工前三天，大雨不休。动工后，天忽开霁，铁牛铸成后，又开始下雨。现场观看群众多达数万，一时欢声雷动，都说是李冰神佑。铁牛鱼嘴一次浇筑成型，是都江堰发展史和中国冶金史上的一件大事。在施工期间，蜀藩王厚烨下令支助一万斤铁、一百两银子，命长史李钧带着币帛牛羊等到现场慰劳有关官员及役工等，犒赏有加。

当时，四川督学佥事陈銮在现场参观后，写有《都江堰铁牛记》，阐述了铁牛鱼嘴的设计思想。他说："物与水激，其重必克。数十万之石，可致而不可合；数十万之铁，可冶而合也。合则其重无尚矣。水遇重不胜，则洄而支，支则力分而弱，及其弱也，竹木砂砾或可以当之。故堰莫急于冲，莫要于铁。嗣世而后，若再甃之石，……其百世利也。"这一想法，仍是主张以重制水，强调"硬堰"结构的鱼嘴可以抵抗洪流。

万历三年（公元 1575 年），岷江洪水，都江堰渠首许多工程遭到不同程度的破坏。成都知府徐元气、灌县知县萧奇熊等系统统计了渠首和灌区受损情况，向上汇报，要求立即开始抢修工作。巡按御史郭庄派水利佥事杜诗主持都江堰大修工程。郭庄亲到现

场考察后，决定采用杜诗提出的铁柱挑流的新办法。万历三年十一月，大修开始。在铁牛后增加铁柱，按"牛趾"高度维修鱼嘴。鱼嘴以下，如仙女、三泊洞、宝瓶口、五陡口、虎头诸岸间，植三十铁柱，每柱长丈余，共用铁三万余斤。在铁柱之间，又竖立若干木柱并垒石，加强堤岸的保护。这一次，直到次年三月才完成。郭庄分析说："水遇重则力分，安流则堰固。"这一工程的特点是，除以重制水的想法外，进一步考虑了用铁柱挑流，改变水流的方向和流势，以保护水工建筑物。这种用排桩挑流护堰的做法，后来在都江堰工程中得到广泛的应用，不过后代改用木桩以代替铁桩。

四、明末渠首的维护

明代末年，义军蜂起，战火弥漫。崇祯六年（公元 1633 年），张献忠首次率军入川，次年再次率军入川。崇祯十年（公元 1637 年），张献忠大西军分两路入川，攻克川东数十州县，包围成都二十余日，杀明总兵侯良柱等。崇祯十二年（公元 1639 年），第四次入川，挺进川西。与此同时，四川民变四起，官不能制。在这种背景下，都江堰的管理再陷混乱，久不岁修，灌区由原来的十二州县缩减为七州县。

刘之勃，字安侯，陕西凤翔人，崇祯十五年（公元 1642 年）出任四川按察使。此前，都江堰早已"嗣是陵夷，或修或湮，至于今，湮久矣"。灌区人民"每春初，召具畚锸，刍荥渝排，无何，即涨决矣，未享其泽，旋受其啮，嗷嗷兼苦旱涝焉"。都江堰渠首已不能分水供水。刘之勃巡视都江堰后，召集有关官员商量治堰方案。多数官员表示没有资金，无能为力，唯成都知府陈某毅然表示愿承担大修之事。刘之勃即命他操办此事。崇祯十五年（公元 1642 年）冬，大修动工，次年春竣工。大修中，费用不支，刘之勃又带头捐款。大修后，"计惟时流输七州县，万畎千浍汪汪焉，不舍昼夜"。方能灌溉七州县田地。崇祯十七年（公元 1644 年），张献忠军攻打成都时，郫县主簿赵嘉炜正率民工在都江堰渠首督修大堰。巡按刘之勃的总兵官刘佳引拒战不胜，欲决都江水灌濠，张献忠一部转而直接攻打都江堰。赵嘉炜率民工护堰时被捉，宁死不屈，投江而死。张献忠破成都，刘之勃宁死不降，被杀。

第四节　清代的都江堰渠首

明末清初百余年间，都江堰经历了由战乱破坏到重建成功的历程。当时四川发生持续、反复的特大战乱，人口锐减，土地荒芜，"千里无烟"。顺治十六年（公元 1659 年），都江堰灌区的温江县全县仅存三十二户，男子二十一丁，女二十三口（嘉庆《温江县志》卷六《户口》），新津"无城郭，止穴处二十余家"（光绪《永平府志》卷五八。整个都江堰水利系统"堰堤崩颓，通渠淤塞"，名存实亡，废弃瘫痪，灌溉系统全面破坏。清代早、中期，四川专政者甚为重视水利，尤其高度重视都江堰，所谓"食重则农重，农重则水利重，水利重则堰重""以都江堰为急务"。

今天的都江堰渠首灌溉系统，绝大多数沿袭清代乾隆二十九年（公元 1764 年）阿尔泰重筑都江古堰后的格局。可以说，正是清代的反复探索、多次修建，都江堰渠首布局才找到古代最科学、最佳的布局，与现代都江堰最接近。其布局是：岷江至新工鱼嘴，分开为内、外两江，下有石埂护堤，右名逼水坝，左名金刚堤，

形如人字，至平水漕，有头道湃水，入于外江。石埂相连而下，有飞沙堰，下接人字堤，与离堆相连。离堆水口内则有太平堤分开内江的走马、柏条、蒲阳三大干渠。外江在都江鱼嘴上，分小支为石牛堰，其正支为鲤鱼堰，右为沙沟河，而石牛堰之水又来汇合。外江下游则有黑石、羊马、沙沟、江安等干渠。工程布局强调分水、湃水、引水各项工程的联合运用。

一、清朝早期都江堰的简易修复和维护

顺治十六年（公元 1659 年），四川巡抚高明瞻率军进入成都。当时成都平原久经战乱，都江堰灌区"值张逆变后，所余人民，止就隔曲之水，以灌偏僻之田，苟且延生，未遑修理"。高明瞻带头，"蒙监军道详请三院司、道、府，远近文武捐金二千有奇，雇募淘凿"。私人捐款凑足两千多两银子，以军队为主，并招请部分藏、羌民工，对都江堰渠首实行清初第一次整修。通过这次维修，"开垦渐广"，为招集首批移民提供了基础。但总的来说，这次整修以能通水为局部地区提供灌溉为目的，规模小，工程少，属于"草率从事"。当时整修后的渠水未经过离堆宝瓶口，而是从宝瓶口旁边绕出。即使这样，要确保其运行，仍需每年岁修，"都江堰工役无定程，深为民累"。

康熙早期，四川地区仍多战乱。抗清斗争大体上从顺治三年（公元 1646 年）持续到康熙三年（公元 1664 年）。康熙四年，原设在保宁（今阆中）的四川政府衙门迁到成都。康熙十年（公元 1671 年），四川全省在册民户仅 47972 户，不足万历六年（公元 1578 年）262694 户的五分之一，且这些人家主要在边远山区，成都平原则稀有人口。这时还谈不上恢复都江堰。康熙十二年（公

元 1673 年）底，暴发吴三桂叛乱，四川为西线主战场。次年，清军撤出四川，包括都江堰灌区在内，四川绝大多数地区由吴三桂势力控制。康熙十九年（公元 1680 年）正月，清军收复成都，但省内各地仍战事不断，直到年底才大体控制住四川。吴三桂势力控制都江堰灌区的五六年间，都江堰的管理、岁修、抢修、大修等全面废止。都江堰灌区甚至出现"历三春而水不至"，农民只好"悬耒叹息"的局面。

康熙十九年（公元 1680 年），清军收复成都，虽然省内战事仍多，但主管"运军饷"的王骘已率军队抢修都江堰。王骘，山东福州人，顺治十三年（公元 1656 年）进士，康熙九年（公元 1670 年）由刑部郎中授四川松威道，管运军饷。从杭爱《复浚离堆碑记》看，这次修堰主要与水上交通运输有关，渠首堰水仍"从宝瓶口旁出，非离堆故道也"（见图 4-2），修治工程效果有限。

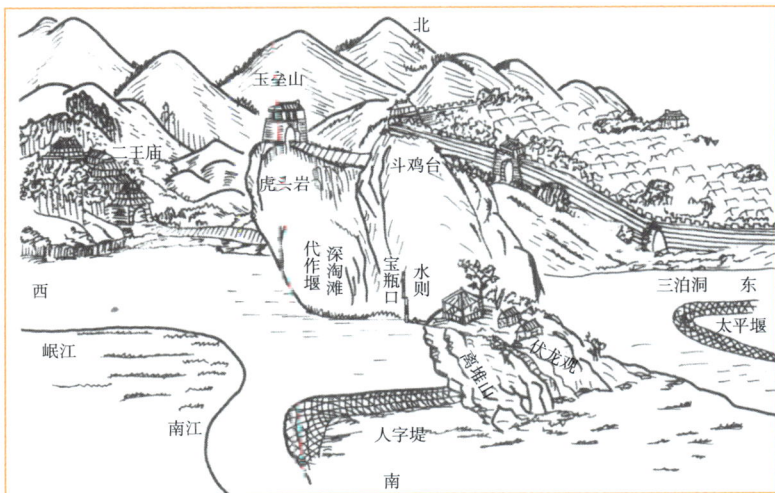

图 4-2　鱼嘴在人字堤附近的渠首工程示意图①

---

① 转绘自清乾隆五十一年《灌县志》。

康熙二十年（公元 1681 年），"伏莽未靖，备御时严"，战事尚未完全结束，新任四川巡抚的杭爱却"念切恫瘝，问民疾苦，采察利敝"，认识到"食重则农重，农重则水利重，水利重则堰重"，故"以都江堰为急务"，一方面为大量驻川清军筹办粮草，一方面组织兵力清剿各种反叛势力，即便如此仍"不敢因军兴旁午之际，而缓视根本之图"，亲自抓都江堰的治理工作。他先与藩司刘显第、臬司胡升猷商量，取得一致认识后，即拨银四百两，命通判刘用瑞、游击钟声，前往都江堰渠首寻找离堆古迹并疏浚治理。刘用瑞、钟声率人来到都江堰，果然在榛莽中找到离堆旧渠，当时它已被沙石壅淤很多年了。二人即组织人力，"仍循古迹"，疏通离堆宝瓶口故道，"事半而功倍"，很快获得成功，内江重新从宝瓶口流出。这年春天，灌区"水泽盈畦，决裂无闻，民以得耕稼"。到了秋天，官吏相与庆于庭，士农相与歌于野，咸曰："一劳永逸，吾人其无阻饥之患矣。"

康熙四十五年（公元 1706 年）五月，连续十天大雨，岷江山洪泛滥，都江堰人字堤、三泊洞、府河口等工程被冲决，成都平原"诸邑沿河之城郭、庐舍、田亩漂没者灾，伤见告矣"。十月，四川巡抚能泰带头捐俸，派人到灾区考核详验，多方抚恤灾民，使其不至于流离失所。安抚灾民后，他叹息道："是特一时权宜事耳，不可不为一劳永逸计。"于是决定开始大修都江堰。当年十月，能泰率四川松茂道按察司佥事高荫爵等有关官员，亲自前往都江堰渠首和灌区实地勘察，"躬行相度，计程三百里，不惮劳瘁"。现场考察之后，便与下属从容商量，"某处当修，某处当浚，暸如指掌"。但这样下来，所需费用甚多，民力不堪，能泰又带头捐俸，并命藩臬两司成都府属用水九邑官员皆捐俸，筹集到资金后，另派"别驾标员"具体负责施工。工程从当年十二月开始，至次年二月结束。这次大修以人字堤为重点。新筑人字堤共长三十八丈、高八尺。换言之，尚未恢复已湮没多年的鱼嘴，飞沙堰也未重建，只是借人字堤顶端分水，担当鱼嘴之职，内、外江分水工程距宝瓶口仅三十八丈（约合今制 125 米）。又在府河口、三泊洞筑新堤长八十三丈、高八尺、厚五尺，并疏浚各河道支溪，使江水重走故道，保证了次年灌溉的需要。人字堤在清代早期发挥了分水、泄水和引水进入宝瓶口的作用。

康熙四十六年（公元 1707 年）夏，岷江上游孟洞沟山崩，堵塞岷江。次年堵塞处忽然崩决，洪水直冲都江堰工程，浪高三四丈，但都江堰渠首没遭到大的损失。能泰主持修复的工程在特大洪水中经受了考验，发挥了作用。康熙四十七年（公元 1708 年），岷江上游孟洞水决口，冲至灌口，都江堰十分危险。就在这时，冲下的大木巨石堵塞堆积在宝瓶口，迫使洪水泄入外江，保全了成都等县。

雍正登基后的四五年，都江堰相对安宁。岷江来水总体平稳，从宝瓶口入。每年岁修的费用是以前的一半，但功效却是康熙年间的两倍，灌区五谷丰登，万民乐业。为此，新上任的四川巡抚宪德专门在雍正五年（公元 1727 年）上书朝廷，要求在灌县都江堰口庙祀李二郎。宪德高度重视都江堰，刚上任时便遇上了岷江发大水冲决人字堤之事，洪水退后，又将人字堤壅塞。往年的岁修费用为八百三十两，这年岁修包括抢修人字堤等，费用陡增至一千二百八十余两，不足之数只好先由省府垫支，次年便将过去的照夫折银变为计亩摊派，以解决岁修费用的不足。

雍正六年（公元 1728 年）五月，松潘、茂州等处山水陡发，冲坏桥路数处。宪德即召集有关大员，派遣文武员弁前往踏勘，令布政司于公项内动银六百两，交松潘镇臣修复，亲到都江堰，指挥抢修。这一年都江堰受损不大，淤塞不多，很快抢修完毕。事毕后，即于八月下旬上奏朝廷，事见《世宗宪皇帝朱批谕旨》。

二、清代中期阿尔泰大修都江堰

乾隆二十八年（公元 1763 年），阿尔泰升任四川总督。他曾任山东巡抚七年，因"治水利有绩，擢四川总督"，入川后即大抓水利。多次现场考察后，他认为都江堰事关川西十数州县命脉，便开始"议筑都江大堰"。（《清史稿·阿尔泰传》）次年，经过充分的调查研究和准备，他亲自拟定治理都江堰的总体方案，由水利同知滕兆荣、汪松承具体经办。这个方案不仅要恢复宋、明时期都江堰的布局和十二县规模的灌区，还要新修工程扩灌。主要工程要点是重筑鱼嘴。明末至此时，已历 120 年，都江堰鱼嘴、飞沙堰等工程早已名存实亡，只是利用人字堤和宝瓶口进行分水、控水，效果比过去有鱼嘴、飞沙堰时差甚远，主要表现有二：一是难以排出大量沙石，下游河溪岁修任务极为繁重；二是春耕用水时，只能从岷江分进较少的水，勉强维持灌区九个县的用水，比宋明十二县差距甚大，且九县内也不能完全满足需要。重筑的鱼嘴大体在宋、明时期所在位置，即在二王庙下。重筑鱼嘴时，先淘至堰底后，再下挖三尺，以石砌堰底边堤，再接连堤身修筑鱼嘴、金刚堤等。重筑飞沙堰时，先以横铺竹笼装石至十数层，及加装筷子笼时过高，使内江水不能顺利泄入外江，乃割笼二层，使泄余水。这样，春耕用水时，鱼嘴可横截江流，逼水入堰，而鱼嘴、飞沙堰又能排出大量沙石，极大地减轻下游的岁修工作量。更重要的是，这还为恢复宋、明时期的都江堰灌区，甚至进一步扩大灌区打下了坚实基础。阿尔泰还令水利同知滕兆荣、汪松承等重刻宝瓶口水则和固定卧铁。乾隆五十一年（公元1786年）《灌县志》所载都江堰图明确绘出以人字堤上端替代鱼嘴。作为志书，它记载的是阿尔泰大修都江堰前的布局，而非乾隆五十一年的布局。乾隆五十六年（公元1791年）《崇庆州志》载："大江自灌县城西宝瓶口东流者，谓之内江；自人字堤南流者，谓之外江，亦名都水，又名皂江，一名南江，总之岷江正流也。"其都江堰布局也在阿尔泰之前。

此次大修，还在堰口上游半里许隔江对岸地势低洼处新开支河一道，口宽二十丈、长二百八十丈，使上游汛涨之水径达外江。为保证内江用水，又在这支河口，按内江需水尺寸设立滚坝一道。岷江水小时，水流直入内江，用以灌溉；岷江水大时，则可从滚坝顶泄入支河、进入外江。与此同时，还对灌区下游的灌县、郫县、成都、华阳等州、县的干支溪、小堰数道至十余道不等，也"一律修浚，以裕田水"。大修完成后，阿尔泰即于这年十二月底上奏朝廷，称都江堰灌区已由过去的九县扩大到十五县。（《高宗纯皇帝实录》卷七百二十五）

为确保十五县灌区用水，阿尔泰还令岷江上游各县建坝蓄水，并于次年二月底上奏朝廷，要求在都江堰的上游地区，包括茂州、长宁、沙坝等地累砌石埂。在鸦唔沟、小溪口拦水积聚，在汶川县尤溪及猪脑坝山沟，宜于各溪口作石坝，俟需水时酌量引放。乾隆即批"嘉奖"。（《高宗纯皇帝实录》卷七百二十九）阿尔泰即开始布置实施。至六月，阿尔泰再次上奏朝廷说："川省灌

江……春时江水微弱，不敷灌田。及大雨暴涨，堰口又有冲淤之患。臣筹办蓄泄机宜，于上年冬间，令灌江上游州、县，于溪港归江处所垒筑硬坝，使蓄水充盈。今春次第开放，下注民田。较往岁水长三、四尺不等。……臣办试有效，谨酌定章程，拟将灌江上游，应蓄水之汶川、保县、茂州各属，于每岁十月以后，酌量蓄水，来春次第开放。"乾隆甚为高兴，亲自批道："甚好。可谓知勤民之本矣。"（《高宗纯皇帝实录》卷七百三十九）阿尔泰还极为重视水情测报，乾隆三十三年（公元 1768 年）曾行文要求水利同知早晚报宝瓶口水位，且行牌通告各用水州县。

乾隆间，布政使林儁初守成都，修都江各堰，通济农田，卓有贡献；布政使姚令仪在成都府盐茶道任时，对都江堰的治理甚为重视，人多称之。

三、强望泰治理都江堰

道光七年至二十四年（公元 1827—1844 年），强望泰多次担任成都水利同知，都江堰渠首得到了很好的治理。强望泰在成都水利同知任上认识到"农田所重，莫急于水""矧都江堰千支万派，溉十四州县之田，活亿万黎民之命"，治理都江堰十分认真负责，"是焉可不熟思审处，蕲尽有司之职哉"。他先"周历各堰"，亲自向当地有治水经验的人请教，亲自查阅各种乡土资料。为了寻找治水方法、获得各种准确资料等，他经常换装暗访，把各方面的资料、意见搜集起来加以分析研究，以求正确结论。他认为，治堰之术，虽元明以来冶金贯石，各拓新机，但唯秦李冰六言可行百世而无弊，多年来，治理都江堰效果不甚佳的原因是没遵守"深淘滩，低作堰"的原则。他进一步对治水六字诀作了简明的解释：

"深淘滩"就是"防顺流之沙石"，"低作堰"即"使有余之渠水，便于泄于外江也"。这一解释，对后人治理都江堰有较大影响。

道光七年（公元 1827 年）冬，强望泰上任时，在索桥上内、外江分水鱼嘴处，"见江口宽四十余丈；江身自旧河口起，至宝瓶瓶口讫，仅宽四五丈，十一、十二丈不等；江岸一带积沙石逾数丈，江中为沙石淤塞更甚。各堰笼堤亦冲刷损坏者过半"。强望泰主持都江堰岁修，遵循"六字诀"的治水原则，"多加河防，广作堤埂，深去江底之碛石，低砌笼埂之层数"，效果很好。经过道光八年的洪水考验，工程没有受到损失。于是，他指示灌区各主要堤堰"一律如法修治"。

强望泰治理都江堰，特别重视宝瓶口、内江口、外江口、飞沙堰等处的清淤、加深、加宽。他认为宝瓶口为咽喉要地，致力尤深。宋明时期，宝瓶口江身旧宽十二丈，强望泰上任时察量，仅宽七丈余。于是，他于道光七年（公元 1827 年）下令拓宽一丈，长二十余丈，深约五丈；道光八年又展宽三丈，长四十丈，深五六丈不等，恢复古制。这就使宝瓶口的流量扩大一倍以上，水势舒畅。所挖沙石，全置于北岸城脚下，堆砌成坎。上坎高一丈余寸、宽三丈、长三十余丈；下坎约高四尺、宽一丈三尺，这样既保护了江堤，又可防洪。在疏淘内江江口时，道光七年先一律在以前的基础上挖深五尺余寸，道光八年又挖深二尺余寸，道光九年又加挖一尺余寸，道光十年又加深三尺余寸。这样使内江江口容量较以前大为扩展。他努力拓宽宝瓶口、内江江口等做法，与当时灌区已发展到十四县、用水量大增的历史背景是吻合的。

强望泰还规定清除砂石"均须弃置远岸"，使其"水涨时庶不致冲流仍集内江",并注意将宝瓶口下游一段渠道拓宽加深,"使水出口,势得舒畅"。在宝瓶口北岸"添画水则十画,初画(第一画)令与河底平,俾农民便察此处之深浅"。在飞沙堰,则减少竹笼层数,进行低作。为加固堤岸,对内、外江各鱼嘴的卵石竹笼,"尽以竹篾穿系",使其"夏日可免冲刷",措办堰工,区画尽善,"上游分水,淘河,则内外取平,各脉畅流,笼石则堤防必固"。道光二十年(公元1840年),强望泰在河底置铁柱一根作为卧铁,作为后世淘淤的标准。

强望泰治理都江堰工作扎实认真,"每年淘滩作堰,躬与役徒为伍,虽严寒风雪,不敢告劳"。为查清伏龙观深潭中是否历来倾倒沙石,曾换装暗访,倾听各方面意见,得出正确的结论。

强望泰治理都江堰,真正做到了呕心沥血,鞠躬尽瘁。他在《斯未录》卷二《潼川府关防告示》里写道:"奉檄来川,已愈一纪,凡经管堰工,总理屯(懋功屯)务。权符保(保宁)郡,摄篆合阳(合州),不敢不视国事如家事,视民事如己事……"后人对强望泰的功绩评论较多。清末四川布政使王人文在《灌县乡土志》中称其"各业卓然"。《蜀西都江堰功志》认为:"欲求洞察情况,躬亲指示,实不易得。"彭洵说:"性情方正,居官廉洁,推诚待物,视国犹家。尤能察识水性,洞悉工程,区画殚心,措置秘密,巨细躬视,毫不假胥吏。在官十余年,十四属无忧旱涝。言水利者,无出左右,屡典剧郡,以德化民,有古名宦风度,蜀人到今称之。"

四、丁宝桢大修都江堰

清入同治以后,吏治极为腐败。一方面,灌区用水户每年不得不上交大量水费;另一方面,都江堰却很少进行大修。据王昌麟《复都江堰大修难缓请及早兴工议》："前川督骆文忠公大修之后，越二十年，有丁文诚公之大修。"骆秉章督蜀时（公元1861—1866年），也曾有过修堰之举，限于资料，细节不详。丁宝桢于光绪二年（公元1876年）任四川总督。当时都江堰久未大修，"内外两江，节节高垫，旧时江底，高至一二丈及八九丈不等，两岸沙滩，上与田齐。乱石纵横，中流阻塞，灌县、温江、崇宁、郫县、崇庆州等处，冲毁已至六七十万亩""雨水稍旺之年，省城内即行船"。内、外江都淤塞增高，灌溉系统损坏严重，洪灾连年不断。春夏用水极为紧张，常有争水械斗事件。"民间争水，则相殴相杀之案层见叠出。闹水则荷锄荷锸之众，蚁聚蜂屯，近则闹水利厅，远则闹川西道署，甚至赴督署击堂鼓，败禾残稼，扬播塞庭，兵卒卫呵，捶曳几死，汹汹欢叫，变在须臾。"（王昌麟《复都江堰大修难缓请及早兴工议》）

丁宝桢经过调查研究后，认为非马上大修都江堰不可，次年即上奏朝廷，提出大修都江堰方案，获批准。丁宝桢即亲自挂帅，主持大修，并命成绵道道台丁士彬、灌县知县陆葆德、成都府水利同知庄裕筠督工。光绪三年十二月至次年三月（公元1877—1878年），丁宝桢调集数千人进行堰史上著名的一次大修，共费银十二万两以上。这次大修经过冬、春的紧张施工，河道挖深一丈三尺左右；低地填高了一丈六尺至二丈五尺不等，高地也加高了七八尺；外江、内江等河道施工里程达七十多里，挖淘土石方四十多万方，砌内、外江堰堤两万两千多丈；三丈长的竹笼共用了两万多条，新修鱼嘴三个，修复人字堤长达一百三十丈；并整修了白马槽、平水槽导水工程。

大修期间，丁宝桢亲到工地视察十二次，"轻骑减出，躬冒霜雪，沿江督率"。从乾隆二十九年（公元 1764 年）阿尔泰重筑鱼嘴后，鱼嘴的位置并没完全固定下来。《灌县志·文征》载有窦序在同治二年（公元 1863 年）谒二王庙时，有观分水坝诗："灌口二郎庙，即此二王宫，庙前俯江水，双流如交虹，中立分水坝，启闭司春冬。"又清人彭洵《灌记初稿》载："鱼嘴旧在索桥下游王庙对门。"可见当时鱼嘴已移到二王庙索桥下游，至光绪三年至五年（公元 1877—1879 年）丁宝桢大修都江堰时，又将鱼嘴移向索桥上游二百余尺的位置。丁宝桢将仰天窝处竹笼鱼嘴改用浆砌条石修建，人称"丁公鱼嘴"；大修人字堤，也"易笼为石"。丁宝桢在清代极重复古的背景下，在清代早期治水者反复批判元、明"硬"建筑的背景下，敢大胆采用"硬"建筑，可以说是顶着很大压力，同时也冒了很大风险。该鱼嘴直到民国年间仍在运用，毁于 1933 年叠溪地震后的溃坝洪水。

万没料到的是，大修刚完工，光绪四年（公元 1878 年）夏季即遭特大洪水，岷江上游的巨石大木随暴涨的洪流滚滚而下，声如雷震，新建的大、小鱼嘴尚能保持完好，而内、外金刚堤、人字堤等工程被冲垮三十七丈多，内江的水从冲垮的缺口流向外江，造成内江农田无水灌溉，以致农民抱怨，纷纷来城求水，一时舆论鼎沸。慈禧太后即派钦差大臣恩承、童华到四川调查。成都将军恒训趁机捣乱，清廷以"堤工要务，办理乖方"为由，降丁宝桢一品顶戴为三品顶戴，仍保留总督之职；成绵龙茂道丁士彬、灌县知县陆葆德革职留用，罚赔工银两万多两。成都将军恒训再次上奏，攻击丁宝桢的治堰功绩，并涉及他在川的一系列政务。

丁宝桢据实抗辩，朝廷让他继续治川。当年十一月，再次兴工修治。这次修整主要加固补建鱼嘴，恢复堤堰竹笼结构，扩宽和疏浚河道，尤其着重于鱼嘴以上岷江左侧白马漕段的河道疏浚工程，以加大外江过水能力；并在都江堰管理上作了调整，限定渠首岁修经费总数，免除各用水州县的摊派，杜绝了咸丰十年（公元1860年）以来滥支工款的弊端。

当时以内外江淤塞，江底高几盈丈，时虞泛滥，乃请帑大修，轻骑简从，躬冒霜雪，沿江督率，深淘及秦石马而止，所淘沙石堆成山阜，堤堰皆甃以大石，以铁锭联扣，贯以灰油，功费十万有奇。丁宝桢大修都江堰，增加了内江流量，"复都江故堤，还民田数十万亩"。此次大修，质量甚佳。民国三年（1914年）的《督宪批成绵道都江堰工俟水落勘议办法禀》载："都江堰关系成属农田水利，自前督部堂丁修浚完固，未三十年而又复堤坏河淤。"[1]

民国四年（1915年）王昌麟的《复都江堰大修难缓请及早兴工议》载："前此十年，锡良公督川时，微有旱象，成都附郭之农已赴督辕要水，乃命知府高增爵亲至灌县察看。于时江中之水盈溢，而两岸之民交诉无水不已。"这次大修成果大约延续了二十年，已相当不错了。

到清末大修都江堰时，在都江鱼嘴上挖白马漕十八丈有零，以免江水遮拦鱼嘴；加修平水槽以泄内江之水，见图4-3，"湃水河"即为平水漕。还在宝瓶口内太平堤修鱼嘴，分内江水入于走马、柏条、蒲阳三大干渠。现仰天窝节制闸、蒲柏闸仍继承了清末太平鱼嘴的位置。

---

①《四川官报·公牍》，第二十五册，1904年。

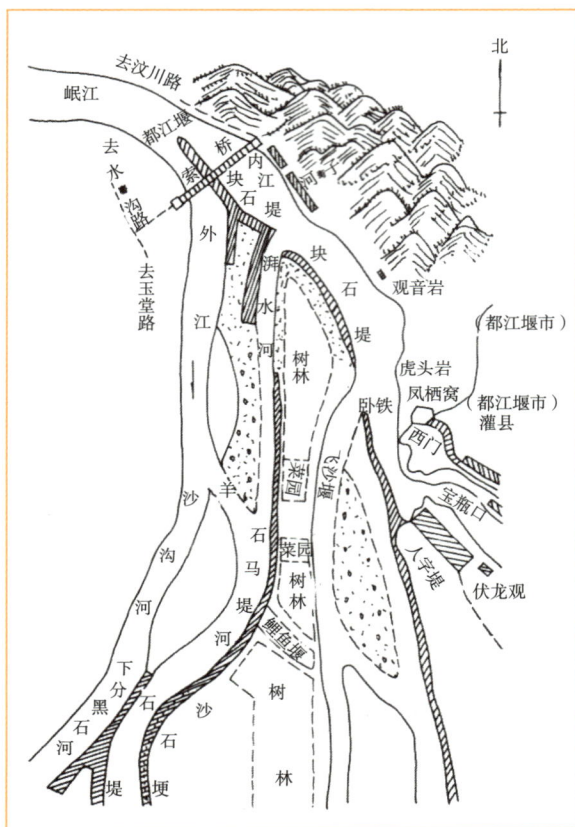

图 4-3　清宣统二年（公元 1910 年）都江堰渠首布置图

第五节　民国时期都江堰渠首

一、民国前期都江堰治理

民国初期，都江堰"又复堤坏河淤，致民田或冲或溷"。当时，"近年以来，堰水渐行缺乏。去岁近城争水之案，由堰工研究所平章了息者，无虑数十百起"（王昌麟《复都江堰大修难缓请及早兴工议》）。时自日本回国的张沅担任民国成都水利知事，他了解到都江堰自公元 1877 年四川总督丁宝桢主持大修以来，至 1913 年，已有 36 年未全面岁修，其间岷江水患不断，以公元 1878 年、公元 1904 年和公元 1911 年的岷江水患为甚。张沅上书四川巡按使陈廷杰，请求政府核准大修都江堰，并提出大修分三年进行，三期工程共需约 30 万银圆。担任成都水利知事期间，张沅还在成都创办了四川工业实验讲习所，自己担任所长，向学生传授现代勘测、设计技术和建筑材料等课程，不仅为后来都江堰规划和建设输送了人才，也造福其他行业建设。1914 年 12 月 26 日，四川巡按使陈廷杰以都江堰事关民生为由，向北京中央政府致电，要求拨款大修都江堰。经财政部核准，动支国币 30 万元，拉开了1877 年晚清至民国第一次大修都江堰的序幕。但由谁来主持大修，却一直拿不定主意。当时官方报纸公开登出："此次重议修理，匪特筹款倍艰于昔，万一任事不得其人，兴修不得其法，仍恐虚糜帑项……"[1] 最后四川省决定大修由水利同知张沅主持。陈廷杰亲自前往四川工业实验讲习所向张沅面授了大总统签署的《委任令》，命张沅主持此次都江堰大修工程，并火速前往都江堰灌区勘测堰况，筹备大修事务。《委任令》中还提到："清代学术未明，又不知利用水势""现在土木科学逐渐昌明，无论任何险工，皆能设法修筑。该堰工程当谋彻底重修，以为一劳永逸之计。不应因噎废食，不思改良"。翌日，张沅与省水利署知事王章枯、实业科副科长赵宗香前往灌县，在都江堰渠首及干渠重点地段巡回数百里，勘测了 8 天，并与当地堰工、士绅共商大修都江堰的计划。

---

[1]《督宪批成绵道都江堰工候水落勘议办法禀》，《四川官报·公牍》五，第二十五册，1914 年。

他们在干渠重点地段的不同河坝就地召开了 10 余场民众集会。然管理体制混乱，有关机构和人员变动太勤。张沅在民国三年（1914年）成立都江堰水利工程局时被去职，局长由西川道尹王章祜兼任。工程局又在都江堰设立工程处，委任吴季昌为督工长、尹昌治为会计主任，张沅降为技师，虽具体负责都江堰大修日常工作，却无人事权和财权。张沅忍辱负重，仍继续参与大修。1915 年 1 月 8 日，他携带在日本购置的全套测量、绘图仪器，亲率四川工业实验讲习所苏崇孝、唐聪虞等技术人员，绘制了 1 ∶ 12000 的《四川省都江堰外江流域淘工、埂工平面图》，并标明了外江河道和大修工程的分布状况。但大修工程进展不理想。据民国四年（1915年）王昌麟《复都江堰大修难缓请及早兴工议》说："去岁动工已迟，加以技师粗疏，未遑讨究，仿医家急则治标之法，仅于下游支河受灾较重之区为之，淘去河心沙石，趣使作堤防护。而于都江堰一带，则划归水利厅岁修界内，虽亦为之加工加笼，要是皮肤之补救，而擘画独有未周也。"以后又先后修复了都江堰鱼嘴，疏淘了灌县、温江的河床，大体完成了第一期工程的淘修任务。因经费不继，第一期工程完成后，后期工程草率从事，未达到预期目的。第一期主要岁修整治的项目包括主体工程鱼嘴、飞沙堰、宝瓶口；大修的辅助工程包括护岸堤百丈堤、护岸坝马脚沱、溢洪坝人字堤、二王庙顺水堤、旁侧溢洪道平水槽（该工程于 1962年被封闭）；大修的延伸工程包括淘修整治都江堰流域流向外江右岸引水灌溉的沙沟河、黑石河、养马河及其流入成都平原的内江主要干渠蒲阳河、柏条河、走马河、江安河，该工程从灌县、温江分路施工。这次大修工程历时四年。

民国十二年（1923 年）五月下旬，连日淫雨，岷江洪水为数百年所未见。灌县城内行舟；成都、崇庆（今崇州市）、彭县（今彭州市）、什邡，村落、田庐、道路被水淹，淹毙人口无数。广汉、金堂二县为众水尾闾，灾情较上述地区尤重。

民国十四年至十六年（1925—1927年），官兴文主持大修都江堰，将分水鱼嘴下移200尺，深挖基础，用条石将鱼嘴砌成椭圆形，共33层，并在前"置竹笼，长九十尺，宽四十尺，仍椭圆以劈春水。内置梅花桩，以出笼五寸为度，浮木漂击之患可除"。还在鱼嘴两旁修筑防护辅助工程（该鱼嘴于1929年7月被洪水冲毁）。大修时，还改笼石的太平鱼嘴（今仰天窝鱼嘴）为石砌鱼嘴，至今仍在使用。同年，还在凤栖窝增添卧铁一根，作为淘滩的标准。这次大修中，开始利用水泥砂浆和混凝土这些现代材料改建渠首鱼嘴浆砌条石堤，重视基础处理。从此，都江堰枢纽结构逐步向现代工程过渡。民国中期渠首布局见图4-4，以索桥为参照物，鱼嘴与清末位置一致。

但都江堰的局部维修并未阻止洪水泛滥。民国十六年（1927年），岷江洪水泛滥。这年夏，"淫雨江涨，平原大水，灌县城东蒲阳河堤决，报恩寺旧址成泽国，圮沿岸地二百余亩，漂庐宅四十余家"。民国十九年（1930年），"夏六月，大雨，江溢，白沙积木漂去，崇德庙门圮，阻索桥不通者数日，毁民房十余家，西关与离堆墙壁亦圮。外江张家湾、林巷子皆决，没田庐，马家渡索桥不通……秋七月中旬，淫雨数日，江溢涨，所至成灾，城中多泛为泽国，冲毁田地以万计"，灌县外江流域"荡析离居者多至一千余户，毁桥四十余座。柏条河黄金堰上下也饱受沉溺之苦""下游诸县亦多泛滥"。

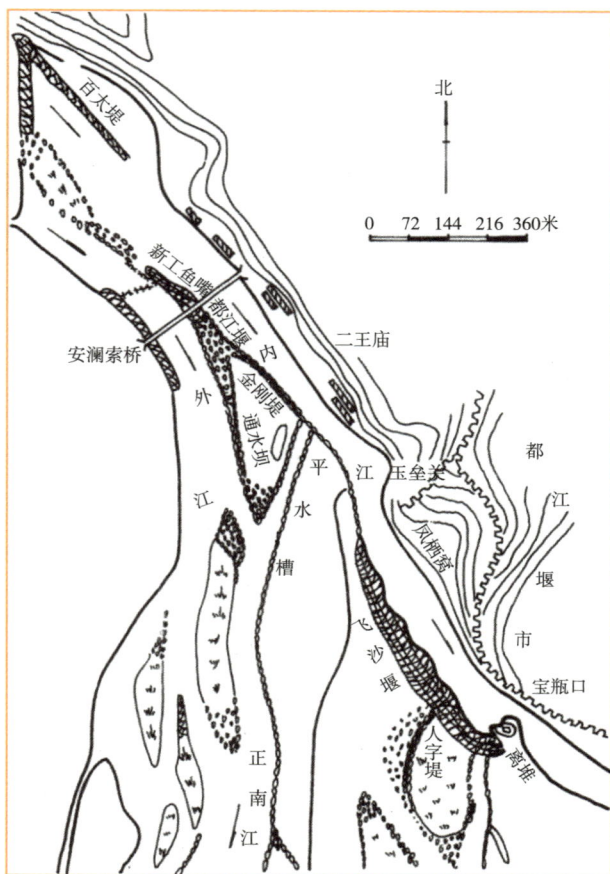

图4-4　1932年实测都江堰渠首工程图，鱼嘴位置和清末基本相同

二、叠溪大洪水与都江堰大修

民国二十二年（1933年）八月二十五日，茂汶叠溪发生7.5级强地震，叠溪镇全部下陷，附近山岩崩塌，岩石阻断岷江，形成10个地震湖，其中岷江干流4个。至十月九日，岷江被堵45天后，干流小海子大坝溃决，积水一涌而下，造成下游特大洪灾。十月十日，洪水进入都江堰，据紫坪铺洪痕推算，相应洪峰流量

约 10200 立方米每秒。此次洪水冲毁都江堰渠首的韩家坝、安澜索桥、新工鱼嘴、金刚堤、平水槽、飞沙堰、人字堤等水利工程。灌县天乙街、塔子坝、农坛湾、安顺桥等处被淹，洪水毁桥 30 余座。灌县境内死亡人数达 5000 人以上。洪水退后，红十字会等单位沿途捞尸 717 具。十月二十一日《国民公报》载："（灌县）十月十一日与汶川同被水灾，洪水位高十余丈，将安澜索桥、南岸街房居民百余户冲没无存。又将人字堤一带冲开，离堆公园成泽国，冲毁田地数万亩，溺毙人约五千名。"

成都水利知事周郁如在组织抢修水利工程中，着重加固关键工程鱼嘴。仍用石条砌筑鱼嘴全身，并用洋灰砌座，仍被冲毁。后周郁如和四川省水利局局长张沅主持抢修，他们认为鱼嘴为内外江分水要键，便亲自勘定了鱼嘴位置，将原鱼嘴稍往西移，复用条石砌筑鱼嘴全身，并全部用条石混凝土建筑。因基础处理不够彻底，至民国二十六年（1937 年）近内江一侧，被水淘空至基础线上，幸洪流已过，未被淘虚。江安河口原在外江左岸灌县木观音下引水，洪水冲毁进水口后，这次抢修时改在外江新渡口的张家湾引水，比原河口下移 6 千米。

洪水发生后，叠溪小海子中仍有大量积水。为消除隐患，四川省专门成立了疏导监察委员会，于民国二十三年（1934 年）开始疏导叠溪积水的工程。当时，四川善后督办刘湘拨款 12000 元，派上校参谋郭雨中督工，委任任重为技士及无线电台台长朱明心到叠溪主持疏导工程，又在茂县发起疏导扶进会，川西各县均派监工委员到叠溪参加疏导二程。第一期疏导工程于该年 4 月完成，

第二期疏导工程因水患既减，而且春洪影响，疏导遂止。①

　　民国二十四年，在四川省建设厅下成立四川省水利局（同时撤销水利知事公署）于灌县，张沅任局长兼总工程师，专管都江堰。这年冬，省政府拨款 15 万元大修都江堰。张沅又一次主持大修并改建了都江堰鱼嘴，称为"新工鱼嘴"。新工鱼嘴总结了历代修建都江鱼嘴的经验教训，首先在原位置基础上再西移 20 余米，紧靠外江桥墩。在设计思想上提出了"固底防冲"的原则，突破了前代单纯靠强化鱼嘴本身来抗冲的设计思想。这样，对都江鱼嘴的结构设计，就从单纯考虑建筑本身的重量和坚固性，转变到全面重视都江鱼嘴自身的抗冲能力及地基的抗冲能力和水流的冲刷作用等。用"层层设防"的鱼嘴构造来满足护底防冲的要求。首先深挖基础，安设地符。其基底在河床下再下挖三米，先铺 3 米深的大卵石层，又在其上纵横平铺 25 厘米 × 25 厘米的枕木二层，相距 50 厘米。枕木间空隙均用石灰拌黏土充填夯实。基坑的周边埋设"关门桩"，直径 20 厘米，长 2.5 米，间距 1 米，使回填土方不易流失。在枕木基础上，用红色砂石浆和现代胶结材料砌都江鱼嘴，共砌条石 16 层，总高 6.2 米，长 30 米，顶宽 14 米。因为都江鱼嘴的基础较浅，为防止急流冲刷淘底起见，又沿石砌鱼嘴周边用羊圈和竹笼砌成副鱼嘴，其平面轮廓仍为鱼嘴形，其前端超出石砌鱼嘴的上游尖端 35 米，而两侧面则分别伸出 12.5 米。这就是都江堰治水三字经里所说的"砌鱼嘴，安羊圈"。这个用羊圈和竹笼砌成的副鱼嘴是都江鱼嘴护底防冲的第二道防线。此外，在副鱼嘴的上游，还有一段木桩防冲区作为第一道防线。具

①《叠溪积水疏导纪念碑》。

体做法是在副鱼嘴上游 15 米长度段内，埋设长 4 米、直径 30 厘米的木桩群。每根木桩埋深 2.5 米，露出河底 1.5 米，木桩前后错列排立，间距 1.5 米。这样，岷江来水首先冲到竖立水中的木桩群，削减了流速，减轻了对副鱼嘴和石砌鱼嘴的冲击力。石砌鱼嘴上游有了木桩群防浪区和羊圈竹笼副鱼嘴的双重防线，即使河底发生局部淘刷深坑，因离砌石鱼嘴较远，也不易危及石砌鱼嘴本身。新工鱼嘴全长约 10 余丈，深入河底约 10 尺，高出水面部分约 15 尺，前部作椭圆形，径约 3 丈，尾部宽约 4 丈，上窄下宽，呈流线型。该工程经受住了此后 38 年的洪水考验，1974 年修建外江节制闸时，才主动将其拆除。当时新工鱼嘴仍保持基本完好，运行正常。这年大修还加固了百丈堤、金刚堤和飞沙堰。淘挖凤栖窝河床时，在原卧铁旁设铜标。大修工程于 1936 年 4 月 8 日完工。

三、民国中、后期都江堰渠首维护

民国二十六年（1937 年）四月，省水利局令各县、各大堰安设水尺，派员逐日按时观测记录。整个都江堰灌区，共设水尺 280 处。这年夏天，省水利局又要求："洪水到灌县时，或都江堰工程处得有松茂山中降雨报告时，立即由工程处用电话通知第一区行政督察专员公署转知各县注意。"民国三十年（1941 年），省水利局在灌县设立高地灌溉机械试验场，研究新型提水机具及改良人力汲水器械，以解决高田的灌溉问题。但这个实验很快便停了下来。

民国时期，都江堰渠首附近较大的一项水利工程是兴文堰（导江堰）的修建。民国三十一年（1942 年）九月一日，为解决灌县灵岩山、金凤山、杨家山麓一带"望天田"灌溉缺水问题，省水利局成立省水利局灌县导江堰工程处，灌县也成立了第一区导江

堰水利协会。修堰经费来源有三：民筹、公助、贷款。该堰于民国三十五年（1946年）四月建成。导江堰自导江门下三泊洞起水，过灵岩山沟，经竹林寺、白碑湾、万张沟、桐马沟、龙安桥、曹家碾，过干河子，尾水入蒲阳河，灌溉农田5000余亩。干渠全长约11千米。

民国三十二年（1943年）七月三日至九日，灌县连续降雨，宝瓶口水位18.4画。飞沙堰、人字堤、金刚堤、小罗堰、漏沙堰、中滩缺、沙沟河、黑石河导水工程及分水竹笼、江安河进水工程等皆被冲毁。工程处随即组织抢修，修后又被毁。都江堰工程处处长因此被撤职。

民国三十三年（1944年）四月五日，都江堰工程处在内江凤栖窝河床左岸安设新铸铜标（原铜标于1943年3月29日被盗），铜标上刻有"兼理四川省政府主席张群、四川省政府建设厅长何北衡、都江堰工程处长张沉"。同时在铜标处浇筑五级混凝土台，每级40厘米。标准台台顶高程728.15米，作为修筑飞沙堰坝顶的标高；铜标上的"零"点高程726.15米，作为淘挖内江凤栖窝河床深度的标准，以保证内江宝瓶口能引进所需要的水量，同时也有利于飞沙堰坝泄洪排沙。

民国三十五年（1946年），中国全面内战，通货迅速膨胀，经济加速衰败。水利工程所需资金严重欠缺，许多已开工的大中型水利项目被迫下马，新项目更没指望。民国三十七年（1948年）省水利局在《开发四川水利计划大纲》中总结说："抗战期中，赖国家银行贷款，工作曾蓬勃一时。近年以'戡乱'影响，贷款紧缩，而省财政复拮据异常"，"事业费用，几等于零"，"水利工程之进展，因入停滞状态"。都江堰水系同样经费严重不足，严重失修。虽有时也能修修补补，但大修、抢修难以开展，正常的岁修亦难以为继。都江堰渠首不能发挥正常的分水防洪功能，灾害不断。

民国三十五年（1946 年）六月二十七日，宝瓶口水位 18 画，洪水冲毁中湃缺、福星坝、飞沙堰、人字堤、黄金堤、莲花堤、马家渡、刘家濠等工程。沙黑河口淤塞。

民国三十六年（1947 年）六月三十日至七月四日，灌县降雨 551 毫米，成都 358 毫米。7 月 7 日，宝瓶口水位 19 画，飞沙堰、人字堤被毁。8 月 14 日，宝瓶口水位 9.5 画。正在抢修的飞沙堰工程被冲走顺水竹笼 70 余条。九月十四日，洪水又至，黑石河上下游 30 千米内决堤 10 余处。因抢修工程被毁，都江堰流域堰务管理处处长张沉被调离，另由省建设厅第四科科长周郁如接任。都江堰灌区的彭县、大邑、什邡、金堂、新都、广汉、温江、邛崃、郫县、崇庆等地皆洪水泛滥，损失巨大。

民国三十八年（1949 年）春，周郁如主持修建飞沙堰，当年便被冲毁。七月十四日，灌县连续降雨 6 天。七月十七日，宝瓶口水位 18.8 画，洪水将都江堰分水鱼嘴前的护笼全部冲毁，鱼嘴堤埂、百丈堤毁，外金刚堤、外江河口右岸石埂、二王庙顺水、飞沙堰、人字堤等工程皆被毁。外江黄家河心、秦家渡、陶家湾等处堤岸溃决，洪水冲入黑石河、江安河。灌区农田受灾数万亩。

第五章　现代都江堰渠首枢纽

第一节　渠首枢纽工程范围

现代的都江堰渠首枢纽是指以都江堰鱼嘴、飞沙堰、宝瓶口三大工程为主体的工程群体。其范围包括：岷江从关口至青城大桥的河道、滩涂、堤岸及水工程设施；内江河口至蒲柏闸、走江闸；蒲阳河、柏条河干渠至都江堰市观景路，走马河、江安河干渠至青城路，人字堤溢洪道、仰天窝鱼嘴、丁公鱼嘴、走马河、江安河鱼嘴等渠（河）道、滩涂、堤岸及水工程设施；由成都市应急供水工程至柏条河口的工业引水暗渠（含渠顶土地）及闸房和附属设施；沙黑总河进水闸至漏沙堰分水闸、黑石河干渠至青城大桥4号桥、沙沟河干渠至青城大桥5号桥（小罗堰枢纽包括溢洪道）的渠（河）道、堤岸及水工程设施。

现代渠首主体工程的范围中，自岷江上游干流出山口的关口起至内江宝瓶口止，总长3500米，正处于高山峡谷出口进入平原的突变之地。其中，现渠首内外江分水鱼嘴以上2330米基本为自然河段，自秦至今，经过两千多年演变，由上而下，共可分为三段：第一段长580米，河谷宽450~600米，河槽宽300米左右，平均比降约8‰，左岸为原白沙街（古称"白沙邮"，街道已于1958年以后拆毁），右岸是磨儿滩。第二段长约1000米，河谷宽

600~850 米，河槽宽约 350 米，平均比降约 5‰，左右两个大沙洲，左称"盐井滩"，右称"韩家坝"。第三段长约 750 米，河谷宽 300~500 米，河心有淤滩，水流紊乱，比降约 6‰，左傍玉垒山（古称"湔山"），右靠郭家山坡；此段下接鱼嘴处，河槽宽 280 米，左岸有浆砌卵石修建的百丈堤，与之相对的是顺水低埂，1998 年前具有拦导漂木进入内江的功能。

现存分水鱼嘴位置是 1936 年春确定的，一直沿用至今，在二王庙以上约 250 米的河心。鱼嘴后紧接分水堤，内江一侧称为内金刚堤，外江一侧称为外金刚堤，堤中部曾有内江平水槽溢洪道（1962 年因失效封闭），内金刚堤对岸为二王庙山脚下顺水堤。内金刚堤尾部为飞沙堰溢洪堰，以下为人字堤溢洪道、宝瓶口等工程。鱼嘴至宝瓶口河段 1070 米。鱼嘴处内江进口宽 150 米左右，外江进口宽 130 米左右。内江二王庙山脚下河槽宽 100 米左右，飞沙堰堰前河槽宽 70 米左右，宝瓶口峡口处平均宽 20.4 米，宝瓶口以下至仰天窝分水闸长 770 米，河槽宽 45~60 米。鱼嘴以下至飞沙堰堰尾的外江河槽宽 110~130 米，飞沙堰溢洪入外江后的外江河槽宽 240~540 米，青城桥河宽 330 米。

外江进口右岸有沙黑河总进水闸，与外江闸相连。外江闸以下为岷江干流行洪河道。图 5-1 是 21 世纪初的鱼嘴卫星图。

图 5-1 都江堰渠首枢纽卫星航拍图

第二节　鱼嘴

一、鱼嘴位置

现鱼嘴位置为民国二十五年（1936年）春重建鱼嘴时确定的。位置从内江向外江移10米，紧靠1933年洪水中未冲毁的一个索桥中墩（条石墩），稳固至今。这一位置的确定既吸取了历代都江堰建设改造的经验教训，也适应了现代水工技术对都江堰的整治完善，相比过去的布置，具有如下优点：一是鱼嘴附近岷江河床比较稳定，右岸有桤脚沱控制，左岸有百丈堤导流。河床宽约250米，很少变动，因此内外江分流比也比较稳定。二是鱼嘴恰好位于岷江弯道下段偏凹岸一侧，上下河势对鱼嘴分水、引水、排洪、排沙有利。枯水时，内江能多引水；洪水时，外江能多排洪。

鱼嘴是都江堰渠首枢纽上端迎水顶冲的尖端建筑物，它把岷江分成内、外二江见图5-2。鱼嘴位置选在特定的地形条件下修建，这样内、外江分水比例，自然形成洪水时外江多进水、内江少进水，

图 5-2　21世纪初的都江堰航拍图，江心最前端为鱼嘴，其下两侧为内、外金刚堤

对成都平原防洪有利；灌溉时，内江多进水，外江少分流或不分流，有利于内江灌区用水。这一自然调节分水的能力，经过原型观测和模型验证。

鱼嘴在分沙上也有显著作用。因鱼嘴位于岷江的一个弯道上（曲率半径约850米），能充分利用弯道环流使内江引进含沙量少的表层水，而挟沙量大的底层水则趋向外江。据1970—1973年实测资料分析：外江分流比为35.8%~39.1%，而悬移质分沙比为42.3%~52.8%。又据1975—1978年1号断面上卵石输移率分析，每年进入内江的卵石平均占岷江中来量的26%。可见外江的分沙比大于分流比，这对于减少内江岁修淘淤非常有利。图5-3反映了岷江历年流量与内江分流比的实测数据与关系。

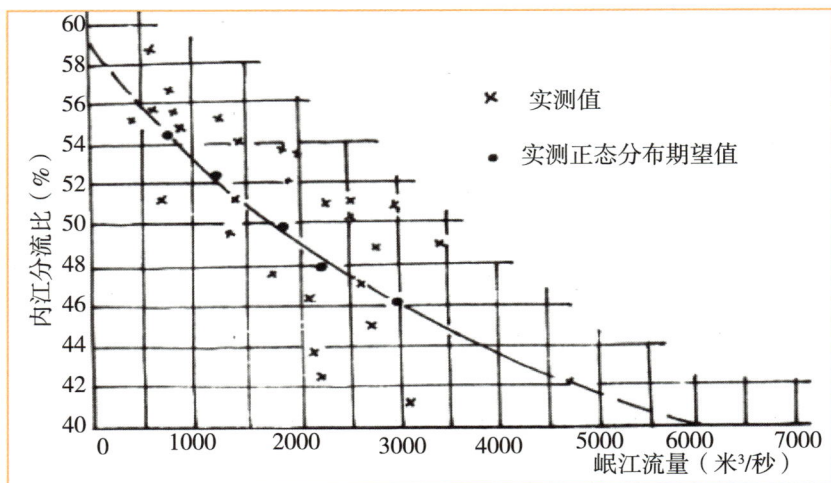

图5-3　岷江历年流量与内江分流比关系图

二、鱼嘴结构

1936年春，四川省水利局重建了鱼嘴（称新工鱼嘴），改用水泥浆砌条石鱼嘴：长10丈，深入河底10尺，高出水面部分约15尺，前部作椭圆形，径约3丈，尾部宽约四丈，前窄后宽，呈流线型。他们总结了历代修建都江堰鱼嘴的经验教训，在设计思想上强调了"固底防冲"的原则，突破了单纯考虑建筑物本身的重量和坚固性，转变到全面重视鱼嘴自身的抗冲能力、地基的抗冲能力、水流的冲刷作用等三个方面的因素，因而采用了"层层设防"的鱼嘴构造形式，以满足护底防冲的要求。新工鱼嘴结构见图 5-4。故自 1936 年春建成后，一直使用到 1974 年修外江闸时加固和覆盖鱼嘴。

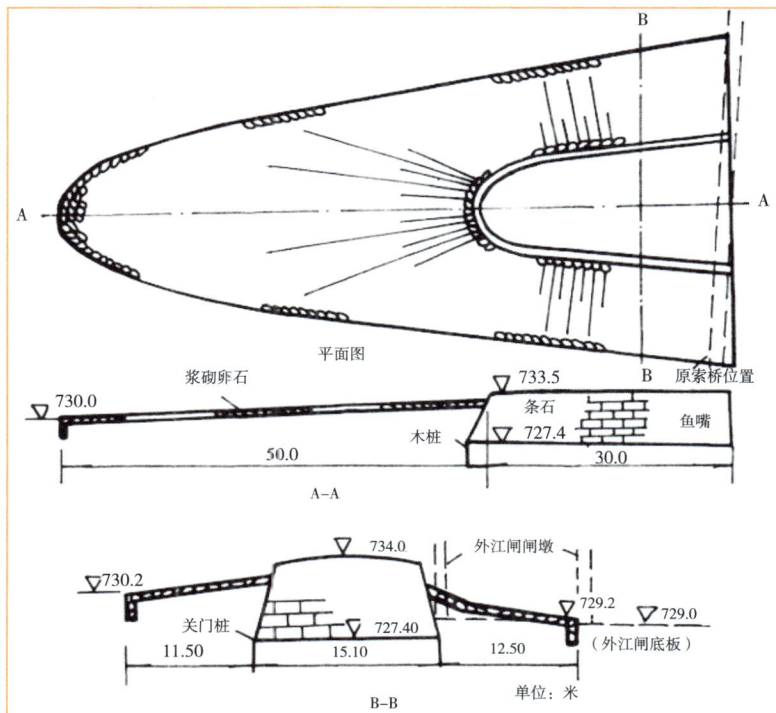

图 5-4　1936—1974 年鱼嘴结构图

2002 年冬，渠首断流岁修，鱼嘴前端发现损毁，即进行了修复加固，将鱼嘴前端加长 14 米，使原鱼嘴增长到 64 米，保持鱼嘴"前窄后宽"。采用钢筋混凝土基础将鱼嘴原基础包围加固，新基础底高程 720.935 米 [1]，比原鱼嘴基础加深 1.5 米。用混凝土充填了原鱼嘴塌陷部位和裂缝，增强了鱼嘴的整体性。鱼嘴表面选用 9998 块大卵石以圆弧形砌筑于原鱼脊上，呈鱼鳞形鱼背。修复后的鱼嘴工程示意图见图 5-5，剖面结构见图 5-6。

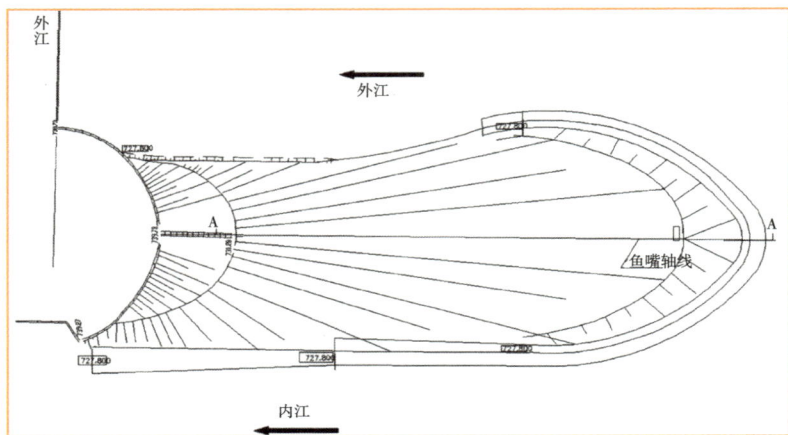

图 5-5　2002 年修复后的渠首分水鱼嘴的平面图

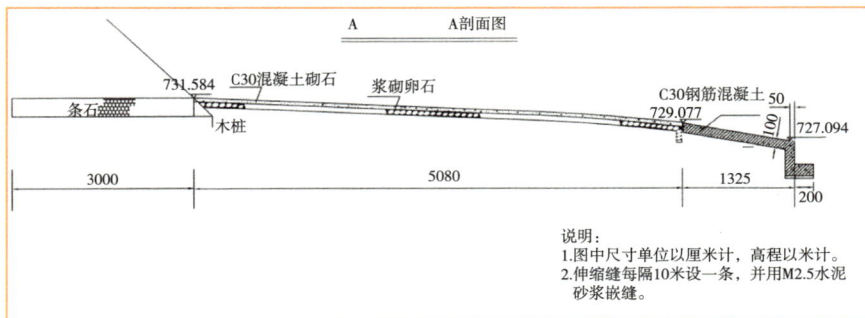

图 5-6　2002 年修复后的渠首分水鱼嘴的剖面结构

2008 年"5·12"汶川特大地震发生后，都江堰管理局工作人员于地震当日下午对渠首工程震损情况进行了排查，发现鱼嘴坝

①"都江堰渠首枢纽"所用海拔高程，均使用黄海高程系。

体中间部分整体下陷，鱼嘴出现纵向裂缝两条，裂缝宽度为5~10厘米，从地下室屋顶一直贯通到鱼嘴表面，险段长度达63米。为确保鱼嘴工程安全，对鱼嘴坝体实施压力灌浆的加固措施，同时对鱼嘴填方密实度不足的病害坝体进行加固整治；对坝体裂缝部分用细石混凝土进行封闭；在鱼嘴迎水面则通过抛投装有大卵石的钢丝笼进行加固保护。至2008年5月17日凌晨，都江堰鱼嘴工程完成了震后应急加固，都江堰渠首六大干渠恢复通水。

三、鱼嘴分水堤

分水堤是紧密衔接鱼嘴尾部用沙石垒筑的河心大堤。现保存使用的分水堤两边有浆砌大卵石护堤工程，傍右边（面向下游）的为外金刚堤，长880米，堤尾与飞沙堰溢洪坝尾联结，堤前为外江行洪河槽。傍左边的为内金刚堤，长710米，堤前为内江进口河槽，堤对岸为玉垒山和纪念李冰的二王庙。堤尾与飞沙堰坝上口相连，对面为"虎头岩"，岩壁斜向飞沙堰上口段，起挑洪水和沙石越飞沙堰坝去外江的作用。分水堤顶纵坡5%，海拔737~730米，高出河床5~8米。分水堤从鱼嘴起逐渐增宽，鱼嘴处的分水堤宽30米左右，分水堤尾部宽140米左右。

第三节　飞沙堰

飞沙堰是内江进口河段右岸在分水堤末端与宝瓶口之间的旁侧溢洪堰，坝上口距鱼嘴710米，溢洪坝宽240米，（顺内江水流向）坝下口距宝瓶口120米，堰坝高2米。古称"侍郎堰"，因排沙效果好，近代改称飞沙堰。

一、飞沙堰的作用

飞沙堰坝顶平均海拔 728.25 米，春耕期间，当内江水位与堰顶齐平时，下游宝瓶口水位 13 画（海拔 727.61 米），相应流量为 330 立方米每秒，20 世纪 60 年代以前可满足内江灌区用水。由于内江灌区不断扩大，工业和城市生活用水增加，20 世纪 70 年代以后，每年春耕用水前用竹笼在坝上临时加高，使宝瓶口水位达到 14 画（海拔 727.93 米），相应流量 385 立方米每秒，以保证内江灌区春灌用水。洪水时自然冲走竹笼，使洪水泥沙翻坝去外江。在特大洪水时，如飞沙堰坝被冲溃，则立即组织抢修，使宝瓶口能引进足够的流量，保证下游灌区用水。飞沙堰的安危直接关系内江灌区的洪旱灾害。1964 年 7 月 22 日，岷江上游洪峰流量 6400 立方米每秒，内江自然分洪流量 3930 立方米每秒，宝瓶口洪峰水位 19.3 画，相应流量 688 立方米每秒，飞沙堰泄洪流量 3242 立方米每秒。飞沙堰溃决长度 80 米，坝面冲毁三分之一，内外江发生重大洪灾。由于飞沙堰坝前河床严重淤积，60 米宽河槽只有 15~20 米宽通水，遂使宝瓶口水位急剧下降，23 日宝瓶口水位 12.2 画，相应流量 281 立方米每秒；24 日 10.4 画，相应流量 197 立方米每秒；25 日 9.5 画，相应流量 156 立方米每秒。经 7 昼夜抢修飞沙堰坝，并爆破坝前淤滩，才勉强维持宝瓶口进水需要的水量。

飞沙堰自动排沙功能非常显著。1966 年 7 月 28 日，岷江上游洪峰流量 4790 立方米每秒，冲毁内江二王庙山下部分浆砌卵石堤埂，其中一块长 1.3 米、宽 1.1 米、厚 0.6 米、重约 2 吨的碎块，竟被冲越飞沙堰顶。模型试验资料表明：当飞沙堰分流比为内江流量 40% 时，飞沙堰排走的推移质占内江总量的 75%，故岷江在鱼嘴分入内江 26% 的推移质，经过飞沙堰的排除后，进入宝瓶口的推移质仅占岷江总量的 8% 左右。飞沙堰之所以具有如此强大的排沙能力，是由于：对岸虎头岩的挑流作用，使河底推移质趋越飞沙堰；飞沙堰坝前内江河槽中顺向流速与横向流速合成螺旋流产生的扰动作用；下游宝瓶口咽喉控制和离堆顶托的壅水沉沙作用等的综合效应。实测资料证明，飞沙堰坝前凤栖窝一段河床上，在洪水上涨时发生淤积，而在降落时产生冲刷，最终是每年要淤积 2000~10000 立方米，须在岁修时加以清除。但近十多年每年洪水小，沙砾石淤积少，内江连续 2~5 年不断流，飞沙堰坝前未淘淤，春灌时在飞沙堰坝上临时加高竹笼拦春水也可解决。

表 5-1 反映了多年交实测的内江不同流量下，飞沙堰的泄洪量。图 5-7 表明飞沙堰分沙比与分流比呈正相关。

表 5-1　　　　飞沙堰（包括人字堤）多年平均泄洪能力表

岷江流量 / 立方米每秒	内江进口流量 / 立方米每秒	宝瓶口流量 / 立方米每秒	飞沙堰泄洪流量 / 立方米每秒	飞沙堰泄洪流量 占内江进口流量 的百分比 /%
1000	550	420	130	23.6
2000	1020	520	500	49.0
4000	1800	640	1160	64.4
5000	2300	660	1640	71.3
6000	2460	680	1780	72.4
7000	2800	700	2100	75.0

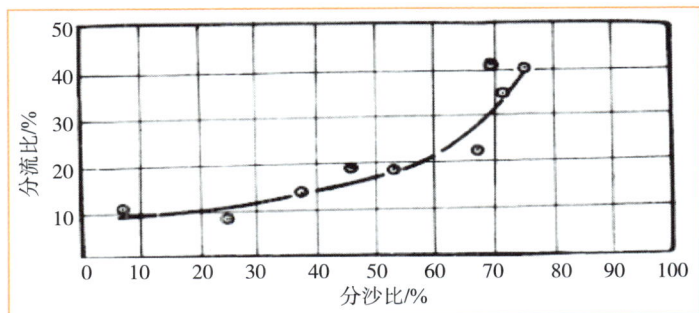

图 5-7　飞沙堰的分流比与分沙比关系图

都江堰治水经验总结的"深淘滩"，就是指在凤栖窝一段河床上要淘去积淤，淘挖的深度以出现河底埋设的"卧铁"为止；"低作堰"是指飞沙堰坝顶高度维持宝瓶口进够内江灌区需要的水量，现坝顶高度以宝瓶口水位13画为准，以利汛期泄洪排沙，并有利于堰身的稳定安全。

二、飞沙堰的构造

　　飞沙堰坝身，历史上长期沿用竹笼堆砌，明代坝面砌龟背海漫石三层；清末，用竹笼纵横垒砌，间以梅花桩贯穿上下三层，沿坝前边缘做四道挑水坝，以加强抗冲能力。溢流坝前还用竹笼砌成四道导流墙，使流态顺正，减少横流斜射。民国时，在飞沙堰主要溢洪段用混凝土心墙，见图5-8。

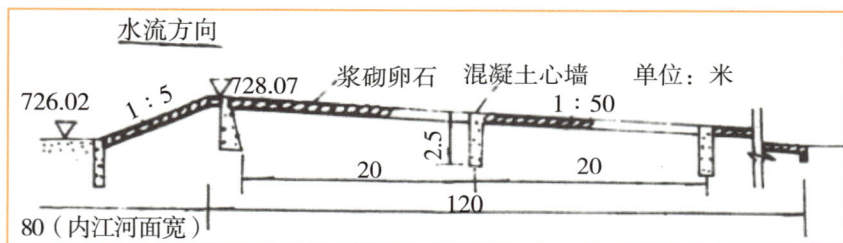

图 5-8　飞沙堰断面构造图

　　由于飞沙堰在历史上长期就地取材，用竹笼装卵石年修年毁，新中国成立后作了多次改进。1954年用干钉大卵石在不当水势的部分作坝面，1962年改为埋设木桩作纵横格子墙，中间夹钉大卵石筑坝。1964年洪水毁坝后，重新修建混凝土格子墙，中间用水泥浆钉大卵石稳固至今。溢流坝宽顺内江水流方向由210米扩为240米，平均坝高2米。坝顶海拔728.25米，比对岸凤栖窝下的混凝土标准台顶部海拔728.15米略高0.10米，比卧铁铜标平均海拔726.15米高2.1米。浆砌大卵石护坝面厚0.5米，下用大卵石钉砌垫底。坝面每隔 20 米设置混凝土纵横向隔墙，高 2.5 米。上游坝坡 1：5，下游坝坡 1：50。坝顺溢流方向长 120 米。

第四节　宝瓶口

宝瓶口在内江进口河段左岸玉垒山末端的砾岩嘴处（都江堰市西城门下），是在创建都江堰时，工具落后，还无火药等困难条件下，用人工从岩嘴中凿开的一个口子，在今分水鱼嘴以下1070 米、卧铁以下 240 米，凿开的口宽呈不规则的梯形断面。原口宽顶部 31 米，底部 19 米，平均口宽 22 米。凿开后的砾岩嘴称"离堆"。离堆迎水面宽 45 米，受水势直冲；背水面宽 28 米，长 76 米，高出河床 16~19 米。离堆顶海拔高程 737.90 米，顶上建有纪念李冰的庙宇——伏龙观。1970 年冬，内江河口断流岁修期间，用 22部抽水机，以 12 天时间，于 11 月 12 日抽干宝瓶口和离堆前的死水深潭 8~11 米深的水。从基岩起到最高洪水位以上止，用混凝土彻底加固宝瓶口左右两侧和离堆迎水面。加固后的宝瓶口底宽14.3 米，顶宽 28.9 米，平均宽 20.4 米，高 18.8 米。宝瓶口的峡口长 36 米，以下河底宽 40~55 米。因宝瓶口上下河床较宽，形如"瓶颈"，为成都平原及川中丘陵的引水咽喉，工程非常重要，故称"宝瓶口"。

宝瓶口左岸石壁上刻画的水则，是中国最早的水位标尺，用以观测水位涨落，并作为判断宝瓶口引水量"足"与"过"的标志。据历史载，宋代开始在"离堆之趾"刻水则，每尺刻一画，共 10 画。"水及六则，流始足用"，超过则从侍郎堰（今飞沙堰）排泄到外江去。元代水则刻于斗犀台下崖壁上，共 11 画。"水及其九，其民喜，过则忧，没其则困"。如今水则设在宝瓶口左岸石壁上，

为宋代所刻画，共 24 画，仍是灌区用水水情和汛期汛情信息主要控制数据。20 世纪 50 年代以前水位涨到 13 画就能满足农田灌溉需要；60 年代以后，随着灌区灌溉面积扩大，要求水位涨到 14 画，才基本满足农田灌溉需要；2005 年前的汛期警戒水位为 16 画，超过 16 画灌区就要做好防洪抢险准备工作。2002 年断流岁修时，对宝瓶口水则进行了重新维护和粉刷，见图 5-9。

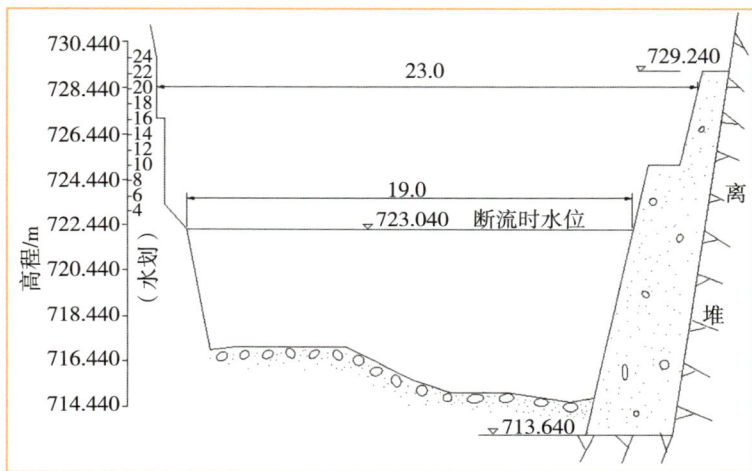

图 5-9　2002 年加固后的宝瓶口水则测量断面图

　　鱼嘴、飞沙堰和宝瓶口是渠首的三大主体工程。鱼嘴利用弯道环流的水力作用，使内江多分水少进沙；进入内江的部分泥沙又利用飞沙堰坝前的螺旋流，在宝瓶口的控制和离堆的壅水顶托下，大量卵石水被扰动后随洪水越坎排走；沉积在坝对面凤栖窝山脚下的少量沙石在内江进口断流岁修时清除。三大主体工程在相辅相成的工程条件和地形位置配合下，起到自然地分沙、排沙、沉沙作用。在技术与工程的形状、大小及长宽高尺度和相对位置都密切相关的科学道理，有效地解决了无坝引水枢纽工程中的分水、排沙等重大难题。三大主体工程布局合理，各有独特功用，又相互依存，相互制约，协调自如，联合运行，起到"引水灌田，分洪减灾"的作用。历代都江堰建设和管理者总结出了"三字经""六字诀""八字格言"等一套治水经验，作为都江堰工程管理、维修的准则，使都江堰经久不衰。

第五节　辅助工程

为配合渠首三大主体工程完整地发挥功能，又在渠首重要部位修建相适应的辅助工程包括百丈堤、二王庙顺水堤、人字堤、平水槽、小鱼嘴大堤、黄家河心大堤、鲤鱼沱大堤、木观音大堤等。1986—2023 年先后对各辅助工程进行了维修和加固。

第六节　渠首闸群

一、外江临时节制闸

为了适应灌区扩建发展的农业、工业及综合用水的需要，经多年多次反复研究和模型试验，外江临时节制闸于 1973 年 11 月中旬开工，1974 年 4 月建成，共 8 孔，每孔净宽 12 米。设计过闸流量 3980 立方米每秒，校核洪水流量 5700 立方米每秒。

二、飞沙堰工业引水临时拦水闸

1963 年，渠首建成成都市工业用水暗渠后，在内江进口断流岁修时，通过从外江引水过飞沙堰坝尾处，每年临时用 96 块钢筋混凝土小板，每块宽 1 米、高 2.2 米，板后加木架支撑，挡水入工业引水渠。40 天左右的岁修工程期间，须日夜坚守挡水板，一旦

发生问题，就会严重影响成都东郊工业用水和城市生活用水，造成重大事故。同时根据《都江堰总体规划报告》中都江堰灌区设计灌面 1086.4 万亩、规划灌面 1400 万亩的要求，为了满足已扩灌的川中丘陵农田和成都市工业发展与城市生活用水，以及规划的毗河引水灌溉工程等需要，宝瓶口设计流量需要达到 480 立方米每秒，原有的飞沙堰高度已不能满足都江堰灌区发展对宝瓶口进水流量的需求。

经过反复进行模型试验和可行性研究，在保持飞沙堰面貌不变的原则下，飞沙堰工业引水临时拦水闸于 1992 年 1 月 1 日正式动工，在飞沙堰坝尾 175 米原工业引水渠临时挡水板处修建。经过 140 天日夜施工，于 1992 年 5 月 20 日建成主体工程，闸门共 8 孔，每孔净宽 12 米，平时关闸拦水，洪水时开闸泄洪排沙。

三、仰天窝分水闸

仰天窝是在宝瓶口以下 781 米处内江的第一个鱼嘴分水工程，在此把内江分成两条河，左边分水流经 292 米至丁公鱼嘴（清光绪四川总督丁宝桢主持兴建），历史上曾建有太平桥（木桥）。在丁公鱼嘴又一分为二，左为蒲阳河，右为柏条河。

1963 年 11 月 19 日内江进口断流岁修期间，在仰天窝分水鱼嘴处修建仰天窝分水闸（以下简称仰天窝闸），共建弧形钢板闸门 6 孔（鱼嘴左右两边各 3 孔），每孔净宽 9 米，闸门高 3.5 米，设计洪水流量 800 立方米每秒，1964 年建成。2003 年对仰天窝闸进行了改造，改建了闸房，更换了闸门和启闭设施，增加了自动化控制系统。

四、蒲柏闸

蒲阳闸是新中国成立后都江堰老灌区兴建的第一座节制闸，1952年建成，共新建平板钢闸门6孔（蒲阳河3孔、柏条河3孔），每孔净宽6.0米，闸门高3米。2002年，对蒲阳闸进行了改建，新建了闸房，对机电设备、启闭设备进行了更换，增加了自动化控制系统。

五、走江闸

走马河闸是新中国成立后都江堰老灌区兴建的第二座节制闸，与蒲柏闸相距100米，1953年建成，共建平板钢闸门5孔。左右两孔宽6.0米，闸门高3米；中间3孔各宽5.2米，闸门高3米。1957年11月，在外江（岷江干流）左岸都江堰市聚源乡张家湾引水的江安河改为内江与走马河闸并列引水，新建江安河水闸，为带胸墙式水闸，设平板钢闸门3孔，闸门净宽5.2米，高3米，闸门启闭设施及闸上公路桥与走马闸完全一样。以后走马河闸与江安河闸共称"走江闸"。

2002年，对走江闸进行了改建，新建了闸房，更换了闸门和启闭设施，增加了自动化控制系统。

六、沙黑总河进水闸

1951年以前，沙沟河、黑石河、羊马河在都江堰市境内10千米范围内的外江右岸分别开口引水，1952年冬以后进行调整合并，形成沙、黑、羊三条河一个进水口，称"沙黑羊总河口"，渠首小鱼嘴处修建钢架鱼嘴在外江右岸引水，称"小鱼嘴"。1974年

外江闸建成时，由小鱼嘴向上延伸筑砌石埂 185 米与外江闸第七孔礅相连，利用外江闸 7、8 两孔临时作沙黑总河口进水口（1970 年渠系改造废羊马河，故称"沙黑总河"）。

1982 年 5 月，在外江闸右侧建成沙黑总河进水闸，与外江闸呈 19°41′ 夹角引水，进水闸 2 孔，每孔净宽 12 米，闸底海拔 727.43 米，采用升卧式平板钢闸门，门高 4 米，闸前设计水深 7.40 米，校核水深 8 米，设计流量 995 立方米每秒，校核流量 1425 立方米每秒，闸下新挖渠道 700 米与原沙黑总河干渠衔接。沙黑总河灌溉设计引水流量 120 立方米每秒，同时恢复了外江闸全部 8 孔的行洪、排沙功能。

七、小罗堰枢纽闸群

小罗堰枢纽工程在沙黑总河进口以下 1.11 千米处，由灌溉闸、沙黑河水电站进水闸和泄洪闸组成。灌溉闸共 3 孔，闸门宽 5 米，校核流量 120 立方米每秒。沙黑河水电站进水闸 3 孔，设计流量 70 立方米每秒，校核流量 100 立方米每秒。泄洪闸 4 孔，闸门设上下门，上门宽 5 米，门高 3.2 米，设计流量 600 立方米每秒。三座闸紧连在一起，于 1978 年同时建成，发挥灌溉、发电、防洪效益。

八、漏沙堰闸

漏沙堰闸是沙沟河、黑石河的分水闸，修建于 1961 年。漏沙堰闸在渠首沙黑总河进水闸以下 2825 米处的总干渠尾部，控制和调剂沙沟、黑石两干渠灌溉水量。1978 年，改建漏沙堰分水闸，共 3 孔，其中黑石河 1 孔、沙沟河 2 孔；闸门宽 5.2 米，门高 3.2 米，设计流量 100 立方米每秒，校核流量 120 立方米每秒。1992 年改造配套工作桥，增加闸房引桥，更换启闭机。内江闸群与四大干渠见图5-10。

图5-10 都江堰内江闸群与四大干渠

第七节 渠首水源调节工程——紫坪铺水利枢纽

紫坪铺水利枢纽为西部大开发十大标志性工程之一，是都江堰灌区的水源调节工程，被列为四川省2000年基础设施建设的一号工程。工程位于四川省成都市西北60余千米岷江上游都江堰市麻溪乡。枢纽工程位置距都江堰市9千米，其下游6千米是都江堰渠首工程。工程于2001年3月29日动工，2002年11月截流，2004年12月1日蓄水，2005年5月第一台机组发电，2006年12月竣工。

紫坪铺水利枢纽是以灌溉和供水为主，兼有发电、防洪、环境保护、旅游等综合效益的大型水利枢纽工程。主要建筑物包括混凝土面板堆石坝、溢洪道、引水发电系统、冲沙放空洞、1号泄洪排沙洞、2号泄洪排沙洞和左岸堆积体处理工程。水

库校核洪水位 883.10 米，相应洪水标准为可能最大洪水流量 127000 立方米每秒；设计洪水位 871.20 米，相应洪水标准为千年一遇（P=0.1%）流量为 8300 立方米每秒；正常蓄水位 877.00 米，汛限水位 850.00 米，死水位 817.00 米，水库总库容 11.12 亿立方米，正常水位库容 9.98 亿立方米。混凝土面板堆石坝坝高 156 米，坝顶高程为 884.00 米，电站装机 4×190 兆瓦。

紫坪铺水利枢纽工程的兴建在提高都江堰现有灌区保证率的同时，满足了灌区近期达到设计灌面 1186.40 万亩的灌溉用水，远期为毗河供水工程 300 多万亩农田提供部分水量，为都江堰灌区实现最终设计灌面 1500 万亩提供了用水保障。其水库的滞洪作用，既使得岷江金马河段防洪标准由百年一遇提高到十年一遇，又可控制岷江上游 98% 的多年平均推移质，实现防洪拦沙作用。紫坪铺水库还有利于保障成都市城市环境供水，提高成都市生态环境质量以及发电、旅游等综合效益。

第八节　成都市应急供水工程——磨儿滩水库

磨儿滩水库备用水源地位于岷江都江堰上游，紫坪铺水库下游 5.8 千米，岷江右岸，岷江支流白沙河汇入口对岸，灰窑村境内。

磨儿滩水库与上游的紫坪铺水库和下游岷江支流徐堰河、柏木河等均为成都市的供水水源地，水源来源为岷江水系主流及支流。磨儿滩水库位于紫坪铺水库与下游徐堰河和柏木河之间，引水自岷江主流和白沙河，调蓄储存，其水体与岷江主流水体和白沙河之间通过引水闸控制隔离，以在岷江主流出现水质安全事故时从主流隔离，隔断水质连通途径。在保证库区水体水质安全的同时，向下游的成都市第六和第七水厂供水。

第三篇　都江堰灌区工程

第六章　成都二江渠系及灌区

历史上，都江堰渠首把岷江一分为二后，灌区河系逐步建设和扩建改建。宝瓶口以下的"二江"水系最早形成，演变成为现代的柏条河、走马河水系，也是古代都江堰内江灌区范围最大、最中心的区域。随着历代对都江堰的拓展，都江堰水系向北延伸，并与沱江水系交叉，逐渐演变为现在的蒲阳河灌区。图 6-1 显示清末都江堰水系和灌溉州县范围。江安河原为外江左岸引水的渠系，20 世纪 50 年代才合并调整为内江渠系，这是为内江灌区的主要演变过程。

图 6-1　清末都江堰水系图（在都江堰市二王庙进山门照壁上）

第一节 二江溯流

20 世纪 50 年代发现的羊子山大型祭祀台遗址（商晚期或西周早期）和近年发现的金沙遗址表明，现成都城区范围内，已经有城市作为蜀王国首都。当时成都平原天然河道纵横交错，在为蜀王朝提供水源的同时，造成防洪隐患。李冰创建都江堰时，对成都平原内原有的河流进行了大规模的改造、疏浚和合并，形成了影响成都平原至今的二江格局。史书在记载李冰创建都江堰的功绩时，都会提到其穿二江之事，表明穿二江是一件可以与凿离堆、创建都江堰相提并论的大事。

《史记·河渠书》："穿二江成都之中。此渠皆可行舟，有余则用溉浸，百姓飨其利。至于所过，往往引其水益用溉田畴之渠，以万亿计，然莫足数也。"

东汉崔寔《政论》："蜀守李冰凿离堆，通二江，益部至今赖之。"

《风俗通》："李冰凿离堆，开成都两江，溉田万顷。"（《舆地纪胜》卷一五引）

刘逵注左思《蜀都赋》："蜀守李冰凿离堆，穿两江，为人开田，百姓飨其利。是时蜀人始通中国，言语颇与华同。"

这些文献把凿离堆与穿二江的因果关系，以及穿二江与"溉亩万顷"的关系讲得清楚而明白。

二江，一般认为是"郫江"和"检江①"，二者在历史上别名甚多。

一、郫江

先秦至唐初，郫江流经途径大约为： 自都江堰市太平堤鱼嘴分水→桂花北→天马南→郫县东北，受徐堰河→太和场北→石堤堰，分出毗河→府河→新繁县南→成都西南（大体顺金河故道）受检江→双流县南→彭山县江口入岷江。

在成都城西南一段，郫江由少城西垣外经西南较场之间，折而东流，经江渎庙前与外江双流城南而汇于东郭。故秦汉少城南垣，约当今文庙西街一线附近。江渎庙前临郫江，为内江未改道以前之形势。陆游有《江渎祠碑记》，此为南垣外郫江故道之可考者。少城西南之市桥门直接架于郫江之上，为滨江城门。

唐乾符三年（公元 876 年），高骈在成都城外扩筑罗城，在成都西郊、郫江西北的糜枣堰重筑长堤，阻南江水先迁内江。分江水为二道，郫江改道绕城北，易名清远江，历史上长期叫油子河，习称东门大河。油子河由此东流沿城北经万福桥，又经北门外大安桥（又名迎恩桥，旧名清远桥），至猛追湾南折，受刘桥河水，然后南流经新东门外武成桥（又名顺江桥，亦名东安桥），南过东门外长春桥，南至安顺桥下合流江。二江合流后，历史上有习称"锦江"者，也有习称"府河"者。

历史上郫江的别名见表 6-1。

①古籍中"检江""捡江"混用，本书统一用"检江"。

表 6-1 　　　　　　　　　　历史上郫江别名一览表

正名	别　名	备　考
郫江	北条河 柏条河	《蜀水考》："沱江……东过太平桥为北条河。"
	沱 沱江 江沱	宋·吕大防《合江亭记》："江沱自岷而别，张若、李冰之守蜀，始作堋以楗水，而溷沟以酾之，大溉蜀郡、广汉之田，而蜀以富饶。今成都二水皆江沱支流，自西北而汇于府之东南，乃所谓'二江双流'者也。沱旧循南隍，与江并流以东。" 《蜀水考》："沱江，首受都江，……又东过崇宁县北为沙子河，又东过新繁县南为毗阳河，又东过天回山取'青莲天回玉垒'句也。受马鞍河，一名小毗河，又东受锦水河为三河口，东过新都县南繁阳山，相传为张道陵修炼处，上有浴丹池通仙井、麻姑洞，又东过金堂县为渝江……" 《太平寰宇记》卷七十三："沱水入都田江，入成都。"
	洛水	《水经·江水注》："洛水又南经新都县，……与绵水合，水西出绵竹县；又与渝水合，亦谓之郫江也。"
	渝水 涪江	任豫《益州记》："郫江，大江之友也，亦曰涪江，亦曰渝水，在蜀与洛水合。"
	内江 北江	《括地志》、《太平寰宇记》卷七十二、《元史·河渠志》。
	毗桥河	《蜀水考》。
	市桥江	《括地志》："郫江一名成都江，一名市桥江……西北自新繁县界流来。"（《史记·河渠书·正义》引）
	中日江	《括地志》："郫江……亦名中日江，亦曰内江，西北自新繁县界流来。"（《史记·河渠书·正义》引）
	成都江 府江 府河 油子河	上引《括地志》、《太平寰宇记》卷七十二、《元和郡县志》卷三十一郫县条下说："郫江一名成都江，经县北，去县三十一里。"府江见《茅亭客舌》。陈登龙《蜀水考·分疏》："郫江……南至安顺桥下合流江，为府河。"
	都江 都江水	扬雄《蜀都赋》说：成都"北则有岷山……都江漂其泾。乃溢乎通沟，洪涛溶洗，千湲万谷，合流逆折……"。 《后汉书·岑彭传》：岑彭"自分兵浮江下还江州，溯都江而上"。李贤注："都江，或成都江也。"

二、检江

检江流向大致为：自都江堰市太平堤鱼嘴分水→走马河，分出柏木河→安顺，分出徐堰河→都江堰市新场→郫县南→插板堰→苏坡桥→草堂寺→百花潭（锦江）→成都南门附近入府河。

检江流经成都一段，至迟从汉代开始，在成都有"锦城"之称的同时，便有了"锦江"之称。其上游自郫县两河口与磨底河平分走马河水，向东南流经郫县西南，自成都县属之马家场至成都苏坡桥曲折而东，入旧华阳县界复南分为龙爪堰河道。锦江在府城南门外，俗名府河。锦江东过故金沙洲，洲上有金沙寺。嘉庆《华阳县志·寺观》："金沙寺，治南城外万里桥东，建自汉唐，旧名宝莲堂，恒有高僧游此，并示圣灯之。其地随水消长，虽江涨不没。明嘉靖戊子（公元1528年）重修，杨升庵有《记》。"

历史上检江的别名见表6-2。

表6-2　　　　　　　　历史上检江别名一览表

走马河	《汉书补注·地理志》蜀郡郫县条下说：大江自灌县分流，此李冰所穿郫江、检江也。检江亦谓之流江，俗名走马、油子二河，二江下入成都境。
流江	任豫《益州记》："二江者，郫江、流江也。"（《史记·河渠书·正义引》）赵一清《水经注刊误》："检江即流江。"
锦江	《大清一统志》成都条："锦江……即岷江支流，自灌县南流经崇宁县，西入郫县界，郫县界曰走马河，东南流至合江浦，分一小支为九曲江，其正派又东流六十里，入成都县界为锦江。"
笮桥水、悬笮桥水、笮江水	《元和郡县志》卷三十一："笮江水在县南六里。蜀人又谓流江为悬笮桥水。"
新津江	《录异记》四、《茅亭客话》一。
大江	《元和郡县志》卷三一，《括地志》、《元丰九域志》卷七亦说成都有大江、导江县有大江。

管桥水清江、清远江、清水河、江水	《括地志》："大江，一名汶江，一名管桥水，一名清江，亦名水江，西南自温江县界减来。"《读史方舆纪要》："又东过府城北，折而南，至府东南十余里，合于郫江。一名外江，又名清远江。"杜光庭《神仙感遇传》卷五："始筑罗城……自西北凿地，开清远江流入东南，与青城江合流。"
外江、大皂江	《太平寰宇记》卷七十二："李冰穿二江于成都之中，皆可行舟，今谓之内江、外江是已。"《宋史·河渠志》。
南江	《元史·河渠志》。
汶江、温江	《括地志》。 《元和郡县志》卷三一"成都县"下说："大江，一名汶江，一名流江，经县南七里。蜀守李冰穿二江成都中，皆可行舟，溉田万顷。"
府河	雍正《四川通志》。《成都通览》。

第二节　二江衍生水系

一、石犀溪

《蜀王本纪》载："江水为害，蜀守李冰作石犀五枚，二枚在府中，一枚在市桥下，二枚在水中，以厌（压）水精，因曰石犀里。"

《华阳国志》载：李冰在成都"穿石犀溪于江南，命曰犀牛里。"也说成都有犀牛里。

《水经·江水注》载："成都西南石牛门曰市桥，……桥下谓之石犀，李冰昔作石犀五头，以厌水精，穿石犀渠于南江，命之曰犀牛里，后转犀牛二头，一头在府市市桥门；一头沈之于渊也。"

石犀溪所在的位置，《华阳国志》载在"江南"，即郫江之南。

石犀溪位于郫江之南，可能为勾通成都二江（郫江、检江）的人工河渠。

二、万岁池

万岁池，宋《太平寰宇记》载："在府北八里，昔张仪筑都城，于此取土，因成池。"《读史方舆纪要》卷六十七载："万岁池在府治北十里，张仪筑城，取土地于此，因以成池。"其地在今昭觉寺北白莲池，广数十顷，当狮子山侧黄土丘陵之阿，今其附近皆平田，即古万岁池。其地土质赤黄细黏，宜筑城。

张仪、张若修筑成都城时，在此地取土，因以为池。这是见于记载的、成都平原为数不多的李冰之前的水利工程。《华阳国志·蜀志》说："惠王二十七年，仪与若城成都，……其筑城取土，去城十里，因以养鱼，今万岁池是也。"此后至唐代千余年间，后人曾多次对其维修，然文献失载。

天宝年间（公元 742—756 年），益州长史章仇兼琼曾带人筑堤，疏挖过万岁池中淤泥，扩大蓄水容量，又在周围砌石为堤，确保其能灌溉附近三乡农田。

绍兴（公元 1131—1162 年）末年，四川制置使兼知成都府王刚中再次疏浚成都万岁池。《宋史》卷三十八《王刚中传》："成都万岁池广袤十里，溉三乡田，岁久淤淀，刚中集三乡夫共疏之，累土为防，上植榆柳，表以石柱，州人指曰：'王公之甘棠也。'"

三、始昌堰、升仙水、沙河

升仙水是沙河的前身。秦及西汉早期，还在成都北郊约十里处开凿、修筑了一座堰溪，名始昌堰。李膺《益州记》说："升仙水起自始昌堰，有两叉，中流即升仙水。"始昌堰、升仙水与后世沙河城北段有一定联系，或是其前身。始昌堰是蓄水灌溉的大型池塘，升仙水为该堰的人工渠。此渠开凿时间不晚于汉初。唐·卢求《成都记》："城北有升仙山，升仙水出焉。相传三月三日张伯子道成，得上帝诏，驾赤父于於菟[1]于此上升。"同治《成都县志·山川》说："升仙山在县北十里。"升仙山，一般认为即驷马桥北约二里的羊子山。民国时期，驷马桥古墓中出土有唐《韦津墓志铭》《崔协墓志铭》、南宋《喻三娘买地卷》，均说当地在当时为升仙乡。

升仙水上有桥，名升仙桥。司马相如曾两次离蜀赴京，第一次在景帝前元七年（公元前 150 年）以资为郎；第二次在武帝建元五年（公元前 136 年）被招为郎。《华阳国志·蜀志》说："城北十里有升仙桥，有送客观。司马相如初入长安，题市门曰：'不乘赤车驷马，不过汝下也。'""初入长安"，文意似当指第一次，可见升仙桥在西汉早期已存在。唐代李远《题桥赋》称其"昔蜀郡之司马相如，指长安兮将离所居。意气而登桥有感，沉吟而命笔爱书。……非乘驷马，誓不还于里闾。"升仙桥在宋代改称驷马桥。南宋京镗在《驷马桥记》中说，修建桥梁后，曾在桥上题有"驷马"匾。

成都城郊西北油子河，东南流经洞子口砖头堰，分一支为沙河。两支在双水碾之上合为沙河正流。沙河东南经跳蹬河、五桂桥、静居寺、漏罐堰，入府河。河道泥沙较多，淤积重，河床浅宽，洪水期易泛溢。宋陆游《十一月三日过升仙桥作》云："桥边沙

---

① 於菟，虎之别称。

水绿蒲老。"可见升仙水在宋代又叫"沙水"。从现有资料看，至迟在明代已有沙河之名，明成化十七年（公元1481年）刻的《多宝寺石幢记》中说："南至本寺左沙河。"

沙河绕成都城北郊，与清远江并行而东，南入外江（检江古称）。其流东经驷马桥，经上、中、下三洞桥，踏水桥，沙板桥，跳蹬桥，多宝寺桥（即五福桥），五桂桥，又南经净居寺附近之观音桥，在河心村流入府河，全长约22千米。

喻茂坚《重建观音桥碑记》："成都去城七里有沙河，近东景山之寝园，车马经游之路。……成化丙申，……河桥颓圮。……丁酉岁告成。楼上有楼，楼下有栏楯，咸集以木。桥畔有观音堂，因题其名曰观音桥。……迄今甲子历年九十，……见其残缺太甚。……欲易竹木，尽施砖石，……经始于甲子正月十二日，告成于乙丑十一月十五日。东西长二十丈，南北阔四丈，通砌以石，重合以灰。虽有大水，可保不灌。车马可任，往来者便焉。"（嘉庆《华阳县志·艺文》）此桥在明初成化间已经颓圮，建桥或在元代。以桥长二十丈揆之，则当年河流不小。沙河上流经驷马桥，与《宋史·雷有终传》"王均升仙之败，撤桥塞门"之说相符。

沙河之支流有三：一由新桥下分支斜向东南流，经赛云台，至北门外城隍庙入油子河。二由驷马桥上流附近分支，斜向南流，经迎恩楼、小桥子，沿簸箕街流入油子河。三由驷马桥分支斜向西南，经四方碑，至猛追湾，流入油子河。此三流皆由沙河分支别流，复入城北油子河者。刘桥河为沙河支流之一，经过驷马桥，斜向西南，转入油子河。其经过驷马桥与沙河升仙水同，其转折流入油子河则异。《蜀水经》："都江又东分支为羊子河，……

又东分支东南流为刘桥河，东经驷马桥，又东入沱江。"①《蜀水考分疏》："油子河……又东过成都县城北，转东，受刘桥河；又南，受金水河；又南，至安顺桥；下合流江，为府河。" 刘桥河既经驷马桥，又转入郫江。现在城北溪流由驷马桥沙河分支流经四方碑，于猛追湾入沰子河者，与记载相合，但此水地图无定名，或旧溪淹没，另引新堰。当年沙河与清远江成双流环绕城北之势，又由沙河西北分流，斜向东南之支流。界于沙河与清远江之间者有二支流：一为由三道龙门斜向迎恩楼之溪流，一为由赛云台斜向迎恩楼西之溪流。此二溪流，均在沙河与清远江之间并行，为羊马"城北门之西"之三层防线，或为羊马城西北引水为濠之遗迹。

沙河上曾发生过许多惨烈的战争。咸平三年（公元 1000 年），益州兵变，拥都虞侯王均为主，占据成都，建立"大蜀"政权，改元化顺。宋王朝派雷有终率军进剿。宋军与兵变之军在沙河上相持、交战半年有余，双方死伤甚大。《宋史·雷有终传》有"进壁升仙桥""贼由升仙桥分路来寇"等记载。

清康熙以来，作为"湖广填四川"大潮中的一支，沙河沿岸迁来了许多"客家"人，在此定居、劳作、繁衍、建设。

四、繁江、卫湖、清白江与赵家堰

繁江为郫江支流，出现甚早。《华阳国志》说文翁"穿湔江口灌溉繁田千七百顷"。

《元和郡县志》卷三十二："新繁县，本汉繁县地，属蜀郡，因繁江以为名也。周改为新繁，隋开皇三年省。武德三年，分广

---

① 指郫江，即油子河，非金堂之沱江。

都县地重置。"《蜀中广记》卷五十一："新繁县，秦曰繁，以界有繁江也，谓之繁田，蜀姜维徙凉州降胡于繁，迁其民于新县，故曰新繁。"

古代繁江相当一部分为人工开凿，也利用了较多的自然河床段。繁江经新繁，入新都，至金堂峡口入沱江，为沟通岷、沱两大水系的通道。古称"东别为沱"，亦称沱江，是当时新繁、新都等城市的重要水源工程，也是成都二江系统分洪减灾、保护成都不被水淹的一条极为重要的通道。综观这一地区的水利建设资料，该人工渠的开凿时间不会晚于汉代，可能与文翁"穿湔江口，溉灌郫、繁田千七百顷"，在这一带大兴水利的背景有关。汉、唐、宋成都高度繁荣，水灾较少，与这一泄洪通道关系密切。

蜀汉章武年间（公元221—223年），卫常为新都县令（一说为新繁县令），大兴水利，新开凿一大湖（其地在明代的学宫之后），引繁江之水入湖，又筑堤堰，民思其德，因名曰卫湖。卫湖之名，至宋代仍存。《蜀中广记》卷五说："《志》又曰：宋苏实，治平间为繁令，有异政，尝厌卫湖蛙鸣……"

历史上，清白江上游有两条水源，一为接纳上游洪水形成的自然排洪河道，一为繁江。宋之前，清白江又名繁江。北宋名臣赵抃路过此江，见江水清白异常，对左右说道："吾志如此江清白，虽万类混淆其中，不少浊也！"（《明一统志》卷六十七）此后便有了清白江之名。古代蜀人往往江、堰同用，区分不显，清白江又叫清白堰。元代仍叫清白堰。吉当普大修都江堰时，曾专门派人疏通清白堰。

金堂赵家堰为繁江下游的一支渠，始建于何时，目前已不可考。该渠灌溉田地甚多。但它位于内江水系尾端，春耕用水时水量严重不足，百姓争水甚烈，常闹纠纷。清时当地官吏将此反映到四川总督阿尔泰那里。阿尔泰对此甚为重视，亲临现场考察后，令该县于春初都江堰放水后，即在赵家堰以上各河口筑坝截水，引渠分灌池塘等。夏秋水大时，赵家堰又是成都二江水系的泄水尾闾，量大水猛。乾隆三十二年（公元1767年）夏、秋，江水暴涨，阿尔泰即命金堂县将赵家堰大坝拆卸，让上游洪水得以尽快泄注。他还亲赴该县查勘，"酌定蓄泄水则、疏筑章程"（清《高宗纯皇帝实录》卷七百六十三，页二十九）。可见繁江既担负当地农田灌溉，又要泄水排洪，难免出现两难局面。上游的新繁一带地处高位，则如清人所说"新繁之且溉且粪，长我禾黍者如故"。至于下游清白江，则有清代民谚说："干彭县，水什邡，饿死不去清白江。"每次大洪水时，清白江受损都较为严重。

五、九里堤、糜枣堰

九里堤是糜枣堰的前身，今仍名九里堤，历史上又名诸葛堤、刘公堤、侍郎堤等，地处成都市金牛区洞子口乡九里堤乡。原堤东起北较场，西至九里桥，全长十余千米，历史上号称九里长虹。

此地水利工程首起于三国蜀汉，最初目的主要是为漂运修建宫城所需木料等。天启《成都府志·山川》："九里堤府城西北隅，其地洼下，水势易超。诸葛亮筑堤九里捍之。"任乃强《华阳国志校补图注》卷三"龙坝池"条有《蜀丞相亮护堤令碑》，其碑文如下：

丞相诸葛令

按九里堤捍护都城，用防水患，今修筑浚，告尔居民，勿许侵占损坏，有犯，治以严法，令即遵行。章武三年九月十五日。

1980 年，四川省三台县文化馆杨重华先生在清理馆藏古代字画时发现一张蜀国"丞相诸葛令"碑拓片，内容与上述碑文相同。陈寿在《三国志·蜀书·后主传》中曾专门点评道："礼，国君继体，逾年改元。而章武之三年，则革称建兴，考之古义，体理为违。"历史上的章武三年根本没有九月，章武三年四月二十四日刘备病死于白帝城，五月刘禅即位即改元建兴。因此有学者认为该碑文及拓片内容为伪。但也有学者认为诸葛亮确实颁布护堤令，而此碑为清人仿制错误而已。

唐乾符三年（公元 876 年），高骈为防御南诏，大兴土木，在旧城外扩筑罗城。宋朝何涉《糜枣堰刘公祠堂记》："故时汶江跳波，刮午门南东注，治有子城而无郛郭。唐丞相高公骈之作牧也，惩蛮诏张吻，择腴而噬，且谓走集宜险，因度高城其外，周数十里，开包橐以容居民。筑堤障江，号糜枣堰，折湍势汇于新城北，以休养生聚，护此土不然。"（《宋代蜀文辑存》卷十一）这里把高骈修糜枣堰的原因、工程概略都做了交代，即为防御南诏、扩筑罗城，而糜枣堰是其配套工程之一。吕大防《合江亭记》："唐高骈斥其广秒，遂塞糜枣，故渎，始凿新渠，缭出府城之北，然犹合于旧渚。渚者，合江故亭，唐人宴饯之地，名士题诗往往在焉。"（《全蜀艺文志》卷三十九）

高骈筑城时，先迁内江（即检江、锦江）。徙江之因，一为让出西南内江所占地面，使罗城南面扩至外江，西面可以凿溪延展；二为内江环绕城垣北、东两面，再汇于外江，罗城便可以江为壕，环城而固。清远江绕城北、城东后，罗城北门为太玄门（北门），其外跨江大桥为清远桥，今呼北门大桥，大东门外亦有跨江桥，后来名濯锦桥，即今东门大桥。吴师孟《导水记》："自高燕公骈乾符中筑罗城，堰縻枣，分江水为二道，环城而东，虽余一脉如带，潜流于西北隅城下之铁窗，涓涓然，闰黩所及，不能并蒙于一府。岁久故道迷漫，遂绝。”（《全蜀艺文志》卷三十三）

北宋太祖乾德四年（公元966年）秋七月，洪水冲溃縻枣堰堤，“蹙西闉楼址以入，排故道，漫莽两壖，汹汹趋下垫，庐舍廛闬，浩乎若尾闾横决”（何涉《縻枣堰刘公祠堂记》）。

开宝元年（公元968年），刘熙古任成都知府，一上任便与当地百姓相约“去讫民害”，又“招置防河健卒，列营便地，伺坏隙辄补”（《全蜀艺文志》），大修縻枣堰堤。从这些记载看，刘熙古主要是在高骈工程的基础上，对其冲溃部分进行修补，当然也不排除重筑部分河堤。与此同时，还对縻枣堰进行了总体规划，在堤上大量植树造林。此后，“以故连绝水虞”，当地百姓“比屋蒙仁，多绘像而拜思之”（《全蜀艺文志》）。

庆历年间，文彦博任成都知府时（公元1044—1047年），“一日，尝从僚吏诣所谓縻枣堰者，左右临顾，推本利害，而曰：‘非中山公，成都其潴乎！昔者动劳何谓，后者解施谓何？将利近易知，害远难究哉？以吾为尹于兹，诚不可遗西人它日戒惧。’由是大营工揵，益庳附薄，为数十百年计。盘踞广袤，罔分坞属，汤汤洪波，演漾徐转”（《全蜀艺文志》），对此工程又进行了一番维修。另外，他还将堤上一座叫“龙堂”的旧庙宇改建为“刘公祠堂”。

从刘熙古开始，经200余年的建设，至南宋淳熙年间（公元1174—1189年），縻枣堰不仅成为成都的一项重要的水利工程，还成为成都西北一个重要的风景名胜区。淳熙三年（公元1176年），范成大镇蜀时，筑縻枣亭于堰下，并亲自题匾。此地水烟弥漫，古木修篁，左右环峙，柏阴森森，亘数十里，幽旷清远。次年四月，

范成大在亭子会客，命诸生杨甲为之作《记》。

至元元年（公元 1264 年），吉当普在大修都江堰的同时，对成都九里堤也进行了大规模修治。元明时期，堤上又建有诸葛庙，以纪念此地水利工程之始祖。

六、新源水

隋蜀王秀如修温江新源水。据《隋书·庶人秀传》，开皇初，蜀王秀镇益州，"诈称益州龙见，托言吉兆。重述木易之姓，更治成都之宫"。为解决木材漂运，特从温江开渠，以便漂木。《新唐书·地理志》成都府温江县条说："有新源水，开元二十三年，长史章仇兼琼因蜀王秀故渠开，通漕西山竹木。"重新开通了新源水，于是大批西山竹木经岷江漕运到成都，为成都城市建设提供了丰富的建筑材料，并转运外地。

七、官源渠与沙坎堰

玄宗天宝二年（公元 743 年），成都县令独孤戒盈在成都南百步修官源渠，"堤长百余里"（《新唐书》卷四十二《地理志六》），其详情已不得而知。

成都之南华阳县，本有沙坎古堰，不知始建于何时，上接成都二江之水，下溉三万七百九十亩田。后因岁月流逝，堰浸湮缺，江流亦迁去，田因以废，夷在草间。许多本在此地世代务农的人家也弃业而去，连外来打工的人家也留不住了，田主损失很大。以往官府每年在此地可征收各种税赋一千四百缗，也因古堰颓废而流失。

政和元年（公元 1111 年），铜山人赵纯佑担任华阳知县后，决心治理沙坎堰。他访遗迹，按故道，参校图录，订以耆旧，遂相地宜，在老堰故址上重新筑堤。堤高二十五尺，长四百四十尺，宽二十五尺。用木五百，揵竹二万，役夫万人。不足百日，堤堰筑就，大功告成。江水入堰，转而分流赴沟，支分脉别，油油宛宛，酾灌如同过去。农人见此，都争先恐后地到有关管理部门提出申请，或表示愿恢故业，或表示开垦新地。很快，三万七百九十亩田地重新得到灌溉，当地百姓有了生活保障，官府的赋税也得以征收。百姓自发在堰侧建庙宇，绘赵纯佑像，生而祀之，并请学者杨天惠为之作《华阳赵侯祠堂记》。

八、解玉溪

过去，二江流经成都城西、南两面，城东部无人工河道。唐玄宗于东郊建大慈寺，其地逐渐繁荣。该地人口增多后，用水和交通成为突出的问题。贞元元年（公元785年），韦皋任西川节度使。当时大慈寺经常接待上流人物，韦皋也经常到大慈寺游览和接待客人，察觉大慈寺及整个东郊的缺水问题后，决心予以解决。经过反复调研，终于决定自西北引内江水入城，凿解玉溪，经城中斜向东南至大慈寺前，于东郭附近仍入内江。因溪中之沙可以解玉，故以为名。为纪念此事，大慈寺专门将一殿改名玉溪院。张唐英《蜀梼杌》卷下：明德元年六月（孟知祥）幸大慈寺避暑……广政元年上巳游大慈寺，宴从官于玉溪院。"

九、金水河

唐代是成都城池又一个大发展时期，城池向东发展了大片面积。大慈寺一带原为郊区，建寺后日趋繁荣。韦皋开凿解玉溪，

目的便是解决这一新兴区域的交通和用水。经六十八年建设，这一区域更加繁华，工商业发展迅速，解玉溪河道拥挤不堪，早不能满足需要。大中七年（公元853年），白敏中任西川节度使，遂于城中开金水河。

金水河（俗称金河）上接郫江之水。宋人李新《后溪记》说金水河："自小桥入都市，有笃渊、建昌、安乐、龟化等八桥跨水。"（《全蜀艺文志》卷三十三）其中龟化桥（即今青石桥）的位置表明，金水河在郫江下段（即锦江双流城南一段）之北，与郫江平行，俱向东流。二十三年后，高骈筑罗城，使郫江改道后，解玉溪断源，金水河乃导新开西濠之水。此后环城二江与城内之金水河及解玉溪合称罗城四江。金水河下游注入解玉溪，两河勾通后，东西连贯，交通大变。金水河遂成为成都东西两面之新水道，又为城市中心用水极大地提供了方便。《大清一统志》："金水河在府城内，自城西入，由城东出。"

宋代多次对金水河进行维修。《宋史》卷三四四《王觌传》："绍圣初，王觌以宝文阁直学士、知成都府。蜀地膏腴，亩千金，无闲田以葬，觌索侵耕官地，表为墓。江水贯城中为渠，岁久湮塞，积苦霖潦而多水灾，觌疏治复故，民德之，号王公渠。"王觌对成都城区水道作了一番整治，在城西南设闸，截引上游水源入金水河，又引縻枣堰（时称曹波堰）水入后溪，遂成城市内南、北两大干渠，干渠两侧又分出四支渠，穿行城区街坊之间，俗称"二渠四脉"，最后在东门汇入府河。这套城区水系，当时统称为王公渠。

此后，席益、范成大也先后疏浚年久淤塞的金水河。天启《成都府志·关梁》说：金水河，蜀府南门前，……旧名禁河，王明曳、度大光、范成大相继修之。"此河在明代流经蜀王府前，故称禁河。明代相当长时期内此河可通舟楫。明嘉靖时，金水河已淤塞年久，仅存一线，巡抚谭纶乃加以疏浚。令其广三尺余，深尺许。成都知府刘侃作《记》，勒于碑石："嘉靖乙丑，侃来守是邦，阅金水河仅仅如线，盖大宗于江，径隍以入河。其后久湮而江阻，止托源于隍耳。又壅淤日增，居人利其岸以自拓，河之深若广才咫尺。雨潦无所归，蜀人患之。……穿江作渠而浚金水之埋。……渠成而江入隍。越二日辛亥，汰河之壅，广三尺有奇，其深三之一，而河成……为石堰一、闸一、桥一于其渠，坝一于其隍。"（同治《成都县志·艺文》）

明亡后，金水河复渐淤塞。清代四川的将军衙门便设在金水河边，这就对金水河的通航能力和河水质量等提出了要求。雍正元年（公元 1723 年），成都知府项诚下大力整治金水河，耗银一千四百两，耗时一月半。此后仅几年，金河再次淤塞。雍正九年（公元 1731 年），四川巡抚要求成都府组织力量，彻底疏淘金河。

据《开浚成都金水河事宜》记载："雍正九年二月十七日，成都府知府项诚，为凛遵宪谕，谆切详请开浚事，宜利民用，以广惠泽事，窃照成都金水河一道，向日原通舟楫，日久渐至淤塞。昨蒙抚宪面谕宜民立政之道，水利为先，……令卑府查勘、确议，卑府遵即率全厅县逐一亲勘此河。"（雍正《四川通志》卷十三上）成都知府项诚组织有关部门和全县民众，疏淘金水河。自磨底河起，经城中以达府河，共一千五百二十六丈，当时成都城"穿城九里三分"，即把城内的金河段全部进行了疏浚。河西边入水口、即满城入口处密布铁栅，通水不通船。河东口，小船可由东门进，

但只能到达满城东水关。两岸皆为商贾辐辏之地。东关货物行李，城外米、蔬、柴、炭，均可船运入城，在三桥集中交易，以利商便民。通过这次大规模整治，金水河的水质有了明显提高。

由唐至民国，金水河存续约1120年，基本流向一直未变。1984年修西干道时，于东御街西南口发现宽约8米之唐宋河床遗址，河床中密布木桩。又于祠堂街发现宽约6米之河床，此当为金水河旧河床。从这些河床宽度和位置看，近世之金水河河床变窄，并向南移10~50米不等，其流向仍与旧河床平行。至迟从明代开始，在金水河进城入口和出城口都安装可启闭的铁窗，白天打开，晚上关闭。

金河水位于市内，两岸人口稠密，毫无疑问是都江堰水系桥梁最密集的河流。历代桥梁多为官桥，有官名又有民间百姓的俗称，名称多变，难以稽考。从有关文献看，宋代八桥，至清雍正时合计不过十桥，到乾、嘉时，随着成都人口暴增，金水河上的桥也增至二十余座。从古籍所载以下桥梁可大体看出金水河流经的具体路线：清源桥—金花桥—节旅桥—斜板桥—龙凤桥—通顺桥—半边桥—三桥—锦江桥—卧龙桥—青石桥—太平桥—板板桥—景云桥——洞桥—余庆桥—金津桥—拱背桥（金水桥）—铁板桥—普贤桥—大安桥（下里桥）。

十、后溪与摩诃池

摩诃池本是隋代蜀王杨秀扩建城墙时的取土坑，后为蓄水池。高骈筑罗城，筑縻枣堰，北徙内江，分江水为二道，环城而东。内江迁徙后，还留下一条"如带"小溪，潜流至城西北隅，水势涓涓然，难以满足城北、城东地区的需要。本来从白敏中凿金水河后，成都就建立了对二江支流溪脉的疏淘制度，但因种种原因未严格遵行。时间一长，故道迷漫，这条小溪也阻塞断绝了。城北、城东地带"气象枯燥，而草木亦少滋泽"。南诏围攻成都时，城中乏水，又值天旱，摩诃池水亦枯，居民取池中泥汁澄而饮。后于城内广开小渠，从金水河引水。但成都地势西北高、东南低，能引过去的水源很有限。城北一带时有火灾，因无水，故难以扑灭。当地百姓虽以瓮贮水为备，又由于器小贮水有限，并常被打烂，事到临头，派不上用场。夏季闷热，无溪少水，气流不畅，易生疾病。李新《后溪记》说："其后沟洫湮塞，圃亡灌溉，人多疵疠，天灾流行，万井皆涸，不舒不泄，物无精华。"

五代前蜀乾德三年（公元 921 年），官府曾在郫河进城区处修堰，利用后溪引水进城，经皇城中的御沟东流，再进入解玉溪。前蜀王衍时还引此水入宫苑中的摩诃池（后改称龙跃池），形成人工湖泊，并与解玉渠连通。此时改建为皇家园林，可由池到河，泛舟入市内水道系统。

宋代曾多次对后溪进行维修，但宋代吴师孟《导水记》和宋代李新《后溪记》（《宋史·艺文志七》有《李新集》四十卷）的有关记载却有一定出入，综观二文，可整理出大致线索。

北宋神宗时期，吕大防于元丰、元祐间任成都知府，曾对后溪进行过治理，然文献失载，详情不知。

元祐年间，蔡京先后两次担任成都知府，第二次担任成都知府时在元祐七年（公元 1092 年）四月至绍圣元年（公元 1094 年）四月。他两任成都知府（即《导水记》中的"今户部尚书蔡公"、《后

溪记》中的太师鲁公）时，很重视对后溪的治理。当时，后溪已经堵塞干涸，他命负责治水的僚属循迹寻找水源，找到会仁、濯锦二乡，利用其多余之水，从曹公堰导小渠，有的地方还承以木樽，接水进城。小溪环武库至西楼，最初只解决了知府府第（约在今城西北正府街）的流水。蔡京见此，说："城皆吾家，民皆吾子，一草一木，皆国中之利，而清流不及，何示不广！"又命从阅武堂（地址无可考）后开凿水溪，支分派流，流入民间及各有关衙门。这才解决了城中生活、灌园、防火等用水。

蔡京走后，王觌于绍圣（公元1094—1098年）初年，以宝文阁直学士知成都府，当时"江水贯城中为渠，岁久湮塞，积苦霖潦而多水灾"（《宋史》）。他终访得一个叫宝月大师的老僧，宝月大师说：以往水自西北隅入城，累甓为渠，废址尚在，若迹其原，可得故道。王觌于是令成都县令李偲去寻找，果然在西门城门铁窗处找到石渠故基，又循渠而上十里，来到曹波堰。在这里接上游溉余之弃水，将其引至大石桥，承以水樽而导之（水樽即中原之澄槽）。于是二水既酾，股引而东，派别为四大沟，脉散于居民夹街之渠，而辐辏于米市桥之淜。最后汇于东门，入于江。众渠皆顺流而驶，有建瓴之势。整个工程，为澄槽二、木闸三、绝街之渠二、水井百有余所，而民自为者，随意增减，不在统计之内。王觌疏治复故，民德之，号"王公渠"。

大观二年（公元1108年），知府席旦（《淘渠记》作者席益的先辈）为彻底整治城区水道，命人专门绘制了成都城区水道图，以此为基础，对成都城区水道作了较为系统的整治。后溪经此次治理后，又运行了十多年，再次堵塞。关于当时的情景，《导水记》是这样描写的："其五门之南江及锦江，二水之名最著，而渠稍广，且污潴填阏，或㳽或潐，则编户夹街之小渠可知矣。间有郁攸灾，以无水故艰于扑灭，向虽以瓮贮水为备，然器小而善坏，非应猝救焚之具，故水不足厎。当平居无事时，遑恤气象湮塞之生疾，而火灾之为害欤。"（《全蜀艺文志》）

王复于宣和五年至七年（公元1123—1125年）担任成都知府（即《后溪记》中的"今龙学王公"），上任后的第一件大事即治理后溪。他治溪不作新奇，完全是按照当年蔡京时的故溪疏淘而治，数月而成。

其后，孝宗淳熙间（公元1174—1189年），范成大知成都府并任四川制置使时，先后疏浚年久淤塞的后溪（天启《成都府志·津梁》）。

宋末元初，政局动荡，后溪逐渐淤塞，此后不再见于历史记载，当是元代毁城致溪道渐湮。

十一、龙爪堰与浣花溪

龙爪堰开凿的时代不晚于汉代。龙爪堰上接清水河，在浣花溪上游的侯家湾分支东南流，经田家桥、元通桥、大石桥、高板桥，于三瓦窑流入府河。此为绕抱城南最大之溪流。民国《华阳县志·山川》："清水河……由苏坡桥曲折而东，……又东入县境复右分为龙爪堰，长约三十里。"龙爪堰堤坝，为明嘉靖（公元1522—1566年）中筑。嘉庆《华阳县志》载："《龙爪堰碑记》，治西南五里龙爪堰，江西按察副使范时儆撰，未详何人书，嘉靖四十五年立，文多漫漶，数十字可辨。"此碑今残缺更甚，其堰甃石坚牢。耆旧相传四周悉用铁锭联贯。

浣花溪是龙爪堰下的一条支流，始开凿时代不详，不晚于汉代。

杜甫《溪涨》诗："当时浣花桥，溪水才尺馀。"可见最迟迄唐代，此溪已改名为浣花溪。

明代著名学者钟惺有《浣花溪记》，详记明代万历辛亥（公元1611年）浣花溪事：

> 出成都南门，左为万里桥。西折纤秀长曲，所见如连环、如玦、如带、如规、如钩，色如鉴、如琅玕、如绿沉瓜，窈然深碧，潆回城下者，皆浣花溪委也。然必至草堂，而后浣花有专名，则以少陵浣花居在焉耳。行三四里为青羊宫，溪时远时近。竹柏苍然，隔岸阴森者尽溪，平望如荠。水木清华，神肤洞达。自宫以西，流汇而桥者三，相距各不半里。舁夫云"通灌县"，或所云"江从灌口来"是也。人家住溪左，则溪蔽不时见，稍断则复见溪。如是者数处，缚柴编竹，颇有次第。桥尽，一亭树道左，署曰"缘江路"。过此则武侯祠。祠前跨溪为板桥一，覆以水槛，乃睹"浣花溪"题榜。过桥，一小洲横斜插水间如梭，溪周之，非桥不通。置亭其上，题曰"百花潭水"。由此亭还，度桥过梵安寺，始为杜工部祠……。（天启刊本《隐秀轩集》）

《明史·刘之勃列传附刘镇藩列传》载：崇祯十七年（公元1644年），张献忠攻破成都时，总兵官刘镇藩"突围出，赴浣花溪死之"。

十二、御河

御河，历史上又名王府河。明洪武二十三年（公元1390年），朱元璋的十一子蜀献王朱椿到达成都，即筑蜀王府，在王府"城下蓄水为濠"，凿御河，环绕王府。

清初成都全毁，蜀王府成为废墟，御河亦年久湮塞。雍正九年（公元1731年），四川巡抚宪德又于三桥西北重浚御河，环贡院（建于旧蜀王内城）外，并疏通了已经堵塞的与金水河相联结的沟溪（同治《成都县志·舆地志·山川》金水河条）。

清人彭遵泗撰《蜀碧》及康熙《成都府志·名宦》均言："方尧相官成都同知，见时势已危，而兵饷不足，泣请于蜀王朱至澍，不允，投王府河未遂。"此王府河即御河。

清代于蜀府废墟建贡院，院之四周建城墙，复增凿一段濠使御河与金水河相通，仍名御河。于是城内又增加一条与金水河相通之水系。《雍正金水河图》载御河为新开河者，当是指新开沟通两河之一段新濠。后之志误谓环绕贡院之河皆为新开。又明御河既环绕王城，河岸称为御河沿，今天仍存东西御河沿街之名。《雍正金水河图》又称御河沟通金河之一段为御河沿。

御河之南，即贡院之前，有宝莲桥，左右有龙眼桥二。天启《成都府志·津梁》："宝莲桥，蜀府遵义门外。"（康熙《成都府志》同）同治《成都县志·津梁》："龙眼桥，贡院左右各一。"此桥早废。嘉庆《四川通志》并谓："龙眼桥北，有后子门桥。东有同善桥，履安桥。"同治《成都县志·津梁》："同善桥，东御河南；履安桥，东御河北。"（同善桥亦名红桥，见《光三十图》，即旧东华门通道所经之处）此外，西御河方面尚有平安桥、义成桥。同治《成都县志·津梁》："平安桥，西御河北，义成桥，西御河南。"（义成桥，即旧西华门通道所经之处）御河入水及出口处均为暗渠。其两端与金河相通，一在西御街中，一在东御街中，跨于其上之三桥，俱名青龙桥。同治《成都县志·津梁》："青龙桥三处：

一在治南青龙街，一在西御街中，一在东御街中。"

1970年，御河被改建为防空洞。

十三、磨底河与螃蟹堰

走马河经郫县两河口一分为二，南为清水河，北为磨底河。同治《成都县志·山川》："磨底河自郫县两河口分流，至莲花池入县界，左分一支为金水河，经青羊宫侧，与清水河合。"磨底河由东南流经化成桥，受笕槽河南支水，转罗家碾、百寿桥，至青羊宫西侧送仙桥，汇入锦江（即清水河）。同治《成都县志·津梁》："化成桥，县西八里，石桥。咸丰六年重修，跨磨底河。""送仙桥，县西南七里，石桥，跨磨底河，下流合清水河。"在化成桥下又分一支经将甲碾，穿过西濠入城，为金水河源。

西来支流于成都西北汇入油子河者，南为瓦官河，北为螃蟹堰。螃蟹堰由崇宁、郫县之柏条河（北条河）分支南来，经踏水桥、洞子口等处汇入油子河。同治《成都县志·堤堰》："筑断堤，县西三十五里，旧名猪圈堰，一名半边堰，自螃蟹堰分流，南行经漏洞子与油子河合，春闭秋开，立有定规。螃蟹堰水旧与府河不通。康熙四十八年（公元1709年），新设八旗驻防，修造公廨，屋宇。各州县奉文采办木石，西道水路不通。川督年羹尧相度地势，新开此堰，引水入府河，船筏得以通运。岸西属郫县，岸东属成都。螃蟹堰至新桥下汇入油子河，其地又叫新府河口。"

十四、古佛堰

古佛堰始建于清乾隆二十五年（公元1760年）。当时的彭山县令张凤翥见锦江水势高，水资源又十分充足，便欲筑堰引水灌华阳、仁寿、彭山田，获得百姓的支持。他即会同华阳、仁寿二县，率人踏勘准备，于乾隆二十八年（公元 1763 年）十月在古佛洞开工，次年二月完成。最初因水低堰高，引水不畅，又改在其上游二里许再开引水溪，这才成功。古佛堰起于罗家林堰口，迄彭山江口，全长八十余里。此堰曾被当地百姓称作"小都江堰"，清代、民国时期以卵石竹篓筑是截流，引水入堰。最初，古佛堰可灌溉一万四百亩田地，到民国二十八年（1939 年），因工程失修，灌溉面积缩减为四千余亩。

十五、其他

成都二江所衍生水系众多，还有散见在各类典籍中的其他河流湖泊，因史料不详，简录见表 6-3。

表 6-3　　　　成都二江水系明代以前其他水利工程资料简表

名称	时代	修筑者	上下游及所在位置等	备考
龙堤池			成都城北	《水经·江水注》：成都城北又有龙堤池。
千秋池			成都城东	《水经·江水注》：成都城东有千秋池。
柳池			成都城西	《水经·江水注》：成都城西有柳池。
天井池			成都西北	《水经·江水注》：成都西北有天井池。
罗城堰	乾符年间（公元874—879 年）	高骈	在成都附近	
曹公堰	唐宋		成都西北	李新《后溪记》："自曹公堰导小渠。"

第七章　外江渠系及灌区

岷江古名甚多，都是历史的见证和积累。秦汉时期又名沫水，如《史记·河渠书》："于蜀，蜀守冰凿离碓，辟沫水之害，穿二江成都之中。"西汉晚期至东汉早期又名都江，扬雄《蜀都赋》说成都"北则有岷山……都江漂其泾"，《后汉书·冯岑贾列传》说建武十二年岑彭到江州（今重庆）后"溯都江而上"。汉末三国又叫汶水、渎水，如《三国志·蜀书·后主传》说建兴十四年（公元236年）夏四月后主至湔，"看汶水之流"。两晋南北朝至元明时期名江水，或称大江，或简称江，如《水经·江水注》说的便是岷江。《元史·河渠志·蜀堰》说："江水出蜀西南徼外，东至于岷山，而禹导之。"唐五代时期已有岷江之称，如杜光庭《录异记》说："岷江涨，将坏京口。"唐、宋时期又叫大皂江，五代杜光庭在《治水记》中说：杨磨"于大皂江侧决水壅田"，宋人李新《后溪记》："大皂之水……西北注成都，离为内、外二江。"《宋史·河渠志》："今阳山江、大皂江皆为沫水，入于西川。"

岷江自白沙河汇合口以下，河谷突然开展，在鱼嘴位置分为内、外江，外江即为岷江正流，元代又叫南江。《元史·河渠志》说："南江自利民台有支流（指羊摩江），东南出万工堰，又东为骆驼（指沙沟河），又东为碓口（指黑石河），绕青城而东。"历史上，羊马河尚存的时候，外江在羊马河口以上者为正南江，在羊马河以下者为金马河。外江流域则逐渐演变形成沙沟河、黑石河灌区，而通济堰属于外江的补水灌区。

历史上，外江在索桥下约三里分出支流沙沟河。沙沟河南流经中兴场、万家堰下右分一支流，名泊江河，正流从天生堰下，入崇庆县，再南流至观音堰下，与崇庆西河汇合。泊江河南流经青龙场、安龙场，入崇夫县，至元通场，汇入崇庆西河，东南流至观音堰下，与沙沟河正流合流，经彭山以达江口。此河干支各流，在清代时引水渠堰约三十七处，灌溉灌县、崇庆、大邑、新津四县田亩。

外江至索桥下约五六里，右岸分出黑石河。黑石河南流至布袋口，左分一支为穆家河，其下游与羊马河合流。黑石河正流经大兴场，在八角场下右分一支流，叫龙安河。黑石河正流至黄鹤堰下，入崇庆县，南流经廖场、中兴场、万寿场，至三江镇与羊马河合流，再南流经永兴场、新场，到新津县城外，与外江诸水汇合，经彭山以达江口。其支流龙安河，南流经灌县、柳街子下，入崇庆县，再南流经石观音、大划石，再南流十余里入大邑境，与沙沟河合流，至新津、彭山，以达江口。此河各干支流在清代时沿途引水渠堰约三十处，灌溉灌县、崇庆、大邑、新津四县土地。

外江于索桥下十余里，左岸分出一支流新开河，又名江安河。新开河经灌县土桥场后，入温江县，经悦来场、吴家场、夏家场，复经温江县城东北，过邹家场后，南流入双流县，经马家寺、金花桥，复南流入华阳县，经谢家渡、胡家滩后，东南流至中兴场下，与府河合流，直达江口。清代沿途引水渠堰约三十一处，灌溉灌县、郫县、温江、双流、华阳五县田亩。

外江流至灌县土桥场下，右岸分出支流羊马河。羊马河南流

约二十里，与黑石河下游所分之支流穆家河合流，南流经八角场，廖家渡下，入崇庆县。羊马河于此右分一小支，叫青阳河。羊马河南流经新场、羊马场、夏家渡、青阳灌，再南流至三江镇。黑石河正流，自西来相汇。羊马河又南流入新津县永兴场、新场，再南流至新津县城东北，与外江诸水合流，至彭山以达江口。此河干、支溪在清代沿途引水渠堰约二十处，灌溉灌县、崇庆、新津三县田亩。

外江正流金马河东南流至温江河坝场上，左分一支叫杨柳河。杨柳河流至刘板桥下，右分一小支名金马沟。杨柳河正流，经舒家渡，绕温江县城西南而过，复东南流至柏子树场，入双流县，复南流经彭家场、黄水河、花园场，入新津县，经文兴场，再南流经毛家渡，与外江诸水合流，至彭山县青龙场，再东北流至江口，与府河合。

外江金马河正流入温江，经新场、穿心店、合江店下，左分一支名大朗河。大朗河于刘家濠下入双流，经擦耳岩，南流经新津永兴场（崇庆、双流、新津三县界），复南流经新场，至新津县北与羊马、黑石、沙沟诸水合流，至彭山青龙场以达江口。

第一节 李冰"导文井江"

文井江，又名文锦江，发源于崇庆县苟家山区的崇山峻岭之中，经崇庆、大邑、新津，汇入岷江，全长109千米（崇庆境内长96.8千米）。流域面积包括今崇州、都江堰、大邑、新津4县（市），共1295.7平方千米。该水系主要由文井江、干五里、味江、沙沟河、泊江河、向阳河、白马河、黑石河、羊马河等组成，文井江为干流，历史上润育着崇庆、灌县、大邑、邛崃、新津这一区域的大片农田（其中仅崇庆县便有 50 余万亩）。此河在历史上名文井江。文井江的得名，见诸记载的有二说：一说是"其水每错综散流，形如井字，故以为名"（清光绪《崇庆州志》），一说是"文作汶，江中有井，井溢土乱"（《益州记》）。

文井江自元通以下流经崇庆县城之西，故名西河。西河属岷江水系一支流，其发源地主要为崇庆、大邑、汶川三县接壤的分水岭。主要有三源：一是泊江河，发源于今都江堰市西部山区；二是味江河，发源于今都江堰市青城山脉西部山区；三是文井江（上游又称两岔河，鞍子河），发源于今崇州市西部山区。三源在崇州市元通汇合。西河又接纳岷江支流沙沟河，经大邑（秦时大部属临邛县管辖）、新津（秦时大部属武阳县管辖）后，又接受布濮水。《华阳国志·蜀志》说"临邛……有布仆水，从布仆来合文井江"。布仆水发源于今邛崃西南高何乡的西山。西河在新津县城东边汇入岷江。

最先对文井江进行大规模治理的，正是都江堰的创建者李冰。

《华阳国志·蜀志》："冰又通茳道文井江，径临邛，与蒙溪分水、白木江会，武阳天社山下合江。"

《水经·江水注》："江水又与文井江会。李冰所导也，自莋道与蒙溪分水，至蜀郡临邛县与布仆水合。水出徼外成都西沈黎郡。……水从县西布仆来，分为二流，一水经其道，又东经临邛县，入文井水。文井水又东经江原县，县滨文井江。江上有常氏堤，跨四十里[①]，有朱亭，亭南有青城山，山上有嘉谷，山下有蹲鸱，

---

① 一本作"江上有长堤，堤跨四十里"。

即芋也。所谓下有蹲鸱，至老不饥，卓氏之所以乐远徙也。文井江又东至武阳县天社山下，入江。"

第二节　李冰"穿羊摩江"

李冰在修建都江堰时，在岷江西边右岸、都江堰渠首处开凿了一条人工河流羊摩江，引岷江水灌溉岷江右岸广大地区，并直通入文井江；同时在洪水期也可分减岷江水势。羊摩江即为现在外江灌区的前身。

《华阳国志·蜀志》载：李冰"乃自湔堰上分穿羊摩江，灌江西。于玉女房下白沙邮，作三石人立三水中，与江神要：水竭不至足，盛不没肩"。

《水经·江水注》载李冰"又穿羊摩江，灌江西"。

五代杜光庭《治水记》载："杨磨有神术，于大皂江侧决水壅田，与龙为誓。意者磨辅李守，江得是名，嘉厥绩也。"

为了灌溉岷江以西的农田，李冰在都江堰渠首之内、岷江西崖开凿了羊摩江。《华阳国志》说了李冰建湔堰，分内、外江后，又说李冰穿羊摩江，此后才说李冰在玉女房下白沙邮附近江边做三个石人水则，分别立在三条江中。内、外两江分水后各立一个，另一石人立在哪里？从有关资料看，当是立在岷江分水后、外江又再次分出的羊摩江口。这个位置很可能位于东汉李冰石像出土的西边，现小鱼嘴、古沙沟河的入水口。沙沟河即秦、汉时的羊摩江。

羊摩江在古代有两条较大的分支：一为骆驼河（今沙沟河），一为碓石河（今黑石河）。《元史·河渠志》说："南江（此指岷江）

自利民台有支流（指羊摩江），东南出万工堰，又东为骆驼（指沙沟河），又东为碓石〔指黑石河），绕青城而东。"这两支渠的部分河床段利用了自然河流。骆驼河的进水口在历史上曾屡有变迁，有时甚至直接从岷江分水，但总的来看，仍是羊摩江分支。骆驼河在灌县境与羊摩汇分流后，又有两条支流：一为旋河，一为泊江河，正流在崇庆境汇入西河，全长 35 千米。碓石河从羊摩江分水后，有支流清水河、穆江河、龙安河，正流在崇庆三江镇又汇入羊摩江，全长 65 千米。泊江河（古名左江河，又名白江河，新中国成立后改"白"为"泊"）自二江桥分水后，沿青城、大乐、安龙乡境南流，其间有九龙庵、建福宫、响水洞等青城山东麓诸山溪注入。南流经上元乡，到元通镇上场入西河。全长 18.45 千米（今泊江河从漏沙堰分水闸与黑石河分水起，至元通镇汇入西河止，全长 31.72 千米）。羊摩江同其支流，主要灌溉今都江堰市河西、崇州市、大邑县等地，干流和支流至少有三处汇入古文井江。

李冰开凿羊摩江，解决了岷江右岸的农业用水，沟通了这一地区的水运交通，还起到了为岷江水势分洪减灾的作用，对开发成都平原岷江右岸地区、拱卫成都和建设川西平原经济区都起了极为重要的作用。

第三节　秦朝以后外江灌区的发展

文井江边曾修建过一个大堤，用以保护江岸。《华阳国志·蜀志说》："文井江，上有常堤三十里。"《水经·江水注》文井江："江上有常氏堤，跨四十里"（一本作'江上有长堤，堤跨四十里'）。文井江堤长达三十里或四十里，应是一个较大的以防洪

为主的水利工程。

崇州市，曾名崇庆县，古称"蜀州"，下辖晋原、江源、永康、新津四县。开元二十三年至天宝五年（公元 735—746 年），章仇兼琼任益州长史、剑南节度使兼四川采访制置使时，在蜀州修建"硬堰"。北宋范镇《东斋记事》卷四说："蜀州江有硬堰，汉州江有软堰，皆唐章仇公兼琼所作也。鲜于惟几，蜀州人，为汉州军事判官，更为硬堰。一夕，水暴至，荡然无孑遗者。盖蜀州江来远，水势缓，故为硬堰。硬堰者，皆巨木大石。汉州江来近，水声湍悍，猛暴难制，故为软堰。软堰者，以粗茭细石。各有所宜也。自惟几改制，甫毕工而坏。前人之作，岂可轻变之哉！惟几名享多学，能棋又善医，其为人自强，人谓之'鲜于第一'。"（《东斋记事》卷四，中华书局，1980 年 9 月）

北宋治平年间（公元 1064—1067 年）、熙宁年间（公元 1068—1077 年），蜀州江原（唐代称"唐安县"，今崇州市东南三十里江源镇）的三江汇合处，常泛水灾。洪水横山散漫，高的淹过丘垄，低的冲漂田庐，在家者被淹，行路者泥泞，江水故道四处漏水，河床干涸，灌溉之田地锐减。这类灾情一直持续了八九年。熙宁七年（公元 1074 年），黎希声任蜀州知州，有心想大兴水利，但见当地百姓久历灾害，甚为困难，于心不忍。正好当时有大量饥民逃难在蜀州，便从难民中挑选了壮者三千人，以工代赈，组织他们对三江口进行大修。当时，新津老人陈汝玉对蜀州水利甚为熟悉，主动找到黎希声献计献策。黎希声按他的建议，依三江不同水脉及水势等，用大量的竹笼"布为巨楗"，根据需要，分水入流，"制导异派"，基本治理好了三江口。大修后，"凡灌田三万九千亩"，五千多家农民享受到了灌溉之利。（吕陶《净

德集》卷十四，魏了翁《蜀州新堰记》）

北宋末年徽宗时期，张唐英在崇庆府时，也捐金筑堰，灌田数千顷。（民国《崇庆县志》）

元代吉当普大修都江堰时，在金马口西开凿二渠，合金马渠，东南入新津，并结合当时人口较少的实际情况，"罢蓝淀、黄水、千金、白水、新兴至三利十二堰"，让这些官堰由征发劳力修建变为民堰自修。

顺治十六年（公元1659年），四川巡抚高明瞻在捐款整修都江堰渠首的同时，命有关官员修建郫县、华阳、双流三县支溪，又令用水各县派夫协同温江修理渠道，疏通朱家堰进水口至天王寺水槽，"遂尔民命稍得生焉"。次年，佟凤彩（1622—1677）以都察院左副都御史任四川巡抚。他在任期间，除亲自挂帅整修都江堰渠首外，还十分重视下游各渠系水道情况，令用水州、县照粮派夫，每岁淘凿，又督促各县保证各水道的畅通。这一时期，文井江流域也得到了一定治理。

清乾隆六年（公元1741年），四川巡抚硕色上奏朝廷，将沙沟河、黑石河的岁修费用归入都江等堰，一并估支公项，永免派捐。

乾隆十九年（公元1754年），王天顺、艾文星、刘玉相、张全信在王来通的鼓励下，得到有关官员的支持，正式书面向郡守、县令呈文，愿各捐数百金开堰。他四人即与王来通等相度地势，规划筹备，在经过充分准备后，于乾隆二十三年（公元1758年）动工，在横山寺凿岩，越三年，石工乃毕。该堰在沙沟河取水，其后并山而南达石崩江（又名石定江），置闸引水，分为三段，堰务终成，名曰长流。后来又经实地勘察，认为可至太平场长生宫，又增凿一段，更名同流，而以长同合名之。垦田复增二千余亩。

此役迄于乾隆二十九年（公元 1764 年）。灌区共分四区，共灌溉田地不下一万余亩，每区附堰田六百亩，为以后岁修之费。嘉庆十五年（公元 1810 年），在堰口竖立开堰碑，载开堰始末。道光初年，同治二年（公元 1863 年），上述开堰者后人曾多次捐金大修。

清代康、乾、嘉时期，白马庙洪水别流与河床改道，是这一时期值得一书的事件。西河在白马庙分一支为白马河。而光绪《崇庆州志》的《州治全图》中却标明白马河在沙沟河分水。民国《崇庆县志》则明确记载："白马水自大罗寺上，乌尤寺旁，首受沙沟，下迳白马场，昔时，白马自此受文井江水。"这是因为西河洪水于白马场上干桥楼处，曾泛于白马河，形成"西白合流"，此地现尚有分水道河堤痕迹。道光十五年至二十五年（公元 1835—1845 年），兴修西江桥（亦名川西第一桥），建桥工程施工中，上游截流改变了水流方向，导致河床改道，主流从官堰起，沿左岸经萧家磨至县城金带街口而下，河道长达七里，河床最宽处达二里多。由于上游河床改道，主壕横流，加剧下游河床游荡无定，忽东忽西。尤其是千工堰至牛皮场段，左岸从金带街起，经杨祠堂、王爷庙、无根庙、黄墙扁，至高家渡（古称天涯渡）与正流汇，长约十三里；右岸从干工堰起，经李板桥、苟庙子、五龙寺，至牛皮场与正流汇，长约十里。此段河道中段最宽处达三里左右，两壕中间形成西河又一处较大的河心洲坝，将南河村孤立于两壕之间。

嘉庆元年（公元 1796 年），新津知县捐廉移修城西四十里的羊头堰，"右引文井江水，分四堰，灌溉汇城寺下田五千三百余亩。"当地绅民为感谢县令功德，称其为湛恩堰。

同治五年（公元 1866 年）、六年（公元 1867 年）夏季，岷江突发大洪水，冲毁都江堰渠首外江堤崖，洪涛汹涌而下，淹没外江沙沟河、黑石河、兰马河良田四万余亩，冲毁民宅无数。当时官府汛后即实施治理，筹办外江河工凡十一处，于同治七年（公元1868年）春次第完竣，共费银七千余两。

同治六年（公元1867年），灌县知县钱璋筑黑石河堤。当时岷江冲决南江口，黑石河被淹农田二万余亩。钱璋亲勘水道，督促工役，在灌县城西绳桥下西岸筑堤，堤长一百四十余丈，高九尺，宽一丈二尺；又添筑护堤数百丈，堤外植柳数百株。又劝崇庆州在与灌县交界处汤家湾筑堤一百余丈"以畅其流"。工程始于同治六年（公元1867年）冬，次年春竣工。此堤又称"钱公堤"。

同治七年（公元1868年）五月初，又抢挖新河二百余丈，用银二百四十余两。这年秋，山雨连绵，江水泛涨，各溪多有淤塞漂刷，内江走马河水至农坛下游处被冲决一百余丈，洪水滚入新开河，坏田一千余亩。

同治五年至七年（公元1866—1868年）的三年间，沙沟河、黑石河、走马河流域的百姓，"数年之间，叠遭荡析，一岁之内，屡事修淘，两河赤子，元气未复，疮痍倍增，恐财力有所不支，而旱涝必病交至"。（民国《灌县志》）

光绪三十年（公元1904年）夏，外江盛涨，黑石、羊马两河均被水患，崇、灌等处堰堤多被冲决。崇庆州知州申辚、灌县知县喇世俊会同水利同知庄裕筼亲到现场查验，决定属崇庆境内的黑石河的深溪坎、九角笼、陈家林、蒋家埝等工程由崇庆方面抢修，属灌县境内的羊马河上游的八角场等工程由灌县抢修。两地工程共需银二千五百两，由省府调拨一千二百两、崇庆筹银七百两、灌县筹银六百两。当时都江堰渠首工程通常由水利同知直接负责，

而外江各渠系工程仍由地方政府负责。

清末民初，社会动乱不定，文井江严重失修。鹞子岩以下一段河床逐年淤积加高，水流变化不定，河中沙洲达十里之遥，将河床分为二道。其左流旧为西河正流，因岸势凸出，流向右挑，左岸淤塞，至民国二十六年时，已经干涸；加以右流朱崇堰等，每年春季注意淘深引水，逐渐形成左高右低之势，相差一丈有余，致全河水量悉归右流。此段河床，同治八年（公元1869年）仅宽二十四丈，至民国三十八年（1949年）已冲宽达七十余丈。新冲刷河床完全取代了老西河的河床。

民国年间，文井江流域的一大水利工程便是修建刘公堰。文井江流至通议乡长寿寺，分出支流味江。味江自怀远镇北流至二江桥南，有支流朱崇河（西河鹞子崖至味江河口段称朱崇河），南入于大邑、新津。过去，朱崇河较大的渠堰有白石、将军、泉水、黄泥、菜花、深溪、茅草，而朱崇为其干渠。朱崇河新河道形成后，初沿怀远镇北紧靠场背后，顺白石堰至洄澜塔。1933年洪水泛滥，此段河床主流又稍向北移，从红土地，经方家碾、佛祖寺至洄澜塔，且河床更加冲宽冲深，而老西河则严重淤塞。每年岁修时作堤闸，断西河之水，使其流入朱崇，可灌溉大邑、新津大片田地。朱崇河再入桤木河。桤木河承担的灌溉面积较大，常感水源不足。特别到了清末民初，堤堰失修，"近者荒乱，斩伐童然，谷枯湎淤，时断时续，种艺弗收，妇子嗟叹"。（《清寂堂集》）

民国三年（1914年），大邑县人士提出从味江河开横渠通朱崇河以恢复过去灌溉面积的治水方案，士绅刘化堂出面多方奔走，并将此方案报到省政府，希望能获得支持。省府转交新津、大邑、崇庆三县知事共同协商，结果"无识者多方挠之，事讫不就"，被搁了下来。"其后亢旱无宁岁"，每年干旱，连续十七年。

民国二十年（1931年），在刘化堂之子、四川省主席、国民革命军第二十四军军长刘文辉的支持下，"令县长郭临江集上下居民，重为开说利害"，刘文辉还派军部经理处长大邑李光普"尽力其间"，直接参与其事。由于有刘文辉这个大后台，工程顺利开工。遂在崇庆县元通镇西河龙家沱以上截引文井江、味江、干五里河水源，横开引渠，经公议场汇入朱崇河，以补桤木河水源之不足。

新修渠一千零三十丈，渠宽两丈，新修桥枧二十七座；一些地方筑堤笼石，用以遏水护岸，共百余丈。工程穿渠积土，占民地一百零八亩，赔偿了部分地价及禾苗费等一万多元，这些费用主要由泉水、黄泥、菜花、黄桶四支渠的百姓承担。整个工程共投工二十余万工日，费时三个月，最终完成。工程完成后，"所溉之田，岁增谷数十万石"，确实是为当地百姓做了一件大好事。为纪念刘化堂父子对此堰的贡献，此堰命名为"刘公堰"；另有人在崇庆县公园竖立"四川省主席刘公自干修渠纪念碑"，碑阴刻华阳人林思进撰的《崇庆县朱崇河新开刘公堰碑记》。

与此同时，该沆域还修建了万成堰水利补水工程，双管齐下，确保桤木河水源。当时，桤木河流经崇庆、大邑、邛崃、新津四县，灌田十万余亩，水源严重不足，"常苦乏水，遇旱即成石田"。当时，前四川检察厅厅长刘升庭（原名刘文渊，刘文辉胞兄）应桤木河七十余堰民之请，商之地方士绅，拿定主意后，又与刘文辉议定，决定从崇庆西乡桃子湃之上游开凿新渠引水入桤木河。刘升庭会同余栋廷、余治安等士绅商议，最初打算从药王坝开凿，但工程太大，后改从小海子开凿，凿了三个引水洞，竟然无水。民国二十年（1931年）春，刘升庭、余治安召集有关堰长、沟长

到安仁镇面商。木匠邓元献策，从桃子湃开凿起水，引济民堰水源补桤木河水，获一致赞同。此方案通过后，"济民水户，有不可者，诉于官，经四川省主席自干公命官司莅视，定立平水，既息争"，又是刘文辉亲自出面，硬压下了争端。工程于四月十七日开工，数万民工参与其中，十多天便大功告成。此堰开凿成功后，桤木河水源得到双重保证，流量大增。此工程被命名为万成堰，安湘霖撰有《万成堰纪念碑序》，立在安仁刘文彩洋楼前。

1941年岁修时，都江堰工程处将沙沟河进水口扩宽至23.3米，同时将竹笼护岸改为砌石护岸。

第四节　外江左岸渠系

一、望川原与新开河——江安河水系的演变

东汉时期，外江水系左岸开凿了一条人工河溪，叫望川原。该溪在广都县"穿山崖过水二十里"，"凿山度水，结诸陂池"，灌府河西侧田畴，于是该地"盛有养生之饶"。历史上，它又叫流江、酸枣河、阿斗河，元代叫马坝渠，以后又称温江，即现在的新开河、新江，又名江安河、江安堰河。

望川原的起水口在灌县城南十里马耳墩，从外江分流为江安河，经土桥流入温江县称为温江，经悦来场、吴家场、夏家场，再南流经悦来场至温江县城东北，过邹家场后，由升平场南流入双流，绕县城东北，经马家寺、金花桥，复南流入华阳县，经谢家渡、胡家滩后，东南流至中和场汇入府河。

《华阳国志·蜀志》载："江西有安道田，穿山崖过水二十里。"

江西，即郫江下游府河之西。"安稻田"，指望川源在经过今双流区文兴场附近牧马山尾，东汉人凿崖石而开溪，类似都江堰宝瓶口，历经千年而不变，故称"安"，即安稳不变也。

《后汉书·郡国志》"广都县"条刘昭注云："任豫《益州记》曰：县有望川源，凿石二十里，引取郫江水灌广都田，云后汉所穿凿者。"

《水经注·江水篇》也载："江水东径广都县。……李冰识察水脉，穿县盐井。江西有望川原，凿山渡水，结诸陂池，故盛养生之饶，即南江也。"南江，这里当指万川原。取名"南江"，盖因位于二江以南之故。

清人彭洵《灌记初稿·水利篇》载："江安河即江安堰河，又名新开河，即古酸枣河，俗又呼阿斗河，盖即后汉所凿之望川原也，元又为马坝渠。"

《温江县志》载："新开江或者称新江，亦名温江，又名酸枣江，自灌县江安堰首受大江。"《双流县志》说："按新开江俗名新开河，流江正流也。"

东汉的望川原后来称为流江。"穿山崖过水"即"凿川渡水，结诸陂池"，将堰水引向丘陵蓄水灌溉。《双流县志》载："新开江东径牧马山合府江"。府江就是郫江下游的府河，望川原在牧马山麓会入郫江，其地在郫江之西，故称"江西有望川原"。在牧马山麓的丘陵地带用"长藤结瓜"的办法引取新开河的水进行灌溉，故说"穿山崖过水""凿川渡水，结诸陂池"。

宋天圣年间，韩亿以枢密学士、谏议大夫镇成都。天圣九年（公元 1031 年），成都平原持久干旱，骄亢浸久，就连成都的府江也快要干涸了，温江、双流、华阳等县的河道沟浍填淤无水，农人浇润靡及，庄稼快要旱死。以往，官府每年拿出六万石粮食救灾

济贫，而韩亿即命拿出十二万石粮食救灾。与此同时，他又派遣有关官员巡视江流，访问故老，查找源头。在温江找到九升口堰，发现主要是此堰未曾疏导，致使一些地区缺水，即命疏淘九升口堰，新开一条渠，从九升口堰引水。新渠开成后，水行径便，立即解决了下游诸邑的缺水问题。此后，韩亿甚为重视水利，经常疏淘有关河流，受到百姓好评。"蜀之父老，百拜庭下，愿修公祠，以永瞻慕。"（全蜀艺文志）九升口是从古望川原引水的一条分渠。据《蜀中名胜记·温江县》引《益州记》说："九升堰口，其源出于皂江，至郫之栅头，别流为温江口。而九升口者，实两江之汇也。"该堰见于李膺《益州记》，其初建当在汉代至南北朝时期。

清代新开河沿途引水渠堰约三十一处，灌溉灌县、郫县、温江、双流、华阳五县田亩。清乾隆年间，双流牧马山一带，在引溪灌溉和塘沟方面有较大的进展。乾隆二年（公元1737年），知县黄锷大兴水利，劝民多在溪边开沟，在山坡中广泛开塘挖池，收蓄雨水。又多用水车，从溪堰引水灌田。经黄锷多年宣传并示范，牧马山一带很快恢复、兴建塘、沟、溪三百多处，灌田两万余亩。（光绪《双流县志》卷一，乾隆《双流县志》卷一）

同治五年（公元1866年）、六年（公元1867年），岷江连续两年发大洪水，淹没外江沙沟河、黑石河、羊马河、新开河等良田四万余亩。同治七年五月，有关部门组织对新开河抢修，疏淘河床二百余丈，用银两百四十余两。这年秋，山雨连绵，江水泛涨，各溪多有淤塞漂刷，内江走马河水至农坛下游处被冲决一百余丈，洪水滚入新开河，坏田一千余亩。但就这次大灾而言，新开河在外江水系中受损最轻。

1938年6月，灌县连日大雨，洪水暴涨。7月，雷电交作，大雨滂沱倾盆，成灌路被淹。7月11日，金马河在灌县境内冲溃，水湃入新开河，复泄入金马河。新开河口严重淤积，进水困难。有关部门未组织及时抢修，致使全流域缺水，黄土堰、漏沙堰等数万亩田地龟裂，禾苗枯萎。

二、大朗堰

大朗堰又名大朗河，始建于清顺治十七年（公元1660年），主要由僧人大朗（公元1615—1685年）募建。大朗，俗家姓杨，字今玺，重庆人，明末举人。明末战乱，杨今玺家破人亡，妻离子散，明亡后，在什邡慧剑堂削发为僧，后来曾为大邑雾中山兴化寺、成都圆通寺等住持，晚年为双流三圣祠住持。新津县令袁景先、成都县令袁卜昌，与他都有交往。他尝与袁公诗："治国安民事，空空执两端。不作违心举，何求冤债钱。眼前皆赤子，头上是青天。"（民国《双流县志》）其风范如此。

当时，成都平原久经战乱，人口稀少，劳动力极度紧缺。顺治十六年，温江全县仅存三十二户人家，男子二十一丁，女二十三口。因人口太少，双流县被并入新津县，而新津"无城郭，止穴处二十余家"。都江堰水利系统"堰堤崩颓，通渠淤塞"，灌溉系统全面破坏。双流杨柳江南、金马江东，岸高水低，无水溉田，产量低，荒地多。大朗见此，决心从温江刘家濠开渠引金马河水到新津、双流，灌溉农田。数年间，大朗一边托钵行乞，一边勘察地形，作渠道之规划和各种筹备。所到之处，化缘不求钱米，唯求在化缘簿上署名乐施开渠所占用土地，表态愿捐即可。当时田多人少，土地极贱，一般人家见开沟修渠为大好事，况且自己也会受益无穷，都很爽快地答应了捐地。若遇个别户主不愿

捐，他便坐卧在其门外，几天不去，直到户主同意为止。前期工作准备好后，大朗将开渠计划向新津、温江知县等说明，并出示百姓的署名簿册，得到新津县令袁景先的鼎力支持。工程于顺治十七年开始动工。干渠自温江金马河左岸取水，穿杨柳河与金马河之间的狭长地带，流经温江、双流、新津，总长百余里。虽多借用过去的废溪池塘等水利设施，但在当时劳动力稀缺的背景下，可谓工程浩大、极为艰巨。整个工程历多少年建成，现已不可考。工程完工后，功效甚显，有的古籍称它可溉田"数万顷"，光绪《双流县志》卷一称该堰灌区不断扩大，最多时可灌田六万八千亩。

后人追思大朗功德，将此堰定名为大朗堰。光绪四年（公元1878 年）双流知县周兆庆、温江举人李汉南、新津候选知州刘德树联名上呈四川总督丁宝桢，请求朝廷封赠大朗，呈文称："去年天时亢旱，他处多歉收，独大朗堰所灌溉者一律丰收。民人既食其利，因而益念其功。"大朗即被封赠为紫阳真人，后又加封为静惠禅师。

第八章　湔江水系与蒲阳河灌区发展

第一节　李冰导洛和治绵

李冰导洛治绵是他晚年组织开展的治水活动，也是他为蜀地做的最后一件造福子孙后代的大事。据传说资料，李冰在这一水利工程修造过程中，因劳累过度，于什邡去世。

《华阳国志·蜀志》载：又导洛通山洛水，或出瀑口，经什邡、雒，郫别江会新都大渡。又有绵水，出紫岩山，经绵竹入洛。东流过资中，会江阳。皆灌溉稻田，膏润稼穑，是以蜀川人称郫、繁曰"膏腴"，绵、洛为"浸沃"也。

洛水，或写为雒水。《山海经·中次九经》："岷山之首，曰女几之山，……洛水出焉，东注于江，其中多雄黄，其兽多虎豹。"《太平寰宇记》卷七十三《汉州·什邡县》："江水在县东北一十八里，源出县北洛通山，李膺以此水为洛水云：湔江即是石亭水，盖是洛水支流也。"

李冰"导洛"主要有两大工程：凿瀑口和疏导洛水主河。瀑口即高景关口，其左有狮子山，右有大包顶，夹洛水如双阙，其水奔泻如瀑，故名瀑口。其山形水流，略似都江堰宝瓶口。凿瀑口，《华阳国志》称为"或出瀑口"，有学者认为"或出"即别出、凿出，指在高景关另开一渠，主要是在冬春水枯时发挥效益，以满足洛水南边的什邡、广汉等县的用水。此渠首现称朱李火堰

（由当地朱家桥、李家碾和火烧岩而得名），据传古名"洛堋"。堋在古蜀语中为堰，洛堋即洛堰。

"导洛"指疏通石亭水泄入沱江的障碍。《华阳国志》说"经什邡、郫、别江会新都大渡"。在这平畴沃野之上，原有自然河流，但因从未得到治理，河床狭窄、弯曲度大，每到夏季洪水泛滥成灾。李冰导洛，主要是对河床进行疏通。新都大渡即今金堂县赵家渡，秦汉时此属新都县辖（古有金堂山名、水名，见于《华阳国志·蜀志》，到唐代分置金堂县）。

绵水（今绵远河）源于茂汶东界九顶山东麓，其上游今称牛角洞河，在绵竹大前坪、高桥先后汇入两股较大的山溪，在绵竹汉旺出紫岩山，进入平原，流经绵竹县境东北部，在该县境内长约21千米；下游穿过德阳县，在广汉境与石亭江汇合，又至金堂赵镇汇入沱江。李冰治绵水的工程细节，《华阳国志》未明确交代，从其下文看，主要是引水灌溉。

《蜀中名胜记》卷九"什邡县"条说："《志》云，章山后厓有大冢，碑云秦李冰葬所。按《开山记》云，什邡公墓化，上有升仙台，为李冰飞升之处。古《蜀记》谓李冰功配夏后，升仙在后城化，藏衣冠章山冢中矣。"古《蜀记》当为汉晋时期先后成书的八种《蜀记》（或称《蜀本纪》《蜀王本纪》）之一。可见李冰死于章山之说与李冰导洛之说是同时见于记载的，最早见于汉晋时期的《蜀本纪》一类地方史志，唐宋时期见于正史。表明李冰终因劳累过度，以身殉职，死于导洛工程中，就地葬在可俯瞰洛水的章山之上。关于李冰之死，唐宋时期还有另一种说法。宋祁《文翁祠堂记》说李冰"为蜀凿离堆，遂捍水以溉民田，溉所常及无旱年。西人德之，因言冰身与水怪斗，不胜死，自是江无暴流，蛟蜃怖藏，人恬以生。"李冰"导洛"和治理绵远河，在当时与都江堰水系并无联系，但随着西汉文翁及后人的一系列水利建设，沟通了岷江河系与洛、绵水系，这一区域也成为都江堰灌区范围。

洛水灌区人民至迟从唐代起就建有专祠祭祀李冰，历宋、元、明、清而不衰。据载，什邡饶家场、徐家场、永兴场、高桥场、八角场，新都县在县城东南隅，县东四里许、县北六里、县东永新场内，金堂县治城西街、广、汉城内西北隅，绵竹城内东北隅、城东隆兴场、城西玉泉镇、城北汉王场、牛市巷、绵阳治西四十里乌木沟，金家林等地，都建有"川主庙""川主宫"或"二郎庙"，祭祀李冰和二郎。什邡洛水镇朱家桥村的大王庙，始建于唐朝武德二年（公元619年），据《新唐书·地理志》载："后城治，在旧洛县城之后，或以李冰治水之后，成仙于此，上有古寺"，又"大郎庙，在治北五十里，大蓬山之阳，蜀太守李冰神祠"。该庙现在已成为道教场所，但依然供奉李冰。

第二节　文翁穿湔江口

西汉时期，蜀郡太守文翁曾在蜀中大兴水利。文翁，名党，字翁仲，西汉庐江舒县（今安徽庐江西）人。关于文翁任蜀郡守的年代，《汉书·地理志》说："景武间文翁为蜀守。"按景帝在位十五年（公元前156年—前141年），文翁大约在公元前156年—前135年担任蜀郡守。文翁在蜀中兴学化教，名著正史。

《华阳国志》：西汉"孝文帝末年，以庐江文翁为蜀守，穿湔江口，灌溉繁田千七百顷。"这一记载补充了正史的不足。以

后有关文翁穿湔江口的各种文献记载，莫不本于此。

《水经·江水注》说："江北则左对繁田，文翁又穿湔溲以溉灌繁田一千七百顷。" 江北，指郫江北。

《水经·江水注》又说："江神尝溺杀人。文翁为守，祠之，劝酒不进，拔剑击之，遂不为害。"

《蜀中名胜记》"灌县"条引《永康军志》说："汉文翁为守，穿湔江水，堰流以灌平陆，春耕之际，需水如金，号曰金灌口也。"

《灌县志·舆地书》"蒲阳河"条下也说："是为外江，即古湔江也。"

湔江即今蒲阳河。秦汉时期的湔江，本指今都江堰上游的白沙河。湔江口，《水经注·江水》作"湔溲"。"穿湔江口"指开蒲阳河，蒲阳河下流为清白江。文翁率领蜀地人民自郫江分湔江东北流，过蒲阳镇，转而东南流入今彭州市界，在丽春乡与清白江合，灌溉今都江堰市东部及彭州、新繁大片田地。这一带在汉代大部分属繁、郫二县地。这一工程建成后，当时就可灌溉农田一千七百余顷。正因如此，汉晋时期，蜀人习称"郫、繁为膏腴"。

第三节　蒲阳河灌区的发展

唐高宗龙朔年间（公元661—663年），彭州、导江县筑百丈堰。《新唐书·地理志》："彭州濛阳郡，导江县……有侍郎堰，其东百丈堰，引江水以溉彭、益田，龙朔中筑。又有小堰，长安初筑。西有蚕崖关。有岷山、玉垒山。"高宗时期（公元650—683年），汉州雒县"田畯失业，农野榛荒"。县令张知古重新疏淘金雁、白鱼二水，"公浚其涂、洫，川浍始通，人得就耕矣，流亡初复"。

（唐陈子昂撰《陈拾遗集》卷五《汉州雒县令张君吏人颂德碑并序》）

唐武周时期，彭州刺史刘易从在蒲阳河左岸又大兴水利。刘易从，唐中宗嗣圣元年（公元684年）任益州长史，武后垂拱二年（公元686年）任彭州长史。此间，开挖唐昌（今郫县唐昌镇）沱江、即蒲阳河引水，凿建分支渠道，于湔江上源汇流。《新唐书·地理志六》：彭州九陇"武后时，长史刘易从决唐昌沱江，凿川派流，合堋口埌岐水，溉九陇、唐昌田，民为立祠。"清光绪《彭州志·古湔堰水利考》："（湔堰）西岸之水不能及远，故唐彭州长史刘易从凿官渠，引沱水，溉唐昌、九陇田。湔渠本自短乏故也。"《读史方舆纪要》："沱江，在县南，李冰所导之支流也。自崇宁县流入界，又东径新繁县北。唐武后时，彭州长史刘易从，决唐昌洮江，凿川派流，合堋口埌岐水，溉九陇、唐昌田。"即在都江堰干渠蒲阳河左岸，凿开引水口，灌溉彭州农田，也是官渠堰前身，使都江堰灌区向平原西北部扩展。永昌元年（公元689年），刘易从为徐敬贞诬陷被杀，虽然如此，当地人民仍为他立祠。

唐贞元年末，汉州刺史卢士珵在德阳郡雒县大修水利，筑堤建堰，灌溉农田四百余顷。

南宋孝宗乾道四年（公元1168年），彭州守臣梁介修复彭州等三县十余堰，疏淘河床七十余里，使水脉流通，灌及旁县。梁介因此政绩，被提拔为诏介直秘阁、利路转运判官。

今蒲阳河上游一段，历史上曾名万工堰。万工堰的工程至迟在文翁时期已经有了，但万工堰得名却要晚一些，迟不过宋代。之所以命名为万工堰，据说是因其"费工之多"，在岁修、大修中工作量特别大。元代吉当普大修都江堰时，曾专门派人修建过万工堰。揭傒斯《蜀堰碑》四次谈到万工堰："其一自三石洞北流过将军桥，又北过四石洞，折而东流，过新繁，入于成都，谓之外江，即冰所穿二江也。南江自利民台，有支流东南出万工堰。……外江东至崇宁，亦为万工堰。堰之支流，自北而东，为三十六洞，过清百堰，东入彭、汉之间。而清百堰水溃于南涯，延袤二里许，有司因溃以为堰坏，乃疏其北涯旧渠，直流而东；罢其堰及三十六洞之役。……若成都之九里堤，崇宁之万工堰……，工未施者，亦责长吏农隙为之。诸堰，都江及利民台之役最大；侍郎、杨柳、外应、颜上、五斗次之；鹿角、万工、骆驼、碓石、三利又次之。"（《都江堰文献集成·历史文献卷》）可见它在当时的都江堰水系中居于较为重要的位置。

元末明初，彭县诸堰皆废。据说当时在彭州城中打井，打下去四五丈深都没有水。居民生活用水须到十余里以外的地方去挑，百姓不胜其烦。胡子祺于洪武六年任彭州知州，大修都江堰后，又带领百姓大修彭州堋口诸堰。诸堰修成后，开渠引水进城，水井中立即有水，百姓免去了长途挑水之苦。

明天顺二年（公元 1458 年），曾大修万工堰。此事还专门报到了朝廷。《英宗实录》卷二百九十八"天顺二年十二月"："修万工堰。堰在四川彭县，以其费工多，名曰'万工'。灌田千余顷。有司奏岁久倾圮。故命修之。"万工堰所在地在元明间的隶属关系较为复杂。《元史·地理志三·成都路》说："彭州领二县，即蒙阳与崇宁。"《明史·地理志四·四川》说彭州在洪武十年五月降为县，崇宁在元属彭州，洪武四年属成都府，洪武十年五月省入灌县，洪武十三年十一月复置，而万工堰所在地明代仍属彭县。

明天顺年间（公元 1457—1464 年），新都县令肖济建肖公堰。

锦水河在新都县城西南有一支流，相传诸葛亮曾在此练兵饮马，故名饮马河，又名白水河。饮马河右岸有蜀汉马超墓。墓地附近一带地区严重缺水，十年九灾。当时，县令肖济多次到该地考察后，率百姓开了一条支渠，仅留取水口不挖。次年春耕用水时，请饮马河下游灌区乡民代表来到此地，现场考察，取得下游乡民谅解后，挖开进水口，引进都江堰水，解决了1000多亩农田的缺水问题。为纪念新都县令肖济修建比堰的贡献，当地百姓将此堰命名为肖公堰，并在堰口建一座小庙，名肖公庙。

雒口上、下堰为什邡重要水利工程。《大清一统志》卷二百九十三说：雒口堰，在什邡县北县境，又有青竹、跑马、杨村等二十堰，皆引雒水溉田。雒水灌溉系统事关全县农田灌溉。清代初期，管理体制不明确，没坚持岁修，每到洪水季节，多处崩溃，十年九灾。在官府无所作为的背景下，邑民吴相富站出来，号召组织灌区百姓，于康熙五十九年（公元1720年）对此堰进行了一番较为彻底的大修。施工中，吴相富甚至自备口粮，雇募民工。经此次大修后，此堰"二十年来，狂波不能冲决"（嘉庆《汉州志》卷七），确实造福了人民。

湔江堰之名始见于清嘉庆《彭县志》，沿用至今，它是利用湔江水源的渠系水网的概称。湔江进入平原后，呈扇形散流，历代百姓因地制宜，顺水势而分散其流，逐渐形成众多水道。最早的干渠为鸭子河和蒙水河，左右各一：一支东流入什邡县境慈母山，一支东南流入汉州（今广汉）界。北宋《彭州镇国寺新修塔记》中所谓"江析二派"，即指比。可见这个水利网早在宋代已具雏形。到了清代早期，东河口下行一里左右，遂分为四条河道；西河口下行半里左右遂分为三条河道。道光十二年（公元1832年），

彭县知县毛辉凤为调解东西两河争水矛盾，遂在旧堰分水口以下约 100 米处，新建鱼嘴及分水平梁，改两河分流为五河并列引水。同治年间（公元 1862—1874 年），鸭子河口以下又分出小石河，新开河口以下又分出清白江。湔江堰五河分为七河。光绪四年（公元 1878 年），在马牧河右岸又分出小蒙阳河，蒙阳河右岸又分出白土河，七河又演变为九河，九河分水口都采用鱼嘴及平梁形式，以宽度控制分水量。清代湔江堰共灌田 18.3 万亩。分水溪不断增加的过程，正是其灌溉面积不断扩大、灌区内人口不断增长的反映。民国二十五年（1936 年），湔江洪水暴发，冲毁堤堰。次年二月，开始改建鸡心石旧平梁，对溢流坝、泄洪槽、引水渠等枢纽建筑也进行重新布置修筑，又在陡石梯上筑拦沙坝，历时三个月完工。当年秋再发洪水，除拦沙坝外，其余工程均毁。当年冬，又将总进水口下移 280 米，效果较好。民国三十六年夏、秋之际，七次山洪，渠首主要工程全面受损，灌区受灾面积约 10 万亩。次年一月，省建设厅集合灌区六县县长等商讨治湔方案，"准在繁、彭、广三县三十四年度欠谷项下借拨二万市石，用资办理，于三十七年度秋收后照数归还，以资兼顾"。民国三十七年（1948 年）四月，治湔工程开工，七月完成。

民国时期，彭县官渠堰也是一个引人注目的热点。民国六年（1917 年），彭县开挖官渠堰后，梁家沟、文庙沟等四堰均能引水灌溉。但丽春场至糍粑店一段渠道，因地势相对较高，官渠堰尾水及山间溪流反汇入渠内，倒向西流，此段因此有"倒流堰"的俗称。官渠堰水溪共 22 条沟，灌溉农田 3 万余亩。

第四节　纳入"都江堰世界灌溉工程"的朱李火堰

相传，李冰导洛时，在高景关下石亭江修建朱家堰和李家堰。明代万历年间（公元 1573—1620 年），绵竹县（今为市）在石亭江高景关外象鼻山"烧山钻石，开凿堰口"，修建火烧堰（民国《绵竹县志》卷三），始形成朱、李、火三堰并存布局。早期工程为鱼嘴分水，竹笼卵石结构。清嘉庆元年（公元 1796 年），改设平梁分水，以"方正石"砌筑。新设平梁（后称大平梁），总长十八丈一尺二寸五分（约合 60.42 米），其中朱堰长七丈二尺五寸（约合 24.17 米），李火二堰长十丈八尺七寸五分（约合 36.25 米）（民国二十六年一月《石亭江灌溉区整理工程计划书》）。自清康熙末年开始，由于地方大户势力操纵，什、绵两县或因争相分水比例，或因深淘引水堰口，或因擅自横江筑堰，纠纷频仍，官司不断，乃至持枪相对，仗势作为，"争水涉讼，积案如丘"，平梁工程几经受损。民国二十三年（1934 年）六月二十三日"甲戌水灾"，大平梁及丁丁猫鱼咀（李堰进口）等全被冲毁。民国二十四年安设李、火二堰分水平梁，当年即被洪水冲毁。民国二十五年，省水利局派员监修大平梁，并在什邡永兴（今洛水镇）朱家桥成立朱李火堰工程管理处。平梁工程于次年四月竣工，六月再度被洪水冲毁。于是，省水利局当即委派任重为工程管理处处长，全面负责工程查勘、设计、施工及分水事宜。大平梁修复后，"朱堰河口（仍）定为三丈二尺（约合 10.67 米），火堰河口（仍）定为三丈（合 10 米）"。分水比例沿袭清制，什邡七成、绵竹三成。之后，什、绵两县各制一"高景关全景石砚"，以此遵照并作纪

念。新中国成立后，四川省人民政府对朱李火堰的工作十分重视，多次派员充实其领导，进一步加强对渠首工程和灌区用水的全面管理。至此，什、绵两县旷日持久之水事纠纷终告结束。1950年，什邡将朱、李二堰合并居右，绵竹火堰仍留居左。1962年，三堰合并自大平梁引水：中为大平梁（潜坝），左右堰口为小平梁。左堰口至二郎庙陈、赵、王、辛四村官堰，即1、2、3、4支渠分水总口为北干渠；右堰口至青咀山朱（后改建为大寨渠）、李（后改称为先锋渠）二堰分水口为南干渠。年末冬修时，在大平梁上装笼作埂，次年春灌后，让其自然冲毁。左右堰口以木板梁调节水量。1955年，人民渠第三期工程建成后，根据两县实灌面积调整分水比例为什邡60%、绵竹40%。

2022年7月22日，世界灌溉工程遗产（都江堰系统）"朱李火堰"揭碑仪式在德阳什邡市举行，标志着朱李火堰正式进入都江堰世界灌溉工程遗产之列。

第九章　通济堰灌区的发展

通济堰，历史上又叫蒲江大堰、六水门、通津堰、远济堰、馨堰等。通济堰渠首位于岷江干流中游，南河、西河交汇的新津县城边。南河上游的水从邛崃江和蒲江而来，西河的水从文井江、斜江而来。其中除岷江外，皆为暴雨性的山溪河流，源流短，集水面积小，冬春流小，春耕水少；夏秋猛洪暴涨，又泛滥成灾。唯有岷江上游水资源丰富而相对稳定，通过都江堰外江（岷江干流）灌溉系统的沙沟河、黑石河灌溉以后，尾水皆入西河，对通济堰水资源起补充作用。通济堰渠首枢纽最初设在蒲江口，又叫邛江口，后来到了唐代才下移至西河汇入南河之后，从此获得了都江堰外江灌区丰富的水资源。因此唐代后的通济堰，实际上已属于都江堰的外延区、补水灌溉区。不过，古代四川历代统治者在统计都江堰灌区时，均不将通济堰灌区包括在内。

第一节　汉与三国时期通济堰的初创

蒲江大堰是岷江中游最早的大型水利灌溉工程。关于蒲江大堰的始建年代，历史上主要有西汉说、建安说、唐代说三种。《华阳国志·蜀志》："武阳县郡治。有王乔、彭祖祠。蒲江大堰灌郡下，六水门。有朱遵祠。"《水经注》说武阳县"藉江为大堰，

开六水门，用灌郡下"。《华阳国志》卷十上《先贤士女总赞论》："朱遵，字孝仲，武阳人也。公孙僭号，遵为犍为郡功曹，领军拒战于六水门……"《元和郡县志》卷三十三说："馨堰，在县西南二十五里，拥江水为大堰，开六水门，用灌郡下。公孙述僭号，犍为不属，述攻之。功曹朱遵拒战于六水门，是也。"即在公孙述据蜀（公元25—36年）之前，六水门已经存在，此工程必兴于西汉无疑。至今两千余年，此堰仍在发挥巨大作用。

从此堰枢纽名蒲江堰的情况看，估计其枢纽取水位置在蒲江口附近，即后来所称的邛江口。宋欧阳忞撰《舆地广记》卷二十九：新津"有天柱山通济堰，自邛江口引渠南下，百二十里至眉州，西南入江，溉田千六百顷。"新津南河旧名邛水、邛江、临邛水、蒲江等，为岷江支流，发源于四川名山境内，经今蒲江县、邛崃县，接纳邛崃诸水后入新津界，汇岷江。此地古名邛江口。

汉代新津属武阳县。武阳始置于秦，辖今彭山、新津、眉山、仁寿（部分）、井研一带，秦时属蜀郡，汉武帝后改属犍为郡。武阳县城在今彭山县江口镇。武阳曾在较长时间内为犍为郡治，蒲江大堰的兴建，与武阳的这种历史背景当有关系。今新津地于北周闵帝元年（公元557年）建县。

蒲江大堰渠首工程以"六水门"为显著特征，即在渠首建有六个大的可上下开关的水门，或说筑有坝堤，在坝堤上开水门，可据需要放水灌溉农田。这与当时西蜀普遍使用的无坝引水工程相比，甚为特殊。

三国时期，刘备于建安十九年（公元214年）定成都后，任李严为犍为太守、兴业将军。据《水经注》记载，李严在犍为任郡守期间（公元214—222年）曾对此堰进行过一次较大规模的整修。当时，武阳县境内江上原有大桥，长一里半，叫"安汉桥"，每年涨水时，都会冲坏此桥，年毁年修，百姓甚苦。李严见此，即率百姓开凿天社山，"寻江信道，此桥遂废"。天社山即今新津县城边上的老君山。这"寻江信道"能替代桥梁，实是拦江大坝，能开闸放水，坝上可供人行过江。换言之，李严还大规模修筑了"六水门"枢纽工程，使其能连接江的两岸。另外，这大坝既然可替代"县下"的过江大桥，也证明当时蒲江大坝枢纽位于蒲江口附近，与唐代以后、即现在的位置大不同。这次工程影响很大，以至于宋工部侍郎、井研人李心传在《建炎以来系年要录》卷一百五十中说"眉州通济堰，建安间创始"。

第二节　唐宋时期通济堰灌区的迅速发展

玄宗开元二十八年（公元740年）前，蒲江大坝被洪水冲毁，长期得不到修治，百姓反映甚为强烈。开元二十八年，剑南道采访使章仇兼琼决定全面改造、重筑通济堰（通津堰）。这次重筑，较旧堰有两大变化：一是将渠首枢纽位置下移至西河汇入南河之后，可分取岷江之水，通济堰首次成为岷江的补水灌溉区。有了西河水源，在冬春缺水季节，灌区水源仍很丰富、稳定，这对灌区唐宋时期的大发展至关重要。二是将以前的"六水门"改为"分四筒穿渠"，即在新的枢纽位置上新筑"四筒"水闸。渠首之后，渠水通过山渠，穿山过洞。在眉州通义、彭山等县的下游地区，又兴建十处"小堰"，分渠引水三百余里。工程完成后，当时便可灌溉一千六百顷农田。此工程位置、布局已经迥异，故历史上不少人认为通济堰是章仇兼琼首先开创的。通济堰创建于唐代一

说也以此为基础。

章仇兼琼还在眉州州城之东七里的蟆颐津上修筑永津堰、即后来的蟆颐堰。此堰沿蟆颐山筑堤，障蜀江水，分东、中、西三大堰，大小筒口百余道，可灌溉眉山、青神的大片农田。据《清史稿·地理志十六·四川·眉州直隶州》说："蟆颐山，下临玻璃江，一名蟆颐津，即岷江，自彭山入，径武阳驿，分流复合，南入青神。"

章仇兼琼大兴水利，以上二堰可灌溉眉山、青神七万二千四百多亩农田，为这一带经济发展奠定了良好基础，也为以后各代树立了榜样。此地以后许多较有作为的统治者，都相当注重水利建设。

文宗大和年间（公元 827—835 年），青神县荣夷人张武等百余家请田于青神，凿山酾渠，开鸿化堰，溉田二百余顷。

唐末（公元 907 年前），眉州刺史张琳主持重修了远济堰。重建渠首枢纽闸门，同时疏淘了全溪，使其流至眉州西南，合于松江。《十国春秋》卷四十说："张琳，许州人也，唐末官眉州刺史，修通济堰，溉田一万五千顷。民被其惠，歌曰'前有章仇后张公，疏决水利杭稻丰，南阳杜诗不可同，何不用之代天工。'"张琳的这次大修使灌区下游灌溉等用水条件明显改善，《明一统志》卷七十一曾评价为"其利尤博"，为百姓造福甚大。

从开元年间至北宋时期，通济堰灌区渠系发展甚快，达到极盛期。开元年间，章仇兼琼修通济堰时仅有十座小堰，而到南宋绍兴初年（公元 1131 年），已有一百一十九座小堰。灌溉面积也由开元时期的灌溉眉山、青神田七万二千四百多亩发展到南宋时期的灌溉新津、眉山、彭山三县农田三十四万余亩。

南宋建炎年间（公元 1127—1130 年），通济堰再次被冲坏，整个灌区"陇亩弥望，尽为荒野"。绍兴十五年（公元1145年），眉州守臣勾龙庭实向有关衙门贷款六万缗，动员全州的力量，大修通济堰渠首枢纽下游灌区各堰。大修中，勾龙庭实"躬相其役"，亲自参加劳动，鼓舞士气。这次大修，重新在江中筑坝"横截大江"，大坝长二百八十余丈。与此同时，又在下游重筑过去的"小筒堰"一百一十九座。大修后，过去的荒野之地，重新变为沃壤。勾龙庭实还亲自制定堰规制度，将其写成书，发给灌区有关人员，让大家参照执行。这堰规在此地执行了很多年。当地人为纪念勾龙庭实对通济堰的重大贡献，为其建祠，每年按时祭祀。嘉泰元年（公元1201年），官府赐庙额曰"灵惠"；开禧元年（公元1205年），朝廷封勾龙庭实为惠济侯。

通济堰是一个每年必须岁修的水利工程。勾龙庭实大修通济堰后，仅仅几年未加修治，就又毁损。绍兴十七年（公元1147年），李璆为四川安抚制置使，当时，"三江有堰，可以下灌眉田百万顷，久废弗修，田莱以荒"。（《宋史》）次年，李璆亲率部属前往实地考察，立即决定合力修复通济堰。大修后，水利康复。

眉州城东边七里的蟆颐津，自开元中益州刺史章仇兼琼筑堰后，可灌溉眉山、青神之田七万二千四百多亩。每年岁修，原为百姓出钱，民患苦之，淳熙九年（公元1182年）改为官修。其下游有王景、北牙、田祖、匡迪诸堰。原来是叠石为堤，这时改为用竹笆遮水，有一百二十多丈长，费用也较以前减少了十分之二。嘉定五年（公元1212年），洪水泛滥，威胁眉州城。次年，魏了翁任眉州知府，率民修复蟆颐堰，主要工程是"葡武阳之石以为堤，下邛笮之竹以为揵"，载江筑堤一百八十丈，逼水沿堤行至中流，使眉州城免遭威胁；同时还广开支流，一方面可分减水势，另一

方面可就近灌溉农田。工程于该年冬十月开工，次年春三月结束，是一个较大的工程。这个大堤一直使用到明代。蟇颐堰通过这次修复，能灌溉眉山、青神田七万余亩。

第三节　元明清时期通济堰灌区的衰退与恢复

元、明两代是通济堰在经历了唐宋大发展后的回落期、低谷期。元天历初（公元 1328 年），彭山知县雍熙曾重修通济堰。明洪武、永乐年间，通济堰常"以时发民修筑"，即官府根据需要，不定时组织灌区百姓抢修等。当时人口太少，灌溉面积极有限。到宣德初年，整个灌溉系统仅存十六渠，灌溉面积也大幅度萎缩至二千五百余亩。明宣德七年（公元 1432 年），洪水又将堤岸冲坏，水不得用，田地多荒，百姓纷纷外迁。在这种情况下，官府未打算修堰。部分百姓只好上书上级衙门，并反映到朝廷，要求官府像洪武、永乐年间那样，带领百姓修堰。可见当时通济堰的管理、维修等已经废弛。由于民情汹涌，朝廷终于下决心大修了一次。《明史·河渠志》说："七年，修眉州新津通济堰。堰水出彭山，分十六渠，溉田二万五千余亩。"但仅过十年，堤堰又被洪水冲坏。正统七年（公元 1442 年）十一月，四川彭山县上奏朝廷："本县及眉州新津县田皆藉通津堰水灌溉，比者水冲败田，致皆薄收。请加修筑。"事下工部勘报。不久，朝廷即命州县正官率军民修之，"仍戒毋过费，以困人。"（《英宗实录》卷九十八）《明史·河渠志》说正统七年修"彭山通济堰"。当地官员接到朝廷批复后，即率军民对通济堰进行了大修。此后，通济堰灌区逐步恢复。

明末清初，四川大战乱，"千里无烟"，通济堰长期荒废。

即使在康熙盛世，由于这里人口太少，也没谈到复堰问题，"眉、彭之人不知斯堰水利者百余年"。

雍正十年（公元 1732 年），修复通济堰的工作终于提上了议事日程。《皇朝通志》卷九十五载雍正十年，"四川修新津、华阳二县之通济堰。"从有关资料看，这一年只是做准备，向朝廷上报方案。《钦定大清会典则例》："雍正十一年，覆准新津、华阳二县修淘通济堰，拦河砌石为埂，截流而东，灌溉田亩。"经朝廷批准后，并经过充分的准备，雍正十一年，四川总督黄廷桂亲自挂帅，主持通济堰的修复工程。渠首工程为"拦河砌石为埂"，仿照都江堰竹笼卵石工程，垒石为堤，重筑渠首。下游灌区工程，重新疏通从新津修觉寺下余波桥起，至彭山回龙寺下智远渠止的引水溪，沿途分出七条支渠。大修后，恢复了灌区一万六千余亩农田的灌溉。虽然这只有宋代最高灌溉面积的百分之五，但仍是一个良好的开端。后来黄廷桂离任，"准给官钱五十愍（缗）以作岁修，斯堰之仅存而不至泯灭者，赖以此是"。由于当时人口太少，此后二十余年，通济堰基本维持在这个水平，未扩大灌区。其中，据《钦定大清会典则例》记载，乾隆二年（公元 1737 年）朝廷覆准岁修"新、彭二县通济堰"。看来，也是一次比较大的岁修工程。

乾隆十八年（公元 1753 年）黄廷桂再任四川总督时，认为"善政莫大乎水利"，对二十年来通济堰灌区未扩大面积，"水利未加广也，田畴未尽辟也"的现象很不满，"因檄下所司，复图兴举"。（乾隆《彭山县志》）在这种背景下，眉州知州张兑、彭山知县张凤翥等提出了重新扩建通济堰的计划，其核心是引都江堰水入灌区。（乾隆《彭册县志》）"南河之水，发源于邛，其

来也缓而疾。缓，则春水不足恃，而耕作后时；疾，则大雨时行，一冲而后，田间无涓滴之惠。曷若引西河之水，合南河而入堰，以时蓄泄之，则源远流长，且亦二王之遗泽也。"黄廷桂即批准这一方案。这一次，由张兑、张风翯具体主持。当地百姓"踊跃赴功，以时趋事，父子负锄，兄弟裹粮，駪駪而来，鱼鱼而赴"。（乾隆《彭册县志》）整个工程，"不数月而大功成"，恢复彭山智远渠以下干渠八十余里至眉山，恢复彭山境内旧堰二十八处，眉州境内旧堰十四处，宋代渠系工程基本修复，灌区扩大至八万余亩。通济堰再次成为都江堰的补水灌溉区。但与宋代最高灌溉面积相比，仅有四分之一。大修后，眉州知州张兑在《详议通济堰善后事宜》中制定了一套管理制度，其中专门强调在"通济堰水少时，南河旧堤增加竹笆，西河新堤增加石篓，以逼水灌田"。（乾隆《彭册县志》）可见当时为了从西河引水，专门新修了大堤。后来从西河引水的工程曾一度中断，嘉庆七年（公元 1802 年）在渠首上游白溪嘴开河筑堤一百五十四丈，再次引羊马河水入西河，水源有了保证，嘉庆、道光间，通济堰灌溉面积才有了较大发展。

民国时期，通济堰灌面为 16 万亩。新中国成立以后，对通济堰进行扩改建设，不仅完全恢复了历史最大灌面，而且灌区发展到 51.99 万亩。

2022 年 10 月 6 日上午，在澳大利亚阿德莱德召开的国际灌排委员会第 73 届执行理事会上，四川省通济堰被列入 2022 年（第九批）世界灌溉工程遗产名录。

第十章 现代的都江堰灌区

第一节 老灌区的恢复与发展

1949 年前，受历史条件的限制，渠系紊乱，工程简陋，一系列分水口都没有控制建筑物，影响计划用水。新中国成立后，随着工农业生产的发展，原来的渠首工程和渠系布置已经很不适应发展的需要，近三十余年来，除了对渠首工程进行改建以外，还对内外江干渠做了必要的调整，在分水口修建了控制建筑物，对紊乱的旧渠系进行了重新规划与改建，对历史老灌区进行了恢复并优化改善。

一、干支渠调整及节制设施建设

渠首范围内，改造沙沱、黑石、羊马三河，最终废除羊马河，形成沙沟河和黑石河，由沙黑总河在漏沙堰闸分水形成。江安河上移至走马河口右侧取水后，原在外江河口下游 20 千米处取水的杨柳河干渠，最终改至江安河骆家滩下游 20 千米的青龙嘴取水。都江堰灌区由历史上 8 条主要干渠调整为 6 条主要干渠的格局。

除了修建渠首闸群外，灌区内先后兴建的重要控制性工程包括石堤堰枢纽改建工程，徐堰河和柏条河在石堤堰闸前汇集，在闸后分为府河和毗河，保障戎都市区防洪安全的同时保证府河取

水。此外，先后建成徐堰河、两河口、锦水河等重要分水闸或进水闸，实现控制水量分配，方便计划用水。

从 20 世纪 50 年代起，调整合并灌区支渠，原有 376 条支渠（旧称民堰），至 60 年代缩减为 262 条，至 70 年代缩减为 174 条，均修建了进水闸和冲沙闸。

二、渠系改建与灌区巩固优化

都江堰灌区旧渠系存在的问题主要包括：工程简陋、竹笼木桩等临时工程为主；渠道灌排兼用、迂回曲折、断面宽浅，输水能力低；渠系分级不清，互相串通，灌排范围模糊交叉；渠道灌溉范围狭长，跨县跨乡渠道多，灌溉时上游饱下游渴、排涝时上游畅下游淹，矛盾突出，用水纠纷多；缺乏控制性建筑物，调节粗放，水的利用率低；渠道占地多，机耕困难，交通不便。

都江堰历史上形成的旧渠系，经过 1970 年和 1971 年两个冬春的改造，基本完成了以支渠为主的支斗渠改造工程，初步改变了旧渠道"长、多、弯、宽、浅、乱"的面貌。以后又继续完成了部分农、毛渠利田块的改造，取得了提高输水、配水和调节水量的效能，区间排洪能力大有提高，促进了机耕道路和条田的建设，改造了下湿田等效果。同时渠系改造结合小水电建设、机耕道路修建、造林绿化、居民点的调整等，发展了灌区农村经济。

第二节　灌区扩建与发展

一、扩建新灌区

（一）人民渠一至七期扩建工程

1953 年 1 月 25 日至 1956 年 3 月 13 日，扩建人民渠一至四期干渠，长度 89.56 千米，加上红岩渠、前进渠分干渠，共计灌溉彭州市、什邡、绵竹、广汉、新都、德阳市中区、金堂 7 个县（市、区）164.78 万亩。1958 年 2 月 23 日至 1982 年，扩建人民渠五至七期干渠，全长 183.06 千米，建成鲁班水库等大中型水库，灌溉德阳、绵阳、遂宁等市。

（二）东风渠一至六期扩建工程

1956 年 3 月 3 日至 1978 年春，扩建东风渠一至四期工程，建成东风渠总干渠 54.3 千米以及北干渠、东干渠、老南干渠、新南干渠等，设计灌溉面积一至四期为 102 万亩。1970 年 7 月 1 日至 1973 年 3 月 22 日，建设东风渠五期灌区（黑龙滩水库），修建黑龙滩等大中型水库和配套渠系，设计灌溉面积 106.06 万亩。1970 年 2 月至 20 世纪 70 年代末，建成东风渠六期灌区（龙泉山灌区），修建三岔等大中型水库和配套渠系，设计灌面 120.25 万亩。

（三）合堰灌区扩建工程

1954 年 12 月 1 日至 1955 年 3 月 12 日，扩三合堰干渠总长为 40.3 千米，灌溉崇庆、大邑、邛崃农田 27.50 万亩；外江灌区加上西河灌区（包括文井江）灌面 33.76 万亩，达到 61.26 万亩。

此外，还修建了牧马山灌区等扩建工程。到 20 世纪 80 年代初，都江堰灌区灌溉面积达到 900 万亩。

二、灌区扩（改）建

（一）一期扩（改）建工程

都江堰灌区扩建主要在 20 世纪五六十年代，受历史条件的制约，工程建设标准低、配套差、老化病损严重、输水效率低，被水利部评为"二级老损工程"，需要实施改造。1986 年，四川省委决定每年由财政拨出 1100 万元，并争取水利部支持配套，用于都江堰灌区骨干工程扩（改）建。一期扩（改）建总投资 8306 万元。

（二）二期扩（改）建工程

都江堰灌区第一期扩（改）建工程社会效益、经济效益都十分显著。为继续开展灌区配套改造建设，都管局编制了《都江堰第二期改造配套工程规划报告》，1990 年经水利部批复。二期扩改建的建设过程主要可分为两个阶段：1990—1996 年为第一阶段，总投资 1.17 亿元；二期扩改建以省级资金为主，续建配套以中央资金为主，1997—2005 年共计投资 4.24 亿元，共计扩改建渠道长度 184.4 千米。

三、都江堰灌区续建配套与节水改造工程

1996 年 11 月 20 日，都江堰灌区被列入全国大型灌区续建配套与节水改造工程首批试点建设灌区。1998 年，都江堰灌区续建配套与节水改造被水利部正式列入投资计划。1996—2020 年，累计完成都江堰灌区续建配套与节水改造项目投资计划 59.02 亿元，灌区实现新增灌面 83 万亩，改善灌面 480 万亩，工程条件改善，输水效率提高，抵御重大自然灾害能力显著增强。

经过长期扩建和灌区发展，2024 年都江堰灌区灌溉面积达到 1154.8 万亩，见图 10-1。

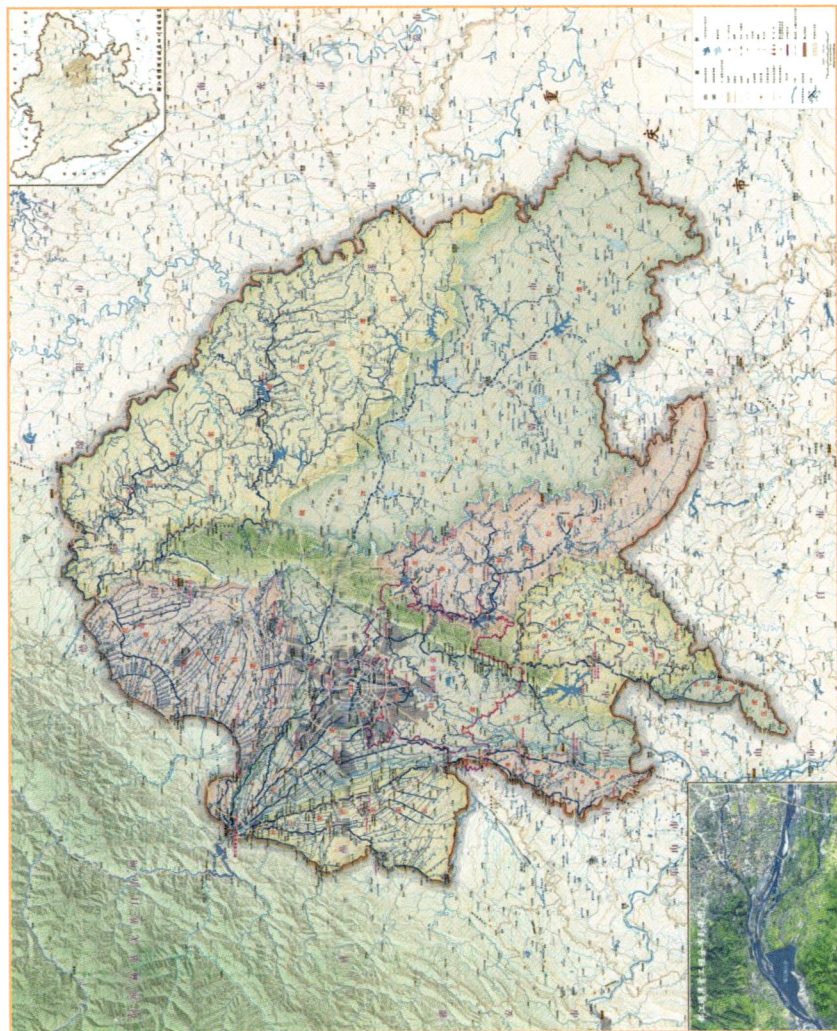

图 10—1 现代都江堰灌溉区域图

第四篇　都江堰水利管理

第十一章　管理机构

第一节　渠首管理机构

秦时已设都水官管理水利。《汉书·百官公卿表》说："奉常，秦官，……属官有太乐、大祝、太宰、太史、太卜、太医六令丞，又均官、都水两长丞。"[1]三国时期的曹魏人如淳注曰："《律》，都水治渠堤水门。《三辅黄图》云，三辅皆有都水也。"西汉早期称京畿之地为三辅。可见秦不仅在朝廷中设有都水官，在郡府中也设有都水官，专管水利事务。

汉承秦制，各郡仍设"都水"衙门，直属郡府领导，独立于所在地的县（道）专司全郡水利建设等。《汉书》卷十九上"百官公卿表第七"记载"奉常"这一官职的属官有"都水两长丞"，如淳注曰："又郡国诸仓农监、都水六十五官长丞皆属焉。"《晋书·职官志》说："汉又有都水长丞，主陂池灌溉，保守河渠，属太常。"西汉法律上明确规定，都水衙门的职责是"治渠、堤、水门"。水门即引水工程。全国郡国、郡府下都置有"都水"衙门，蜀郡自不例外。西安汉城曾出土西汉时期的"蜀都水印"封泥，亦可为证。

关于东汉时期管理都江堰的组织机构，1974 年 3 月 3 日修建外江闸时出土的李冰石像上铭文，提供了可靠的资料："故蜀郡

---

① 都水长丞即都水长、都水丞两个官职。

李府君讳冰。建宁元年闰月戊申朔廿五日，都水掾尹龙、长陈壹造三神石人，珍水万世焉"。建宁元年为公元 168 年，这段铭文清楚地表明，东汉在蜀郡郡府下面专门设置有专职"都水"衙门，管理包括都江堰在内的水利事务。都水掾是郡守府水利主官，都水长为副官。

2006 年 3 月初，在都江堰渠首又出土两座东汉石像和一方石碑。过去依据史料认为都江堰设置专管机构在三国时期，但此次出土石碑的碑文中记载建安四年（公元 199 年），"监北江堋太守守吏郭择、赵汜"视察都江堰冬修，而具体负责冬修的则是"堋吏"等百余人，堋吏则为都江堰的专管官员，将都江堰设专管机构历史又大为提前。

《水经·江水注》注引《益州记》，记载诸葛亮因都江堰作为"农本国资"的重要地位，在都江堰专设堰官，又征丁一千二百人守护都江堰。这是都江堰加强管理机构的重要记载。

自蜀汉以后，晋、唐、宋等朝代均统其事于县尹之下，渠首所在地的县令兼办渠首工程。但唐代的节度使，宋、元两代的廉访使，也亲临都江堰督修治理。宋代在永康军兼管都江堰事时，在永康军中设专吏分管都江堰；当时的通济堰则由眉州知府行使行政管理权力，在知府衙门中指派一名丞吏专管水利工程，又有专门的会计、兵马都监配合戒事、期程、护工。而元代在统一全国后，曾由郡县和军队共管都江堰，元仁宗延祐七年（公元 1320 年）改由军队独管都江堰，各郡县分管下游各堰，不久又恢复军政共管都江堰。

明代早期，由都江堰渠首所在的州、县地方政府负责渠首管理。洪武九年（公元 1376 年）彭县知府胡子祺、建文时期（公元 1399—1402 年）灌县知县胡光，都曾大修都江堰。宣德三年（公元 1428 年）春，灌县阴阳学训术严亨向省府禀报、并转奏朝廷，"本县都江堰等四十四堰，应发民筑为便"。孝宗弘治三年（公元 1490 年），丘鼐以都御史任四川巡抚。明初以来，由地方官吏兼管都江堰渠首堰务矛盾多、问题大。如渠首在大修、抢修、岁修时，灌县的地方官对兄弟县无调动权、指挥权，其他县不一定全力以赴。若灌县只为满足本县灌溉之需，岁修时可大量偷工减料，甚至或作或辍，可能影响整个灌区大局，堰务废弛。当时朝廷派来治水的国子监生，"其来也远，其居也暂"，都江堰各河流堰渠密如蛛网，外来官员不了解当地具体情况，不能剖析分合错综之源，难以解决都江堰治理问题，无法担当治水重任。丘鼐莅任四川巡抚当年即上奏朝廷，建议设专官负责都江堰堰务，获朝廷批准，在四川按察司中增加佥事一员，总理都江堰堰务，以后遂成专职的水利佥事。高韶《铁牛记》甚赞此举，说"自是职有专任，时辑屡省，堰以不坏"。据明嘉靖《四川总志》、雍正《四川通志》卷三十记载，历任水利佥事有 250 余人，比较知名的有卢翊、施千祥等人，主持过都江堰大修。

设专官后，渠首工程有所改善。第一任水利佥事刘杲出任时，孝宗帝专门对他说："成都府灌县地方，旧有都江大堰。近年来，多被官校人等创造碾磨，或私开小渠，决水捕鱼，以致淤塞水利，旱伤田禾，及本省所属州县，平旷地土数多，随处皆可修筑塘堰，蓄水灌田。兹特命尔提督成都府佐二官并郫、灌等州县，各卫所官，将都江堰以时疏浚修筑砌，严加禁约，势要官校旗军人等，不许似前侵占阻塞。仍督同各州县卫所，抚民捕盗，管屯等官相兼管理，相度地方，兴举水利，务臻实效，无事虚文，敢有不遵约束，沮坏水利之人，拿问如律，应参奏者，奏请处治，毋得因而科扰，有损无益，致人嗟怨。如违，罪不轻宥。故敕。"（《孝宗实录》

卷三十六）。可见皇帝对都江堰灌区情况和利弊了解之深，反映了明朝廷对都江堰的高度重视。水利佥事除管理渠首和都江堰渠系外，还有督察灌区州县水利、保护工程的任务。明《蜀中广记》卷五十一说到都江堰的管理："宋敕永康军兼管堰事，国朝尤慎重焉，冬闭时修，春开时祀，水利道主其事，间行别驾及灌令代。"水利佥事又被俗称为水利道，可能已有独立的衙门和从属机构、人员。

但水利佥事一年中多则换六人，少则换二三人，恐怕对堰务也有影响。陈銮《铁牛记》说："嘉靖间，太守蒋君悯其民，思欲修秦守之政，乃具其事以请宪副周君相，度地势，求故址，得堰之最要者九，欲尽甃之石。其都江堰当水之冲，则石之外，再护之铁。议者龁之，计所费不资。会君随赴任江西参政，事遂寝。宪副施君继董其事，曰：'事贵有序，功贵因时，铸铁之功，易于甃石，且要焉，盍先之，徐谋其后。'乃檄崇宁尹刘守德、灌尹王来聘谋铸铁牛，其费则议出公储之应修堰者，经画处置甚悉。"（乾隆《灌县志》）周相于嘉靖二十一年（公元 1542 年）任按察司副使、水利佥事，施千祥于嘉靖二十九年（公元 1550 年）"继董其事"，二者并不是直接接任，中间竟隔了十八任长官。"继董其事"，实指继其志而已。

顺治六年（公元 1649 年），四川还处于战乱中，清军尚未入川，便已考虑到四川的水利建设问题，在军中专门设立了四川"清军屯田水利道"，由范奇才担任，并兼为四川按察使司佥事。（《世祖章皇帝实录》卷四十四）

康熙十九年（公元 1680 年），清军再次收复成都，最初是由四川松威道管运军饷的王骘负责维修都江堰。康熙二十年，四川巡抚杭爱亲自督临都江堰建设，命通判刘用瑞、游击钟声，前往都江堰渠首寻找离堆古迹并疏浚治理。四川松威道、松茂道按察司曾在康熙年间负责都江堰的管理。康熙四十五年（公元1706年），四川巡抚能泰治理都江堰时，首先是交四川松茂道按察司佥事高荫爵具体办理有关事项。

据清嘉庆《四川通志·职官》载：清世宗雍正六年（公元1728年）改军粮同知为水利同知。雍正十二年（公元1734年）成都水利同知府由成都迁至原灌县县署右侧的原典史署，加强都江堰的管理。水利同知署初名管粮水利厅，后称成都水利厅，设东西两案，东案办理堰工，西案办理懋、抚、绥、崇、章五屯粮饷，属成都府，由布政使统其事。水利同知府共编设65人，其中官员14人（同知一人岁领廉俸银580两，典吏7人、帮书6人，岁领工食银共624两，每年人平均领银48两），差役49人（岁领工食银共334两，后增至514两，每年人平均领银10两5钱），堰长、夫头各一人（岁领工食银72两，每年人平均领银36两）。以上三种人员俸银分别由国家、地方和岁修经费负担。官员工资在藩库（省政权管财政的机关）请领，差役工资在原华阳县地丁税内划拨，堰长、夫头在渠首岁修费中开支。另外公费银则在地方税中领支。水利同知府除向省领取各项开支外，并征木筏税、过境船舶税及出山入境羊税，以作防洪抢险之用。清末变法，部分开支裁减撤销，唯县公署、养济院、水利厅三种开支仍照旧领取。清雍正六年至清末宣统三年共184年间，水利同知共有123人、141人次出任。

民国元年（1912年），改水利同知为水利委员。次年，改水利委员为水利知事，驻原灌县，隶属西川道。后改为都江堰驻灌

民国二十四年（1935 年）十一月，取消水利知事公署，成立四川省建设厅，并设四川省水利局于灌县，直接管理都江堰工程，局长张沅。

民国二十五年（1936 年）七月，四川省水利局扩大组织，迁移成都管全川水利，同年八月由水利局派员成立都江堰工程处，专管渠首工程。灌区各县地方水利工程，由水利局主持。都江堰工程处编制 28 人，处长由工程师李玉鑫担任，下设副工程师兼工务主任 1 人，助理工程师 1 人，工务员 1 人，监工员 7 人，会计、庶务、办事员各 1 人，书记（文书）2 人，其余为测工、什役。工程处的行政和岁修工程费，列入省财政预算开支。

民国三十三年（1944 年）五月，四川省水利局依据水利局暂行组织规程第十八条规定，拟定了《四川省都江堰流域堰务管理处组织规程》上报省府，由省府转国民政府行政院备案，行政院复文同意后由省府颁布。派省府建设厅第四科科长、简任技正张沅任处长，都江堰工程处按照规程主要负责都江堰流域各工程之岁修、抢修及管理，调剂各干渠水量；岷江上游水源的治理；各县地方水利工程岁修之查勘设计，督导及验收；各县用水纠纷的处理及流域内其他水利事项等工作。把原水利局管理的一部分职能，如灌区各县工程的查勘设计、督导验收等工作交管理处办理。此时，都江堰专管机构已有流域管理的雏形，既管理岷江上游水源，又负责各县岁修。

八月，四川省府决定都江堰工程处扩大组织，增强职能，正式成立四川省都江堰流域堰务管理处，由建设厅领导。其职责是：主持春秋两季堰工会议，决定水费征收标准、使用办法，核定地方水利工程预决算和验收工程，以及其他重大事项；在业务技术方面，参加堰工会议初审地方水利工程预决算，渠首工程新修、改建、维护的审查、验收，以及其他事项。

1947年7月张沅离职后，由建设厅第四科科长、技正周郁如继任处长。

民国三十四年（1945年）七月，国民政府行政院颁布《水利法施行细则》，据此，制定了《都江堰流域堰务管理处办事细则》，进一步加强了都江堰管理工作。

第二节　官堰的管理

历代都江堰灌区的主要干渠、重要河流均由地方政府管理，灌区受益各县按所辖范围负责水利工程的管理及河道的整治岁修。支渠以下由受益户选出堰长管理。如工程、河道、渠堤遭受洪水冲毁，灌溉两县以上的支渠则由主要受益县负责，有关县参加组织施工，工程经费按受益多少分摊。

但由于地方水利工程未能如渠首工程一般设置专管机构，因此地方政府的管理以协调、组织、监督为主，或颁布法令约束民众。如杜光庭《道教灵验记·武昌人醮水验》所载故事，唐青城县（即江源县、今崇庆县地）官府只负责干渠岁修的组织工作，支渠的维护由民间负责。干渠的岁修实行"赋税之户，轮供其役"，官府负责组织和验收。但封建时期官府权力和权威很大，官堰的管理范围并非一成不变，非常时期地方水利工程也可组织修建维护。如神宗熙宁七年（公元1074年），蜀州守臣黎希声在天旱饥荒之时，以工代赈，组织饥民，三千余人修蜀州新堰，"凡灌田三万九千亩"，

全部由州府组织，并出钱修堰。

一般来讲，新开渠系或扩大灌面等新建工程，由于所费钱粮和投工多、协调难度大等，主要由官府组织修建。如唐初高士廉任益州大都督府长史期间，因当时成都平原农田用水紧张，渠堰附近田地昂贵，侵冒土地严重，便广开支渠，扩大灌溉面积。

古时都江堰灌区历来有民促官管的案例。明洪武、永乐年间，通济堰常"以时发民修筑"，即官府根据需要，不定时地组织灌区百姓抢修等。当时人口太少，灌溉面积极有限。到宣德初年，整个灌溉系统仅存十六渠，灌溉面积也大幅度萎缩至二千五百余亩。明宣德七年（公元1432年），洪水又将堤岸冲坏，水不得用，田地多荒，百姓纷纷外迁。在这种情况下，官府仍未打算修堰。部分百姓只好上书上级衙门，并反映到朝廷，要求官府像洪武、永乐年间那样，带领百姓修堰。清光绪年间四川总督丁宝桢曾向朝廷奏报都江堰索水风潮，称"臣从未睹此横暴情形，深为骇然。及询之地方文武，始悉此风，数十年来积惯如此"。清末出版的《成都通览》中也记载了都江堰"乡民千百为群，赴道台衙门击鼓求水"的传统。每遇这类声势浩大的索水请愿，地方官府往往不敢弹压，而采取听之任之的态度。灌区民间的"索水""闹水"之风，促使官府往往不敢放松水利建设和水利管理，以免激起民愤。

清代灌区管理体系分为官堰和民堰两大体系。民国时期，衍生出一个中间管理体系——县级灌区管理组织，即县水利会。民国二年（1913年）一月，当时北洋政府发布《现行各县地方行政官厅组织令》，规定县知事公署下设四所一局，其中实业所兼管水利。

民国七年（1918年），都江堰大修完工后，由省通令各县成立水利研究会。如双流水利研究会共有 13 人，正副会长各 1 人、会员 11 人，经费由扬武堰、大郎堰、新开堰三堰的堰工所分担。民国二十二年（1933 年）县水利研究会改组成立水利委员会，由县长兼主任委员，推荐堰绅或热心水利事业的人为副主任委员，设干事若干人。民国二十三年（1934 年）新都水利委员会共有 6 人，下设锦水河和清白江上、下三个水利区。

各县水利委员会与都江堰水利知事或工程处无上下级关系。上下游、左右岸，为了各自的利益，在工程修建上常出现水利纠纷。

民国二十五年（1936 年）七月，四川省水利局成立，扩大组织，由原灌县迁至成都。灌区 14 县水利委员会也同时在成都成立联合会，相互联系，并决定每年春秋两季分别召开都江堰堰工会议，由省府建设厅主持，水利局和受益地区的专员、县长、水利会长、工程管理处讨论决定渠首和地方水利工程的岁修、灌区用水、水费征收使用等重大问题。各县水利委员会行政上由建设厅领导，业务上由水利局领导，并由水利局组织查勘队，会同各县勘安水利工程，由省统收统支水费。民国三十三年（1944 年），都江堰堰务管理处成立后，各县水利委员会的业务改由堰务管理处领导。

第三节　民堰的管理

都江堰灌区的中、小型水利工程，多为群众集资修建、管理。官府对此给以提倡、鼓励、指导，即所谓官督民办，官督民治。在当时的历史条件下，没有地方政府的支持、认可，不可能把个体小农分散的人力和物力集中起来。民堰管理机构和堰长、沟长的职责是：每年"处暑"节后或岁修和用水前召开 1~3 次用水户代表会，办理民堰引水口岁修工程；组织群众淘修；征收水费，管理堰田；测报水位；解决和处理用水纠纷；调查登记堰内有关资料等。

民管，在个别特殊时期，可弥补官管力量的不足。雒口上、下堰，为什邡的重要水利工程，事关全县农田灌溉。清代初期，因管理体制不明确，没坚持岁修，一到洪水季节，便多处崩溃，十年九灾。在这种情况下，邑民吴相富站出来，号召组织灌区百姓，于康熙五十九年（公元 1720 年）对此堰进行了大修。施工中，吴相富自备口粮，雇募民工。经此次大修后，此堰"二十年来，狂波不能冲决"（嘉庆《汉州志》卷七）。

清代、民国以来，在都江堰灌区内民管的形式、内容，各地并不完全一致，有的甚至有较大的差异。民堰一般设堰长或堰总、下设沟长。沟长为各分溪的负责人。堰长任期一般一年，少数为两年、三年，个别长达七年。从有关资料看，堰长工作繁难，工作不易，其人选确定有多种方法。清代主要流行轮任，民国中期以后以选举为主。

如双流杨武堰，乾隆七年（公元 1742 年）堰规中关于堰长、沟长的分工是："堰长鸠工，沟长科费。"沟长负责征收水费，收齐后交与堰长，堰长统一用于工程安排。新繁县各堰皆设堰长，明清旧制由新置十亩以上田产的人家担任，后来鉴于一些人家财力有限，实难胜任，又于民国二十八年改为由新买三十亩以上田产的人家担任。这样一来，以前担任过堰长的人意见很大，又于民国三十一年，仍改回由新买田十亩者担任堰长。选举产生的堰长，一般选田产较多、有威望的人担任。

民国时期，成都栏杆堰实行堰长承担岁修费用的制度，堰长由七条分溪派人轮流担任，分溪则在置田新户中拈阄决定堰长人选。民国三十七年，省、县水利部门出面，组建栏杆堰整理委员，废除旧堰制，实行大家共出水费和选举堰长的制度。崇庆螃蟹堰实行维修、岁修经费堰长包干制，用水户按规定交纳固定的水费，维修费用不够，则由堰长垫付。堰长出力又赔钱，大家都不愿干。此后实行轮流担任堰长的制度，凡有田产十亩以上的用水户，均应担任堰长一次，每年农历六月六日李冰生日纪念活动时换届。光绪年间，修改堰章，规定凡置田新户，不管田地面积多大，都得担任堰长一次。崇庆朱崇堰（引文井江水），康熙以来，设堰总一人，总理全堰事务；支溪八条设堰长八人，具体负责本溪事务；另设碾长一人，专管全堰水碾事务；支溪下有分溪者，则设沟长。民国初年，朱崇堰设庶务、工程二处，由八堰堰长兼任。华阳县大湖堰（引江安河水）下有分支六溪，均设堰头事务工所。设总堰长一人，散堰长六人，均一年一任。又设总经理、副总经理各一人，经理十二人，为常设职务，辅助各届堰长。

通济堰事涉眉州、彭山、新津等地，全堰设堰长十人：眉州四人、彭山四人、新津二人。以下筒堰再设沟长、堰长等；清代堰长有堰通六名、堰差四名，专门负责征收过往船费、巡视渠道等。光绪十九年（公元 1893 年），三县各设堰局，民管又转为官管。

古代民堰堰长确定后，要报县府知晓，民国时期则报县水利委员会备案。新津县政府《堰务规则》第三条规定："各堰沟用水户，应照原有规定之名额，开会选置堰长或沟长，报由水利委员会转请本府核定备案，并给以委令。"个别重要的民堰还要报省一级水利主管部门。民国七年，省水利知事专给朱崇堰总授图章，以示慎重。

民堰一般根据自身情况，有一个共议通过的管理章程或堰规。章程多勒于碑石，立于堰口，不能随意改动。如清代长同堰"以旧碑漫漶，不能垂久，爰综厓略，寿之石前，二碑仍存。别以小碑勒规条，告示姓名无失"（民国《灌县志》）。新都、广汉、金堂三县的马棚堰制定堰规，规定：堰内设总簿一本，小簿八本、记录支、斗渠有关堰务，并轮流移交；堰长安设水尺，向用水分堰报水位涨落，天旱水小立即报县，转水利府解决；缺水时组织水夫到上游平水，检查上游不按规定多进水的各堰，做到平均分水。用水时，如遇沙石淤积堰沟，传锣出去，亲率堰夫修淘；召开堰夫会议，领导岁修，催收水费。各分堰长服从总堰长指挥；各用水户按规定出工岁修，负担所需材料、劳力、经费；碾磨筒车照公议出夫、出料。春水时，不得设拦河扎堰引水。堰长不尽职责扣发工资，重者罚款。用水户和碾磨不尽义务，则罚夫、罚款或停止用水。成都市砖头堰菜子沟，备有调查登记簿，由沟长记明沟的位置、沿革源流、堰门宽度、田亩等，以备后任查考。各堰都民主制订乡规民约，要求人人遵守。

民堰的维修费用有多种情况。灌县王来通曾参与开修的长同堰，建成后全堰分为四区，每区附堰田六百亩，为岁修经费的基本来源。一般岁修时尚可支撑，但大修时便捉襟见肘。嘉庆十五年（公元 1810 年），在堰口竖立开堰碑，载开堰始末。道光初年，同治二年（公元 1863 年），上述开堰者后人曾多次捐金大修。崇庆朱崇堰堰规规定，全堰用水户必须参加岁修，实行轮役制，十二年一役，每年一轮，每年役工一百一十三人，不愿参加岁修的受益户则交纳水费，这部分水费的总收入全用于竹笼工价。古佛堰则各县设堰长一人，负责征收水费，又专驻堰头，防秋水之泛涨，随时调人修筑保护。

第十二章　岁修管理

第一节　岁修制度与组织

一、渠首、官堰的岁修

都江堰的岁修历史非常悠久。相传李冰在都江堰渠首埋石马，作为每年岁修时"深淘滩"的标准，表明李冰时已有了较严格、科学的岁修。西汉、东汉蜀郡的"都水"衙门、三国蜀汉时期的堰官，最重要的职能之一，便是组织每年的岁修。

2005 年 3 月 4 日，都江堰外江河床安澜索桥外江段一号桥墩附近出土了一座石碑，记载了东汉时期都江堰岁修有关情况，史学界称为"建安四年北江堋碑"。根据该碑记载，都江堰早在东汉建安四年（公元 199 年）就开始岁修建设，并受到当时地方政府的高度重视，岁修由堋吏 [①] 等百余人具体负责建设，太守府派遣监北江堋太守守史，对岁修进行监督。

虽目前还没发现唐代有关渠首的岁修资料，但相关记载表明，都江堰灌区有一套独具特色的岁修制度。宋代席益在《淘渠记》中说："唐白敏中尹成都，始疏环街大渠，其余小渠，本起无所考，各随径术，枝分根连，同赴大渠，以流其恶。故事，首春一导渠。

[①] "堋"即"北江堋"，即今都江堰。古代将都江堰鱼嘴左侧的内江称为"北江"，将鱼嘴右侧的外江称为"南江"或"正南江"。"堋吏"是专门负责都江堰管理的官员。

岁久令渎，遂懈而壅。""故事"即以前的制度。大中七年（公元853年），西川节度使白敏中在成都城中开金水河后，便建立了每年春季的第一个月"导渠"的岁修制度。

唐代都江堰灌区的青城，用水户也有一套较为严密的岁修制度。《云笈七签》卷一百二十一载杜光庭《道教灵验记·武昌人醮水验》：

武昌人寓居蜀之青城，其邑每岁修竹笮之堰，以堤川防水，赋税之户，轮供其役。武昌是岁籍在修堰之内，邑吏第名分地以授之。自冬始功，讫岁而毕。所受之地，当洄水之宄，新有漩注，基址不立。虽运石以塞之、负土以实之，一夕之后已复深矣。主吏疑其龙神所为也，求陀罗尼幢三四尺，投于其中，侵陷弥甚。昼勤夕劳，不离其所。诸家有绪，而独未定其址，颇以为忧。乃备祷醮之礼，撰词以告焉，其大旨曰：国以人为本，人以食为先，人依神以安宁，神依人而变化；蜀之田畴既广，租赋是资，所修堤堰二百余里，或少有怠废，则垫溺为灾，岁苟不登，则饥寒点至，人或失所，神何依焉？况复漂陷为忧，沦胥是惧，有一于此，则粢盛不供，椒浆莫给，春祈秋报，何所望于疲民哉？当使封畛克完，浸淫息患，地租天赋，无旷于循常，东作西成，克彰于幽赞矣。如是洁其器用，丰其礼物，扫地而醮焉！是夕梦众人纷纭，担囊荷橐、襁婴携孺，若迁于他所。明日投石以实之，水乃退洄，遽成其堰。八月之后，方复摧陷，浚为洄潭焉。

《旧唐书》卷四十一《地理志》说："青城，汉江源县地，南齐置齐基县，后周改为青城，山在西北三十二里，旧'青'字加水，开元十八年，去'水'为'青'。"可知此地为文井江（文锦江）、西河灌区。青城一县，每年由县府直接安排的岁修任务是"所修堤堰二百余里"，即县府只负责干渠的岁修，支渠的岁修由乡、里负责，不在此数内。岁修时间安排在每年冬季枯水期和农闲时，农历新年前完成。岁修由"邑吏"即县府中专门分管水利的吏属统一布置安排。用水户每年"轮供其役"，自理食宿，轮流参加岁修。"邑吏第名分地以授之"，即将河床岁修任务分给所有参加岁修的人，每人负责一段，按标准疏淘，县府只负责验收。这位武昌人凑巧分到一处"泂水之穴"，虽"运石以塞之、负土以实之""昼勤夕劳，不离其所"，但过一晚上又是老样子。其他人都快要完成任务了，他却连基址都还没搞好，甚是焦急，便去求神，终于完成了任务。他负责的这一段在八个月之后，"方复摧陷，浚为泂潭焉"，不过这已是第二年的岁修任务了，恐怕轮换给他人。该文虽为宣扬神迹，但也反映了唐时大堰官督民办的特点——"赋税之户，轮供其役"，是当时灌区岁修的基本特征。

宋代在都江堰渠首管理方面，建立了一整套严格制度，包括岁修制度。《宋史》卷九十五《河渠志》详细地记载了都江堰的岁修制度：

> 离堆之南，实支流故道，以竹笼石为大堤，凡七垒，如象鼻状，以捍之。离堆之趾，旧镵石为水则，则盈一尺，至十而止。水及六则，流始足用，过则从侍郎堰减水河泄，而归于江。岁作侍郎堰，必以竹为绳，自北引而南，准水则第四以为高下之度。江道既分，水复湍暴，沙石填委，多成滩碛。岁暮水落，筑堤壅水上流。春正月，则役工浚治，谓之"穿淘"。元祐间，

差宪臣提举，守臣提督，通判提辖，县各置籍。凡堰高下、阔狭、浅深，以至灌溉顷亩，夫役工料及监临官吏，皆注于籍。岁终计效，赏如格。政和四年，又因臣僚之请，检计修作不能如式，以致决坏者，罚亦如之。大观二年七月，诏曰："蜀江之利，置堰溉田，旱则引灌，涝则疏导，故无水旱。然岁计修堰之费，敷调于民，工作之人，并缘为奸，滨江之民，困于骚动。自今如敢妄有检计，大为工费，所剩坐赃论，入己准自盗法，许人告。"

从元祐年间（公元1086—1094年）开始，都江堰的大修、抢修、岁修，通常是"宪臣提举"，即由成都府知府直接发起；其次是"守臣提督"，灌区各知州、知县也负责督办；"通判提辖"则是通判负责具体组织管理。当时岁修的范围包括渠首和整个灌区。在渠首，每年岁修的内容包括：在离堆之南，"以竹笼石为大堤，凡七垒，如象鼻状，以捍之"，用大量的竹笼护堤、分水，可能指现人字堤或鲤鱼沱等工程；"岁作侍郎堰，必以竹为绳，自北引而南，准水则第四以为高下之度"，以竹笼重筑飞沙堰，以平水则第四划确定飞沙堰高度；"江道既分，水复湍暴，沙石填委，多成滩碛。岁暮水落，筑堤壅水。上流春正月，则役工浚治，谓之'穿淘'"，对鱼嘴以下的内江河床进行疏淘。为保证岁修的正常进行，还要将都江堰渠首、渠系、灌区的各种数据，每年岁修的用工情况，使用的原料资料，各工区的监临官吏等详细地记入官府文件，即"注于籍"。可见当时各级政府对都江堰极为重视。

宋代以来，逐渐形成每年一岁修、三年一小修、五年一大修、十年一特修的制度，灌区受益区百姓也养成了视参加岁修为己任的习惯。

成都市内，当时也逐渐形成每年春季的第一个月内进行淘渠岁修的制度，可能沿用唐俗。据宋席益《淘渠记》记载：大观丁亥（公元 1107 年）冬，席旦为成都知府时，成都城中积潦满道。戊子（公元 1108 年）春，开始疏淘岁修成都城内沟渠。刚开始，有的人还不理解岁修淘渠的意义，到后来见"秋雨连日，民不告病"，又转为交口称叹。三十年后，席益重任成都知府，当时成都城内沟渠已久不岁修，堤防久废，江水在城中汹涌成涛濑，到春夏之交，"大疫，居人多死，众谓污秽熏炙之咎"。于是，他又重新恢复了春天岁修淘渠的制度。岁修后，"是岁，疫疠不作，夏秋雨过，道无涂潦，邦人滋喜"。为更好地管理成都沟渠，席益还令有关部门将成都的河道水溪绘成图，以便"按图而治之"，并"刊图以示后之君子"。

从现有资料看，元代最先在岁修中采用以钱赋代替劳役的制度。当时，都江堰渠首及干渠每年的岁修工程共一百三十三项。每年参加岁修的工人多时有一万人以上，少时也超过千人。由于当时百姓太少，每年不得不征调大量军人来补充。灌区百姓民工由有关部门按比例派给用水各县。凡派出参加岁修的民工，皆按劳役七十天折算。虽有时不到七十天便完成了岁修任务，但民工仍不得休息，有关官员又另派其他任务。如民工不愿服役，每天交三缗庸钱[①]也行。其结果是"富者屈于资，贫者屈于力，上下交病"，成了当时成都社会的一大症结。有鉴于此，李秉彝、吉当普下决心以"硬"建筑取代传统的"软"建筑，修建铁龟鱼嘴、石门等，

---

① 庸钱即工资，指不愿接受征召的民工需出钱作为夫役的工资。

从根本上大幅度减轻岁修的工作量，从而也减少有关衙门盘剥百姓的途径。此后四十余年间，岁修工作量果然大大减轻，但仍然存在"深淘滩"等岁修工程。

在元末明初近二十年的战乱中，都江堰岁修工程基本处于停滞状态。从明代开始，都江堰渠首的大修工程一般要先报朝廷，获得批准后才执行。洪武九年（公元1376年），彭州知府胡子祺修都江堰后，官府对都江堰的管理和岁修才逐步恢复。胡子祺见元人用铁石修堰费用过大，便恢复了竹笼枋槎工程。经过一百三十七年发展，都江堰灌区人口大量增加，至正德八年（公元1513年），卢翔主管都江堰水利时，治水时淘得李冰所刻"深淘滩，低作堰"治水六字诀，便修建一亭，名"观澜亭"（明·高韶《铁牛记》说是"疏江亭"），将六字诀置于其中，用昭永鉴。他又著《灌县治水记》刻于碑，认为铁石治堰是"始肆力于堰；无复深淘之意"。不深淘滩，仅仅靠强化鱼嘴建筑物本身，是不能解决治理问题的。他说："假令沙石涌碛，水不得东润，虽熔金连障，高数百尺，牢不可拔，亦何取于堰哉！矧所谓铁龟、铁柱，糜费几千万缗者，曾未几辄震荡湮没，茫无可赖，方诸笼石廉省，今古便焉者，孰得？比来，民受其困，宜坐诸此，予窃少之。"（《全蜀艺文志》）卢翔认为，用铁石坚筑堤堰的办法花费太大，又不能持久，不如用历代行之有效的竹笼结合深淘滩的方案为好。但在卢翔之后，嘉靖年间的严时泰时期，仍打算在都江堰渠首"尽砌以石"，石之外再护以铁，尝试铁石治堰。嘉靖二十九年（公元1550年），提督水利按察司副使兼佥事施千祥在主持都江堰渠首的大修工程时，鉴于每年岁修费用巨大，又在渠首局部搞了一些"硬"建筑工程，以图久远。他在决策这一问题时，灌县知县王来聘曾谈到上一年度岁修时曾在鱼嘴增立铁桩三株，贯石以砌鱼嘴，本年度鱼嘴上的竹笼损失便大大减轻，只有正常年份的一半，仅这一项便可节省岁修费用两千余两白银。于是为进一步节省每年岁修费用，施千祥组织建设了铁牛鱼嘴。其后，万历初年，郭庄、杜诗在主持都江堰大修工程时，又采用了铁柱挡水捍堤等办法，目的皆是为减轻岁修工程量。从这时开始，为给后人岁修时提供"深淘滩"的标准，开始在渠首三泊洞等地埋设铁桩。明代战乱，都江堰的管理再陷混乱，久不岁修，在崇祯年灌区便由原来的十二州县缩减为七州县。

清代继承了明代的制度，都江堰的大修工程一般要先报朝廷，批准后方开始执行。清代早期，每年岁修主要采用"令用水州县，照粮派夫，每岁淘凿"（民国《灌县志》）的办法。康熙时期，曾对岁修工程的时间作了规定，都江堰渠系各项水利工程每年修理一次，施工时季以不影响农耕为原则，一般在每年冬季枯水时进行，大致自霜降起，至次年清明节止。此季水小、农闲，清明节后播种水稻，农田必须灌溉。渠首工程岁修顺序是先外江而后内江，年有常例。岁修工作之第一步为截流，在都江堰鱼嘴以上用杩槎截断外江，使水完全流入内江，遂在外江实行疏淘及各项修理工作。从十一月开工，定于十二月中完竣。外江工程完成后，则截断内江，使水暂时全入外江而修理内江，清明节以前完成各项工程，然后放闸开水，分水入于内、外两江。截流工程中所用之木材为桤木、麻柳木及青杠木等，就地取材，用费低廉。此岁修制度在整个清代、民国时期，大体沿承，没有大变。

雍正六年，设立成都水利同知衙门后，都江堰的岁修管理程式更加规范，原则上规定每年岁修，三年一小修，五年一大修，

遇有特大洪灾即进行抢修。由水利同知衙门负责组织、安排都江堰渠首及一些重要干渠每年的岁修、小修、大修、抢修等工程。岁修工程中，从大政方针到若干具体技术问题，都是水利同知必须亲自过问、指导的。如司马寅亮任水利同知时，其职责包括负责"竹笼之疏密，磐石之高低，沟渠之浅深曲折，靡不悉心区画，钩稽甚严，以故胥吏不敢朘削，民无所怨咨也"（民国《灌县志》）。强望泰主持都江堰岁修时，甚至注意内江口、外江口、飞沙堰口等处清淤的沙石"均须弃置远岸"，使其"水涨时庶不致冲流仍集内江"，并注意将宝瓶口下游一段渠道拓宽加深，"使水出口，势得舒畅"。在宝瓶口北岸"添刻水则十画，初画（第一画）令与河底平，俾农民便察此处之深浅"（民国《灌县志》）。在飞沙堰，则减少竹笼层数，进行低作。为加固堤岸，对内、外江各鱼嘴的卵石竹笼，"尽以竹篾穿系"，使其"夏日可免冲刷"。

在岁修中不断总结经验，推广到整个灌区，是水利同知的重要职责之一。强望泰八次任水利同知，他"因访绅耆，披阅志乘，细绎深思，求所以治之法"。他很注意倾听各方面意见，有时还换装暗访，深入调查研究，通过长期探索和不断总结，方"觉稍有会于深淘滩，低作堰之本义"（民国《灌县志》），认为这是岁修的根本性准则，并将其解释为"深淘滩"者，所以防顺流之沙石不使淤入内江也；"低作堰"者，所以使有余之渠水便于泄入外江也。深、低以什么为准？为解决这个问题，他在河底置铁柱一根为卧铁，作为淘淤标准。道光七年（公元1827年），他主持都江堰岁修时，又将其具体化为"多加河防，广作堤埂，深去江底之碛石，低砌笼埂之层数"（民国《灌县志》），并指示灌区各主要堤埂"一律如法修治"。司马寅亮，一到灌县，即览邑乘，观水则，询诸父老，无敢稍暇。

为保质保量地完成岁修重任，水利同知一般要到现场工地，指挥，身先士卒，带头干。如强望泰"每年淘滩作堰，躬与役徒为伍，虽严寒风雪，不敢告劳"，司马寅亮则"据胡床指挥，夫役辈携锄荷畚，如子来趋父事"（民国《灌县志》）。

水利同知衙门负责的干渠岁修工程，一般分派到各县，由水利同知衙门派员会同各县组织施工。唯渠首的部分岁修工程，有时由水利同知衙门直接负责，有时交由灌县县府负责，因时而异，因工程而异。陈炳魁《上吴制军留任胡明府书》中谈到灌邑："县主通禀培修离堆，保固灌口，……添堤七百余丈，淘河五千余方，栽柳二千余株。冒雪冲霜，亲为劝课，筹款设局，备极经营。而内外各河民工，亦几大备。"可见灌县县府确施工过渠首的一些岁修工程。但历届县令因公务繁多，不能逐日亲临河工现场督理，常出现领款不敷、工料偷减等弊端。宣统元年岁修工程分工时，灌县知县张溥争夺工程，与水利同知衙门纠纷，竟闹到了省督处。他在奏文中说："窃查县堤堰，向分内、外两江，每届秋令，水势稍退，扎水归入内江，以修外江各工；冬春之交，又将扎水全注外江，以修内江各工。所有新河口等处，系内江工程，向归知县经理请款培修。"水利同知则反映了其具体情况。最后省督批复道："详悉所请以县修堰工归并水利同知管办，应予照准。惟水利同知或力有不逮之处，随时知会该县尽力补助，不准稍有推诿，仰即分饬遵照，并移藩司查照。此缴。"以水利同知衙门胜诉。（《四川官报》1909年，第三十册刊载《督宪批劝业道详灌县禀请县修堰工归并厅办文》）

民国二十二年（1933年），岷江上游叠溪八月二十五日发生 7.5

级大地震，山崩堵塞岷江正流及松坪沟等支流形成大小8个地震湖，其中，岷江干流上两个地震湖称"大海子""小海子"。十月九日，"小海子"溃坝约40米，溃坝洪水约0.803亿立方米，造成茂县以下到都江堰内外江严重水灾，渠首工程全部冲毁。1934—1936年，两次进行大修，新建的渠首都江鱼嘴，工程稳固到1974年修建外江闸时仍然存在。这次大修还加固了百丈堤、金刚堤、飞沙堰等重要工程。民国三十六年（1947年），都江堰灌区连续降雨，成都望江楼水文站6月30日—7月6日降雨总量达358.7毫米，其中7月4日一天暴雨量为233毫米。灌区暴雨又与岷江洪水相遇，成都地区遭受严重洪灾，市区一片汪洋，街道积水盈尺。有关单位当即组成导河委员会，成立府河、南河导流工程处，用省内、外水灾捐款，进行渠首和灌区河堤的修复。

二、灌区支斗级河堰的岁修工程管理[①]

"各县地方水利工程"是民国后期对灌区各县境内干支各河岁修工程的称谓，由省统一主持，各县水利会具体负责施工。其内容主要包括各河险工地段的河方、堤防工程，影响面较大的干支河（堰）的河方、堤堰工程。

地方水利工程的岁修分为查勘、复勘、安工、验收四步。安工是都江堰河工术语，包括施工设计和放线。岁修施工与渠首断流、通水配合，每年霜降节前由各县水利会查勘河道，根据冲毁情况拟定岁修地点、工程，然后由水利局派出由工程技术人员组成的勘安队、会同县水利会复勘和安工（1944年起改由堰务处主持复

---

① 参考谭徐明《都江堰史》。

勘）。外江水系各河 12 月上旬开工。次年 1—2 月间河方工程、堤堰、堤防工程水脚部分完成，内江水系各河 1 月上旬复勘，2 月上旬动工，3 月下旬完成河方工程。堤堰、堤防工程水脚部分，由建设厅、水利局进行第一次验收，5 月底全工完成后第二次验收。

实际各县查勘工程往往流于形式。因为经费限制，由省统筹的地方工程历年以不超过 1936 年岁修地点为限，称为"省修工程"；凡关系一县利益的工程，由县自筹经费，称"县修工程"。

为了培训地方工程岁修的施工人才，1935—1939 年，四川省水利局开办了多届水利工程训练班（所），为各县培训具有初步工程施工技术和管理知识的监工人员。受训人员要求是各县本籍人，具有小学毕业以上文化程度。根据 1935—1936 年《水利工程训练班学员毕业花名册》记载，两届学员共 29 人，均具有中学、中专文化程度。各届训练班设置的课程和要求不尽一致。内容偏重于安工、工程施工要领、工程验收等方面，包括测量、制图、土木施工法、工程管理监工要义、工程合同与开标等课程。训练时间两周左右，随后，学员赴工地实习，由工程处发给津贴。

干支各河岁修期间，各县筹建工程处以管理施工。处长常由县长兼任，水利会成员负责具体事务。地方水利工程施工亦采用承包制，与渠首岁修不同之处是原材料一并承包。各项工价由建设厅、水利局统一制定，各县按价招商。民国后期，物价失去控制，工料价迅猛上涨。官定工价失去控制，主管部门对工价控制一直较严。因为官定工价届岁修时，往往偏低，各县纷纷要求增加。为了控制工价上涨，主管部门采取凡是要求增加工价者，允许小范围变化，但要缩减该县岁修工程的措施。由于涉及本县利益，

这一措施使各县不至于大幅度削减岁修工程，在经济恶化的情况下使灌区 14 县工价基本趋于平衡，对于阻止承包商、管理人员内外勾结哄抬工价有一些作用。但 1945 年以后，在川西经济状况衰退的情况下，岁修工程不得不一减再减。

三、民堰岁修 [①]

民堰岁修一般包括堰工段淘挖、疏浚，渠道的重点疏浚，修筑堰口堤堰及护岸工程，其范围大多限于堰（沟）口至湃缺段。

各堰岁修时间不一，大多在冬季进行。很多堰规对岁修工料有专门的条款。如华阳县大湖堰堰规：立冬后十日（11 月中旬）开工，立春前十日毕工（1 月下旬）。每年岁修用木桩 304 根、竹笼 126 条、捶笆 18 垛、篾席 32 床。崇庆县文井江引水之铁溪堰，道光二十七年（公元 1847 年）规定：每年正月十八日踏勘，正月三十日断水开工，崇庆县负责修筑堤堰，大邑、崇庆疏浚河道。大多数堰沟工程简单，每届岁修堰长集合用水户修堰淘河或半日或数日即可完工。

一些民堰并无严格的岁修制度，只在春水来源不畅时，临时召集用水户兴工。例如，清白江分流的蟆水河，灌溉崇宁、郫县、新繁、新都四县，内江通水后，若来水不足，在新繁龙藏寺下鸣锣聚众沿流而上，用水户聚集河口，开工淘挖。

---

①参考谭徐明《都江堰史》。

第二节 岁修经费与劳力

一、岁修筹资的各种方式

都江堰灌区是一个必须岁修且经常需要抢修、大修的水利系统。综观都江堰灌区的各种经费和劳动力来源，其中最重要、最经常的，是灌区用水户的水费和灌区各县的劳工。

（一）百姓出钱出力，官府组织

灌区百姓除按田亩面积交纳水费，还按一定人口比例服劳役，义务参加岁修、大修水利工程等。如宋代，都江堰"岁计修堰之费，敷调于民"。元代，灌区百姓除交大量水费，还轮流服役参加岁修等。明代，成化九年（公元1473年），四川巡抚夏埙以外州县民工到渠首岁修不便，将郫县、灌县应承担的杂派科差均摊给较远的用水州县，让郫县、灌县专门准备维修渠首所需民工和原料，承担更多的堰务。正德八年（公元1513年），卢翊修都江堰，采用每产三石粮就派一名岁修劳力的办法，组织灌区劳力三千人，分为八班，每八年轮服工役一次。

（二）官民合资

由官府出一部分资金，再以水费等形式从民间征收部分资金。另外，用水各县派出相当数量的民工，也属官民合资或者说官资民力。这类筹资方式在历史上较为常见。如清末通济堰增筑南河堤埂，高一丈四尺五寸、长一百二十八丈、宽二丈四尺，添筑西河堤埂高五丈、长二十八丈、宽一丈，岁修抢修、之费，旧规每岁于水利厅领银五十二两，远不敷需用，便从新津、彭山、眉州

各堰户按亩均派。

（三）官府独资兴建

由政府出资雇用民夫创修或重修、整修堰渠。这种情况在都江堰，无论是渠首或渠系，总的说来，为数甚少，但有多种形式。北宋熙宁年间（公元1068—1077年），蜀州知州黎希声在难民中挑选丁壮三千人，政府拨粮，以工代赈，对三江口进行了大修，"凡灌田三万九千亩"，5000多家农民享受到灌溉之利。清乾隆二年，朝廷批准都江堰自人字堤起至省城西门外金沙新堰、温江县江安堰、新彭二县通济堰、疏浚省城城河，自乾隆二年起于该省盐茶项内动支修筑。乾隆六年，又批准川省石牛、黑石二堰归入都江岁修案内一并动项修理。乾隆十三年，议准川省岁修都江等堰每年动支盐茶耗羡[①]银二千五百十有二两有奇。南宋初期，已出现官府贷款修堰情况。宋建炎年间，眉州守臣勾龙庭实贷诸司钱六万缗修通济堰，即向有关衙门贷款，待水利工程修复后，农业丰收后再还。

（四）数县合资

都江堰以上之石牛等堰工程，系崇庆州与灌县两地人民照亩捐派。每年修淘约需六百八十两。成都府河下游的古佛堰，于乾隆三十五年，由华阳、仁寿、彭山三县县府出面，调动各县百姓合资兴建，修成后由三县共同管理。光绪三十年夏，外江盛涨，黑石、羊马两河均被水患，崇、灌等处堰堤，多被冲决。修

---

① 耗羡，是"火耗"与"羡余"的合称。《清史稿》将火耗定义为"加于钱粮正额之外，盖因本色折银，熔销不无折耗，而解送往返，在在需费，州县征收不得不稍取盈以补折耗之数，重者数钱，轻者钱除"。简单来说，就是地方官府借口弥补所征银两在熔铸时的损耗而增收的附加税。

复深溪坎、九角笼、陈家林、蒋家埂、八角场五处工程，约估银二千五百两，由省发银一千二百两、崇庆州再派筹银七百两、灌县派筹银六百两。

据 1940 年的统计资料，当时都江堰灌区共 144 县，各县较大之河堰共五百一十七处，小堰则有两千五百处之多。当年的岁修经费，除由省水利厅统一解决的各县地方最重、重要、次要的各种水利工程费外，其余由灌区内各县承担。外江流域各县出的经费共为七万六千三百九十元，内江各县共为四万一千三百三十元，共十一万七千七百二十余元。

（五）私人捐资

这种兴办水利的形式在都江堰灌区较为普遍。一是官员捐建。徽宗时期，张唐英在崇夫府捐金筑堰，灌田数千顷。清代四川官员常主动捐俸，带头出钱出力修渠筑堰。如顺治十六年（公元 1659 年），巡抚都御史高民瞻、监军道程翊风及各文武官就共捐钱二千有奇，整修都江堰渠首。康熙四十五年（公元 1706 年）五月，因大雨河水猛涨，人字堤、三泊洞、府河口俱被冲决，四川巡抚能泰倡捐，修筑人字堤三十八丈、三泊洞、府河新堤八十三丈，时人称为"太平堤"。成都万里桥于清顺治三年毁于兵火。康熙五年（公元 1666 年），巡抚张德地、布政司郎廷相，按察司李翀及有关府县官员捐俸重修，仍覆以屋，题其额"武侯钱费裨处"，知府冀应熊大书"万里桥"三字，勒石。二是百姓捐建、捐修。什邡雒口上、下两堰因年久失修，每年水发，必至崩溃。康熙五十九年（公元 1720 年），邑民吴相富自备口粮，雇募工力对该堰进行认真整修。三是乡绅垫资。由家资富足的乡绅出钱垫修。

（六）募捐

此为古代都江堰灌区维修经费的重要来源之一。嘉定六年（公元 1213 年），魏了翁修蟆颐堰时，共用经费五百八十万铜钱，其中募捐经费七十万。南宋时期，永康军（灌县）在维修安澜索桥时，前军器监、汉嘉人张东甫捐五十万钱。同治六年，灌县廪生陈炳魁受县令之命督修派黑石河堰，准沿河居民捐资助河，效果较好。同治十二年（公元 1873 年）秋，"水决都江堰，内江之水滚归外江"。次年灌县县令委托陈炳魁率民修堰，经费严重不足，上面又限期开水，在这种情况下，陈炳魁便写了《募捐河工经费启》，向"濒河绅粮"募捐。也有和尚、道士行善募建的事迹，如双流三圣寺主持大朗和尚募捐修建的大朗堰。

（七）贷款

贷款建堰，最先出现于都江堰的外拓灌区。南宋建炎年间，眉州守臣勾龙庭实"贷诸司钱六万缗"修通济堰。都江堰灌区大规模贷款建堰，主要是在民国时期。民国三十年（1941 年），省水利局认为小型水利量大面广、款巨效微且督导困难，故用贷款兴修小型水利"徒劳无益"，不如将有限的贷款投入大中型项目，小型工程则由各县自行负责筹划，于是向陪都四联总处（中央、中国、交通、农民四银行及中央信托局）贷款 8000 万元兴修大中型工程。当时，都江堰渠首附近较大的一项水利工程兴文堰（导江堰），其修建经费来源之一也是贷款。

（八）义田、义仓、堰工田、济田

灌县方面为维修安澜索桥，于嘉庆八年（公元 1803 年）首先由一些官员、士民捐钱置义田，有的则直接捐田，以其收入作为以后安澜索桥维修经费。乾隆元年免征水费后，朝廷划拨的经费为定数不变，随着物价上升，都江堰维修经费严重不足。从嘉庆二十二年开始，灌区各府州县开始捐银置田业生息，以为堰工。嘉庆二十二年（公元1817年），蒋攸铦任四川总督后，为解决都江堰岁修经费的不足，继续贯彻前任的做法，"以义仓租息助灌县都江堰岁修，禁派捐累民"（《清史稿》），一方面由省府出一部分资金，一方面令用水各县捐钱设义仓，再由用水户按"每两派银六分四厘"的比例出钱，用于购置数量较大的田地，田地收入来弥补都江堰岁修经费的不足。当时，一些局部的水利设施或由县府拨款，或由民间集资、捐款设义田、义仓，以田仓收入来维持。如崇庆州府于嘉庆末年，用黑石河沿流用水户出钱五千六百缗，购田二百三十四亩，名为"济田"，每年收官斗谷五百六十一石，将其售卖后作都江堰的维修经费。

二、都江堰灌区水费征收

秦汉时期的水费缺少直接的资料，但综合各方面的情况看，当时岁修主要是采取向灌区用水户派役的方式。秦统治期间，主要实行以户为基本单位摊派徭役的制度。为确保赋税徭役制度的顺利执行，秦自商鞅变法起就执行小家庭政策，规定"民有二男以上不分异者，倍其赋"，以结婚、分家为开始承担徭役的标准。汉初，改为以男子的年龄为标准承担徭役。经过反复探索，从景帝二年开始"令天下男子年二十始傅"，即男子年满20岁便开始服役。西汉中期以后，随着土地的集中，在派役时还参考占有土地面积的大小等因素。

宋代，都江堰"岁计修堰之费，敷调于民"。当时渠首由永康军代管，灌区渠堰则由各县自己管理。当时已实行征收水费的

制度，各县征收到的水费，要上交一部分给永康军，作为渠首维修费用。此外，各县还可根据本地水利设施的需要，征收一定的费用。如永康军仅就维修安澜索桥一项，每年向索桥所在地的广济乡民每家人征收三个铜钱的维修费，另外还每半亩地派一夫，参加维修工程。服役期间，"其为役不过立木、破竹、运石，而竹木未集，护作之吏皂必先期督夫，稍失期则系累之搒笞"。

宋代蟆颐堰在天圣年间（公元1023—1031年），每亩交岁修费铜钱五十；到元丰年间（公元1078—1085年），提高到每亩交岁修费铜钱一百四十二，另交米一升。嘉定六年（公元1213年），魏了翁任眉州知府，率民修复蟆颐堰，经费共计约五百八十万铜钱，主要来源有三个部分：一是灌区每亩出"丁庸"钱八十钱，出工料钱三十八钱，共一百一十八钱，在征收时向百姓许愿，保证"一年莫复敛"，即一年内不再征收水费，共征得三百万钱；二是捐钱，募捐得钱七十万；三是"余亦以少府二百万足成之"，由眉州知府衙门出钱二百万。

元代的水费规制在《元史·河渠志三·蜀堰》中有记载，在元代早、中期，都江堰灌区每年的岁修堤防，共一百三十三处，其经费来源实行征收水费和按县派民工的双重办法。整个灌区，一年征收的水费"会其费，岁不下七万缗"。缗，穿钱的绳子，亦指成串的钱。元代，仍以一千文钱一缗，又称一贯，折一两银子，七万缗则七万两。从吉当普以铁石全面大修都江堰整个费用才四万九千贯的情况看，元代都江堰灌区此前每年征收的水费甚巨。

元代征收水费后，还按县派劳役。当时灌区人口太少，派不出足够的民工，常需军队服役。民工不愿服役者可以出钱，每天出钱三缗。用三缗钱即三两银子赎替一天劳工，这对灌区农民来说，简直是天文数字。一般的有钱人家要用二百一十两银子赎替七十天劳役，也是极沉重的负担。这从侧面说明，此劳役极为劳累或监管严苛，很多人视服役为畏途。正是有这个背景，吉当普才痛下决心，以铁石大修都江堰。

明代都江堰灌区的维修经费皆直接取自灌区用水百姓。当时，用水州、县"计田均输"，除交水费外，还按田地面积派人参加渠首岁修。军卫屯所也派人参加岁修。每年渠首岁修役夫在五千人左右，各县还得自备竹、木工料等。

正统七年（公元1442年），彭山县上奏，欲修通济堰，朝廷交工部研究后，命州县正官率军民修之，"仍戒毋过费，以困人"。显然维修经费直接取决于灌区百姓水费，参加维修的民工也从灌区用水户中摊派。

从清顺治十八年至康熙十九年（公元1665—1680年）清军两度占领四川后的初期，都江堰灌区每年岁修，实行"照粮派夫"的制度。清佟凤采在《修浚都江堰疏》中说：顺治十六年，前巡抚高民瞻案等捐金二千有奇，雇募淘凿都江堰渠首。"即今开垦渐广，但疏浚之水道易为沙石滞塞。欲为永久计，必行令用水州县，照粮派夫，每岁淘凿、庶民不忧旱，而国赋渐增矣。"（民国《灌县志》）获朝廷批准，照此执行。"照粮派夫"即按照粮食产量的多少摊派民工，此后不久又改为"用水民户照田块派夫"。可是田块有大有小、有肥有瘦，就灌区来说，还有距水源的远近等若干区分，当时一概不管。宪德还专门在奏章中解释道："但从前照田派夫，因川省田地向来不知亩数，惟有计块出夫。"（民国《灌县志》）川省向来不知亩数，可能是当时为了吸引外来移民，

在分配土地时以"块"为基本单位。后来通过丈量，才知道灌区这些按"块"计算的土地的实际面积，其基本情况见表12–1。

表 12–1　　　　　　　康熙四十八年前"照田块派夫"简表

县	派夫名额	实际灌溉面积（亩）	平均数
灌县	69	116198	1684 亩派夫 1 名
温江	11	1294	117 亩派夫 1 名
郫县、崇宁	408	191625	469 亩派夫 1 名
新繁	90	46753	519 亩派夫 1 名
新都	36	76971	2138 亩派夫 1 名
金堂	90	55357	615 亩派夫 1 名
成都	90	192726	2141 亩派夫 1 名
华阳	90	54639+24975	607 亩派夫 1 名

从上表可以看出，当时的岁修派夫管理制度还较粗糙，因未准确丈量田亩，造成各地派夫数量并不公允，例如成都县平均2141 亩面积才派 1 夫，温江县 117 亩便派 1 夫，两者悬殊近二十倍。

康熙四十八年（公元 1709 年），在"照田块派夫"的基础上，将派夫改为折银，每名夫役折银一两，用水九县共折银 883 两，以此作为每年的岁修、大修、抢修等费用。官府收到这笔款项后，另募民工，用以岁修等。从清代的岁修徭役制度发展史看，这是一个进步，但此制"俱由里甲经手，不无指少派多情弊"，也是历朝通病，难以避免。

雍正五年，人字堤冲决壅塞，岁修之费陡增至一千二百有奇，原征收的八百多两严重不足。雍正六年（公元 1728 年），成立水利同知衙门后，感受到"照田块派夫"的种种弊端，反复向省府反映，最终引起了巡抚的高度注意，宪德于雍正七年十一月十六日亲自上奏朝廷，欲将过去的"照夫折银"，改为"计亩摊派"，朝廷批准，从雍正八年开始执行（《钦定大清会典则例》卷一百三十五：雍正九年"覆准都江堰工按照田亩，均摊夫价，解交水利同知承修、再修"，其间似有反复）。当时正好清廷决定在全国范围内全面丈量土地，为确保计亩摊派的准确性，宪德命在丈量全省耕地面积的同时，先行丈量都江堰灌区田亩面积。在这个基础上，又根据用水的远近，将灌区分为三个等级。第一级，"得水最近"的灌县、郫县、崇宁县，因其"获利最普"，每亩交水费二厘。第二级，温江、新繁、新都、金堂、成都、华阳，每亩派银一厘五毫。第三级，华阳县内有用水略少之田，或者说要通过水车等以机械或人力提水的田，每亩交银一厘。这项水费制度考虑了田块差异，更趋合理见表12-2。

表12-2　　　　　　　雍正八年都江堰灌区"计亩摊派"简表

县	灌溉面积（亩）	康熙四十八年折银（两）	雍正八年每亩纳银标准（两）	雍正八年派银（两）	雍正八年较康熙四十八年收银增减比例
灌县	116198	69	0.002	232.96	+237.62%
郫县、崇宁	191625	408	0.002	383.25	−0.056%
温江县	1294	11	0.0015	1.941	−82.35%
新繁	46753	90	0.0015	70.1295	−22.07%
新都	76971	36	0.0015	115.456	+220.71%
金堂	55357	90	0.0015	83.035	−7.73%
成都	192726	90	0.0015	289.089	+221.21%
华阳	二级 54639 三级 24975	90	0.0015 0.0010	106.933	+18.81%
总计	760538	884		1282.229	+45.04%

此外，当时还专门规定："此项折夫银两，不加火耗，永为定例。"从制度上杜绝多收多派的可能性。新政策执行之前，又先将有关划分等级、派银标准、酌定银数，刊刻木榜，通行晓谕。百姓交银子或交铜钱都可以，省府专门下令，"令各该县银、钱兼收，听民自便，定为成例，永远遵行。"（嘉庆《四川通志》卷二十三）清代钱制较为复杂，但康熙、雍正时期，大体上是一两银子折合一千个铜钱，一个铜钱等于白银一厘。按铜钱价格算，灌区中最高的每亩每年交水费两个铜钱，最少的交一个铜钱。即使考虑物价变化的因素，比宋代蟆颐堰每亩每年水费在五十至一百四十二个铜钱，也要低很多倍。

由此可见，都江堰的水费制度是一个逐渐完善的过程。特别是这次调整，以刚丈量的土地面积为标准，从操作方法上看，比较公正。从派银总额上看，有四个县较以前有上升，有五个县却有下降。增加比例最大的是灌县，下降百分比最大的是温江。总数较以前增加近一半，上增幅度不大。这个额度，灌区百姓都能轻松地接受，结果是"民称便利焉"。这一时期，文井江流域的水费也很低，为"亩率二厘"（民国十四年《崇庆县志·方舆一》）。

经康熙、雍正时的持续努力，打下了坚实基础。乾隆皇帝登基之日，即"令行文各省，将捐输各项，自乾隆元年为始，一概革除，毋得私行征派，以为民困。其挑挖工程需用银两，于公项内酌量动用报销，钦此"。四川省将都江堰渠首、成都"二江"灌区、江安河灌区、通济堰灌区的水费及淘挖城河各工各程按年估，一律动用公项银两修筑。颇为奇怪的是，这一次在全国修堰水费全免的热潮中，却漏了都江堰灌区的石牛、黑石诸堰及灌溉彭县、什邡等地的万工堰等下游灌区。沙沟河、黑石河每年维修经费六百八十余两。六年后，乾隆五年（公元1740年）秋，雨水过多，堤堰冲坍，修筑工程较多于往年。乾隆六年春，四川巡抚硕色在维修工程竣工之时，亲履查勘，驻宿在江干上，才了解到"都江堰虽皆动项估修，而都江以上相去二三里之石牛等堰水利工程，仍系崇庆州与灌县之民照亩捐派"（民国《灌县志》）。于是他上奏乾隆皇帝，说："前来臣思皇恩溥被，自应一视同仁，均系堰工，岂可事同例异？况都江以下之工程，每年需费数千金，既皆动用公项，免其派捐；而都江以上之石牛等堰，相隔仅有二里许，岁需不过数百金，仍听小民派捐，非所以仰体皇仁也。可否仰邀皇上特降谕旨，敕令将石牛等堰岁修工程归入都江等堰，一并估支公项，永免派捐之处。" 很快获乾隆的批准。但他这次上奏居然又没有上报万工堰下游灌区的彭县、什邡等地。

简单地看，这只是一个对都江堰灌区的划分方法问题，实质却是另一回事。朝廷经费维修的灌区也就是水利同知衙门直接管理的区域，其由朝廷支付的维修经费实际是由省府支出上报。把都江堰灌区压缩小一点，省府就可以少支出经费。此外则由州县政府自管，可征收水费。彭县、什邡、广汉这三县从唐、宋起便进入了都江堰灌区，但阿尔泰、强望泰先后在向朝廷上报都江堰灌区范围时，都未将其纳入灌区内，征收水费时，却将其按都江堰灌区标准对待。雍正七年，黄廷桂等奉敕重修《四川通志》《钦定四库全书版》，卷十三"郫县"条："万工堰，在县西二十里。……县境内凡溉田堰水源，俱分自都江大堰，每年照亩出银，详见巡抚宪德疏。"此万工堰即民国官渠堰的前身，元代属崇宁，明代

属彭县，清代属郫县。从表面看，这只是各朝代行政区域的变化，或者说划分方法的不同，元、清主要是从万工堰渠首所在位置考虑，明代则从灌区着眼。实际上，这正是有关部门两头拿钱的一个手段。清代将万工堰渠首划归郫县，其渠首甚至下游的大量维修经费可由朝廷经费报销，下游灌区因没算在都江堰灌区内，又可向百姓征收水费。

在都江堰灌区，水利同知衙门收不到水费，对拓展新灌区不积极，这方面的职能只好由省府或州县政府来替补。乾隆二十九年，大修都江堰，灌区由十二县发展到十五县，即由提督阿尔泰亲自挂帅，方得以实施。关于新灌区的发展权限，具体规定尚未发现，但从都江堰灌区发展的实际情况看，由州县拓展的新灌区是可以收水费的。清乾隆二十五年（公元 1760 年），同为都江堰灌区，由华阳、仁寿、彭山三县在成都府河下游修建的古佛堰，便征收了水费。三县共同议定章程，在整个灌区凿分水石笕三十三处，每田千亩给笕口三寸五分，不及千亩者递而减之。仍然是按用水远近等情况，将水费分为上、中、下三则：从堰口到丰泽洞最近，为上则；其下至仁谊笕，为中则；清良笕至堰尾，为下则。每亩每年派水费：上则银一分五厘，中则银一分，下则银五厘。凡用水车翻戽提水的田，按下则标准收费；凡新开垦的田地，必须如实上报，加收水费。收到的水费，从制度上看，只能用作该堰的岁修、大修、抢修等。如有盈余，则留以待来年使用。从方法和三个等级区分的标准上看，主要是仿照雍正七年都江堰灌区的"计亩摊派"，但其水费标准却比雍正七年"计亩摊派"大为提高：上则提高 7.5 倍，中则提高 6.67 倍，下则提高 10 倍，分水多少完全是由交费多少来决定。可见由州县收水费，比由水利同知衙门收水费要高出许多倍。

水利衙门失去了水费这项经济大权，故此后较大的维修，必须由省上巡抚亲自挂帅才能实施。如乾隆二十八年（公元1763年），阿尔泰任四川总督时、光绪时期丁宝桢任四川总督时对都江堰的大修。道光年间，水利同知强望泰治理都江堰，可谓费尽心机，但因经费限制，主要精力都放在与岁修有关的项目上，在拓展方面鲜有建树。

免除水费后，官府划拨的维修经费有一个定数，到乾隆末年便感经费严重不足，最后不得不由盐茶道给以补助。

到嘉庆初年，再感经费不足。当时已经开始执行"所需工料除动支正项及息外，不敷则由各州县用水粮户均匀摊派，以济堰工"，即都江堰的岁修等，官府最多只出材料钱，其余则由用水各县摊派。当时收银情况如下：成都县用水田粮二千零八十四两；华阳县用水田粮一千三百六十六两一钱二分五厘五毛；崇庆州用水田粮三千四百零四两八钱六分九厘；汉州用水田粮二百二十二两九钱；温江县用水田粮五千九百零八两七钱一分八厘；郫县用水田粮二千零八两八钱；崇宁县用水田粮二千零八十六两一钱七分；灌县用水田粮一千八百零二两零六分；新津县用水田粮二百二十二两九钱；金堂县用水田粮三百七十五两四钱二分；彭县用水田粮三十六两；新都县用水田粮一千九百五十四两八钱九分六厘；新繁县、双流县用水田粮若干；以上十四州县用水共粮三万二千一百零三两零三分七厘五毫。（《金堂县续志》卷三《都江堰十四属用水田粮碑记》）后来再感经费不足，从嘉庆二十年

开始，一部分州县开始设"义仓"等以做堰工经费。

《清史稿·蒋攸铦传》载，嘉庆二十二年（公元1817年），蒋攸铦调任四川总督后，"以义仓租息助灌县都江堰岁修，禁派捐累民"，可见当时事实上已经存在"派捐累民"，即大量、普遍征收水费之事。这个矛盾直接反映到了新任总督那里，已非常尖锐。总督蒋攸铦一方面要"禁派捐累民"，另一方面又让四川省府出资设义仓，即购置数量较大的田地，以其收入来弥补都江堰岁修经费的不足。这也表明，此前由朝廷划拨的维修经费确实不足。与此同时，崇庆黑石江沿流用水户也出钱五千六百缗，购田二百三十四亩，名为"济田"，每年收官斗谷五百六十一石，将其卖钱后作都江堰的维修经费。设"义仓"和"济田"后，又维持了一段时间。都江堰灌区许多中、小支流的岁修费用则由用水户支付，如文井江的朱崇堰，"堰工之费，则俱由民备"。

到咸丰时（公元1851—1861年），都江堰渠首及干渠的维修经费严重不足，不得不变更花样，开始实行用水州县每县每年给水利同知衙门交"助竹价银七百二十两"的制度。同治（公元1862—1874年）初期，又增到每县交"助竹价银"一千两。（民国十四年《崇庆县志·方舆一》）

此外，在水灾年份还得另交水费。同治六年（公元1867年），岷江洪水成灾，崇庆官府为解决经费来源，先动员本县"绅粮酌量捐派"，又规定照田亩堰碾多寡，分别摊办经费。除受害最深、赤贫无力、田亩成河者酌于免派外，其余凡受黑石河之利，与未受害者，每亩派钱一百文；田地在洪水后变为沙泥但还可种者，每亩减半；又每座水碾子派钱三千文，每座油碾子派钱六千文。

总计筹措铜钱三千串，才凑足了经费。一亩田交一百文，已是雍正八年"计亩摊派"的 50 倍。

同治十三年，陈炳魁写的《请免缴解摊派加工银禀》一文，也揭示了这种变化："禀者，窃邑都江大小官堰为十四，属水利之源。去岁水利曾主请加河工银五千二百余两，蒙各宪轸念民瘼，准拨科场款项，发领支用，工竣开水而后，各州县计亩摊派。邑应解缴银六百两，所以填库款而均民力也。"（民国《灌县志》）这里的"水利曾主"即水利同知曾定泰。曾定泰要求加河工银五千二百余两，但省府"轸念民瘼"，考虑到百姓的承受能力，可能更主要的是时间来不及，没马上向用水百姓征取，暂借"科场款项"支付。但这笔费用还须在"工竣开水而后，各州县计亩摊派"，如数偿还。可见当时已恢复雍正时的计亩摊派。灌县应缴银六百两，接近雍正八年时灌县交的一百三十三两水费的 2.6 倍。此外，同治五年、六年以来，外江沙沟河、黑石河、羊马河淹没良田四万余亩，灌县在这次大修中负责筹办外江民工，当年春次第完竣，共费银七千余两；同治十三年五月，又承担抢挖新河二百余丈，用银二百四十余两。面对庞大的开支，灌县县府"沿河遍为劝捐，民力备形拮据"（民国《灌县志》）。这年秋天，洪水冲堰，"遂至横决一百余丈，滚入新开河，坏田一千余亩"（民国《灌县志》），上司再次要求灌县负责维修，"估计约费银贰千余两"。正是在这种背景下，陈炳魁"伏念数年之间，叠遭荡析，一岁之内，屡事修淘，恩台两河赤子，元气未复，疮痍倍增，恐财力有所不支，而旱涝必病交至"。于是要求将摊派加工银两吁请豁免，略酌派用水各县。这表明同治年间，都江堰灌区不仅

征收水费，还名目甚多，一些工程由朝廷经费支付，一些工程由所收水费支付，还将一些工程推给属地州县。水利同知衙门收不到水费，一些本来应由该部门负责的维修项目也千方百计推给所在州县。同治十二年（公元1873年），洪水冲决都江堰，"内江之水滚归外江，至新渡口，冲决新河当深溪坎、张家碾等处笼堤。西面新开一河口，宽二十余丈；下冲布袋口；南面新开一河口，宽二百余丈，下入宣家渡。坏田约二万亩。"这个大修项目本应由水利同知衙门负责维修，结果却交给了灌县县府。次年春，灌县县府不得不上马此工程时，工程预算需银五千余两，到位经费仅五百两，主持人陈炳魁在万般无奈的情况下，只好写了《募捐河工经费启》，向百姓募捐。

光绪初年，丁宝桢任四川总督大修都江堰后，再次免除向用水各县摊派水费，改由盐运局领支。但这并未坚持多久，光绪十二年四月丁宝桢卒于任上后，灌区即开始重征水费。

清代通济堰灌区于乾隆二十年规定：仿照都江堰则例，每田千亩分筒口三寸、五寸，用石凿孔为筒，以垂永久。……自新津起，至彭山土堰止，向系旧有水利，应列为上则；又自彭山会中筒及西支堰，至文殊堰交眉山界止，应列为中则；又自向家筒至白鹤埝、金竹埝，列为下则。如遇大修，上则每亩应派银二分五厘，中则每亩应派银二分，下则每亩应派银一分五厘。岁修上则每亩派银一分五厘，中则每亩派银一分，下则每亩派银五厘。其筒车、牛车，均系高田，应查明照下则派办，或有新开旱地改为水田，随时报明，核实加派，隐匿田亩者，罚儆。（《清经世文编》）

民国初年，都江堰灌区的岁修费用均摊派于用水各县，按田亩征收。民国八年，都江堰官工岁修经费为1.64万元，每县承担

1170元。民国十一年，岁修费2.3万元，每县承担1700元。但当时防区制形成，驻军预征各种契税，灌区征收水费十分艰难。当时省府令西川道、财政厅会制票据，发十四县，将水费呈解道署。本来这笔水费仅部分征收到账，各县皆有欠缺，更糟糕的是，费用刚到省上，又被政府其他部门挪用，根本没交到水利部门，遂致堰工凋敝。民国二十年（1931年）抗日战争全面爆发，南京国民政府迁往重庆，四川成为大后方，水利建设在抗日基地经济成分中地位日趋重要。省建设厅决定对都江堰灌区水费进行改革，实行统筹统征统支。水费随田赋一票征收，解存第一区行政督察专员公署。每年霜降节气后由省水利局派员，会同各县分别勘估设计应修工程，报省建设厅核实后，由专员公署拨发经费，各县按设计进行岁修。民堰以下的水利工程经费仍由受益户摊派，自筹自支。此方案报省府批准，财政部备案，即开始执行。民国二十一年，省建设厅规定在契税项下，每契价100元附收都江堰特修费0.25元。

民国时期都江堰摊收维修费标准见表12-3。

表12-3　　　　民国时期都江堰摊收维修费标准（单位：元/亩）

年份	1937	1938	1939	1940	1941	1942	1943	1944	1945	1946	1947	1948	1949
水费	0.1	0.0526	0.07	0.35	1.3	2	10	30	100	300	5000	大米一升	大米二升

注：转引自《四川省志·水利志》288页，1996年。

民国时期，古佛堰水费根据物价变化情况实行浮动价（见表12-4），总的看来，水费较都江堰灌区其他地区高出许多。

表 12-4　　　　　　　　民国时期古佛堰水费标准

年度	水亩钱（文/亩）		
	上段	中段	下段
民国三至四年	120	100	80
民国四至五年	140	120	100
民国五至六年	160	140	120
民国六至七年	160	140	120
民国七至八年	240	220	200
民国八至九年	340	320	300
民国九至十年	280	260	240
民国十至十一年	300	280	260
民国十一至十二年	600	560	520
民国十二至十三年	600	560	520

注：转引自《四川省志·水利志》290 页，1996 年。

当时，在古佛堰设局，开始对周边各场镇"统收"水钱，改变了三县堰长分散勒索之弊。民国八年（1919 年），设在黄龙溪的古佛堰局成立"堰队"，皆手执枪支，当地百姓俗称其为"水上警察"，其职责之一是"查抽收过堰船捐"，即对过往船只征收捐税。

三、水费管理使用

都江堰灌区水费的管理和使用，宋代以前资料不多。宋代迄民国，大体可分为两个阶段：宋元时期，由地方政府管理都江堰渠首及其经费，随意性较大，漏洞多；明、清两代设立了专门的水利衙门管理都江堰及其经费后，明显好转，但仍有一些问题。

宋代，都江堰渠首由永康军代管。各县征收到的水费含渠首维修部分和本县水利岁修部分，要先将渠首部分交与永康军，由永康军安排使用。当时在永康军内，设专吏管理都江堰日常事务。永康军必须将这笔经费用于渠首维修，不能挪作他用，并每年定期向成都路及灌区各县汇报使用情况。至于灌区其他官修工程，从南宋魏了翁在眉州修蟆颐堰时经费的使用情况看，除太守本人亲自过问外，还指定专丞管理水利日常事务，同时指定衙门中的会计部门管理经费，由兵马都监管理大修时的民工管理。丞吏在重大项目的决定前和重大经费的使用前，必先征得太守的同意才行。虽然如此，当时在经费的使用上随意性仍然相当大。都江堰的岁修费用虽"敷调于民"，但"工作之人，并缘为奸，滨江之民，困于骚动"。大观二年（公元1108年），成都知府席旦把这些现象和应对之策奏报朝廷，徽宗于这年七月下诏道："自今如敢妄有检计，大为工费，所剩坐赃论，入已准自盗法，许人告。"（《宋史》）可见在大兴水利的同时，一些官员也趁机大捞一把。除直接的水利工程外，桥梁维修等也成为官吏敛财的机会。如都江堰渠首的安澜桥，"桥比岁必一作，费以巨万数，而官吏并缘，骚动井野，民不得聊生。"在安澜桥经费的管理使用过程中，"县官斥币，加旧材估直"，"苛取不厌"，"而吏所侵牟十有七八"（魏了翁《鹤山集存》）。

元代实行军队和地方政府（由军队首领兼任）双重管理都江堰，是都江堰历史上经费管理使用问题最大的时代。元代早中期，都江堰灌区每年征收到的水费高达铜钱七万缗。从吉当普以铁石全面大修都江堰渠首及渠系整个费用才四万九千贯的情况看，此前的七万缗水费"十九藏于吏"，是可能的。

　　明代早期的一百二十二年间，也是由地方政府管理都江堰及其岁修经费。弘治三年（公元 1490 年），经朝廷批准，在四川按察司中增设水利佥事后，从此由专职的水利衙门管理使用水费。都江堰灌区的维修经费虽直接取之于民，维修民工也由灌区各县摊派，但大修还必须上报朝廷。嘉靖十一年（公元 1532 年），佥事张彦果议筑都江堰石工，造了修堰预算，但报上去后却没得到批准。（《行水金鉴》）这说明当时都江堰的经费虽由管理部门掌握，其使用却受到省府和朝廷工部的监管。

　　清代顺治、康熙年间，都江堰的具体管理机构不太固定，但主要是四川松威道，早期由松威道管运军饷的机构负责，后来又由松茂道按察司负责。其间，都江堰灌区岁修派役制度变化较大，从顺治十八年到康熙四十八年前，先后实行"照粮派夫""照田块派夫"。各县征调来的民工，由各县府派吏员带队，交管理都江堰岁修的部门统一安排。康熙四十八年（公元 1709 年），在"照田块派夫"的基础上，将派夫改为折银，每派夫一名折银一两，共计八百八十四两。这笔费用当时是由各县统一征收后，交都江堰管理部门统一使用。雍正八年（公元 1730 年），改为"计亩摊派"派银后，按依江南河工岁夫折银的办法，实行"官征官解"，即由各县负责向用水户征收水费，然后由各县送交水利同知衙门。各县在征水费时，必须出具票据。岁修前，水利衙门要预先将估修计划包括项目、经费等造册，上报省府布政司及朝廷工部等上级主管部门。上级主管部门批准认可后，方可施工。同知衙门按计划用这笔费用购办工料、招募民工。工程结束后，必须在第一时间，按实用数目造册上报。如所征经费还有剩余，则存在同知衙门，以备夏秋洪水季节的抢修费用等。

古佛堰三县各设堰长一人，专驻堰头，防秋水之泛涨，随时修筑保护，而经费亦俾专掌之。堰长责之沟长，沟长责之水户，按亩完纳，核实报销。堰长收到水费后，交"三县衙门"统一安排，据各堰工程情况再划拨经费。一般来说，三县衙门往往也要参照各县水费决定各县工程的大小。工程决定后，各县的维修工程仍主要由各堰长负责。

民国初年，都江堰灌区征收到的岁修费用分为两大部分：一部分是渠首维修费用，由灌区各县交到都江堰水利工程局或水利知事公署，由其统一安排使用；另一部分为各县干渠的岁修费用，由各县管理使用。如1940年，都江堰灌区受水十四县共有较大河堰五百一十七处，小堰二千五百处，当年各县自己用的各种水利工程费，外江流域为七万六千三百九十余元，内江为四万一千三百三十余元，共十一万七千七百二十余元。

第十三章　用水管理

第一节　渠首及干渠水量调节

一、渠首水量分配

农业用水季节性很强，有三个主要用水时段：立春前后油菜、小麦需水肥充足，这两种作物占 70% 左右，这时正处于水源最枯时段；水稻育秧用水，面积不大，但分散零星，用水集中在 3 月下旬—4 月中旬；水稻泡田栽秧用水，集中在 5 月下旬—6 月上旬，用水量特别大[①]。

都江堰以无坝引水、自动分水、自流灌溉而闻名，因此渠首的水量调节是较为简单粗放的。一般来讲，岷江上游来水在经过冬季的枯水期后，因上游积雪随着气温升高而融化，仲春季节水量会有一个小幅上涨，此时正值灌区桃花盛开之际，俗称"桃花汛"或"桃花水"。这一波来水刚好可以满足灌区育秧用水需要。当灌区大面积开始水稻泡田时，岷江也初步进入丰水期，正常年份可满足用水。泡田结束后，水稻生长期（6—8 月）仅需要保水淹灌，一般来讲水量是足够的，除非渠首或灌区渠道因大洪水发生严重水毁，渠道不能保证进水，可能导致先洪后旱。例如光绪三年（公元 1877 年），丁宝桢大修都江堰，动用大量人力物力，历时三个

---

① 此处 3、4、5 月均指公历。

月。方于次年完成，但完成后不足三月，光绪四年，岷江洪水泛滥，殊异往年，渠首金刚堤、飞沙堰、人字堤等工程被冲毁，水从决口流入外江，内江灌区无水灌溉，民怨沸腾。

渠首水量调节主要在鱼嘴处实施，如当年岷江春汛来迟或者遇到枯水年，则利用杩槎调节内外江分流比。清末水利知事周郁如对开春时杩槎调节水量叙述如下：每年清明内江开水时，"开杩槎数洞，以后由水利署计算水量逐渐砍去，总以分配水量内六外四为止。插种完毕时，届仲夏山洪暴发则参与之杩槎全被冲去"。一般来讲，岁修期间，内江截流需下杩槎60洞，至5月逐渐砍至24洞，但1936年春，岷江来水偏少致灌区缺水，内外江进水均不足，因此当年4月初内江开水砍杩槎13洞后，为避免外江太过缺水，不敢再砍杩槎，"是以砍杩槎一事，不能不特别审慎，否则外江缺水过度无法补救矣"。从清光绪到民国，都江堰灌溉十四个县的范围没有大的变动，内江灌面略大于外江灌面。据1943年调查，内江灌面约139万亩，占52%；外江灌面约127万亩，占48%，但内江不仅为省会城市供水，兼有航运需求，故渠首水量调节首先满足内江灌区的需求，但必须兼顾外江灌溉用水，否则杩槎洞数砍得过多，而春季岷江来水已渐增，杩槎布设难度很大，再想通过下杩槎增加外江流量已无可能。除了砍杩槎外，历史上也常在鱼嘴处修建竹笼导流埂，调节内江进水量。

二、干渠水量调节

历史上，渠首以下各级渠道多沿用鱼嘴分水模式或筑旁侧溢流堰取水的方式，难以实现精确的用水管理。如遇工程失修或来水偏少，上下游、左右岸的用水矛盾就会凸显，一般至5月以后

岷江来水增大后渐渐平息。

第二节　民堰及支渠以下用水管理

都江堰灌区民堰在历史上形成了很多约定俗成的古规旧制。这些用水制度常刊刻于石碑，或建立堰规、堰簿形成文字依据。古规旧制对维护用水秩序、均衡用水受益起到了重要作用。同时也是现代用水制度和规范的重要基础和依据。这些制度主要有以下一些。

（一）轮灌制度

轮灌制度是保证灌区内用水户共同受益的一种灌溉方式。例如，华阳龙爪堰分为东、西二沟，东沟灌溉 2 天，西沟灌溉 1 天，按 2∶1 的比例配水。府河的古佛堰为华阳、彭山、仁寿三县共用，建于清朝初年，规定上段"随灌随用"，但立春后十天内应"昼开夜闭"；中段"春灌春用"，不分昼夜；下端接引尾水，屯蓄灌溉，称为"冬灌春用"，但下端摊派岁修和大修费用仅为上段之半。新津、彭山、眉山共用同济堰，配水制度也与此相似。除按天数计的轮灌制度外，也有按时计的轮灌制度，为保计时准确、民众皆服，多以燃香计时。

民国三十五年（1946 年），省水利局曾制定《四川省各县农田用水轮灌制度》。《四川省堰务管理规则》第 27 条也规定了轮灌制度。

（二）碾磨春闭秋开

碾磨用水和农田灌溉，古规即有侧重，在春灌季节，碾磨用水必须服从农田灌溉，对农田灌溉有影响的碾磨，规定其春闭秋开，非时不得拦闸。

清道光十七年（公元 1837 年），崇庆官府告示："青山堰潘河堰首冷时秀，于二月二十四日，具禀程碾为妨耕害众，违断古闸，积水冲碾，以致别流，有害春耕。经县主余断，每年春闭秋开，非时不得擅行拦闸，已经当堂审讯，将碾户程天义掌责示禁，食尊旧规，不得俾水别流，害众耕耘。外合行出示晓喻青山堰碾磨人等知悉：嗣后尔等碾磨，毋得于春耕夏耘之际，高其堰堤，水积别流，农田干涸。倘有不遵，一经查出，执法严惩，决不姑宽，各宜凛遵勿违，特示。"

民国十一年（1922 年），碾户程明绪经堰总扭送县署，大邑县长商石芝堂判云：查讯青山堰各水户，因下段缺水，疑上段有何种关系，水户多人，深夜往上段堰沟查看，眼见程明绪等多人，挖堰塞水，开往碾沟冲碾。当将挖锄等件拿获。碾户向例春闭秋开，现正春耕，下段无水栽秧，程明绪胆敢撤水冲碾，殊属不合，著将该碾封闭，秋后再开，并重责锁押，水户取保再释。

（三）平梁分水

堰与堰间分水，除按合堰灌溉田亩多寡规定堰口宽窄尺寸外，还在各分水堰口上用不料或石料设置过水平梁，使分水堰口底高相等，称平梁分水。所设平梁，各堰不得任意乱挖乱毁。

清道光七年（公元 1827 年），堰首杨朝秀于四月二十三日具告分州石马沟之杨奉武，飞江挖毁青山堰所压青水沟石梁水平，于崇庆州宣主台下，蒙恩讯究，旋于二十八日亲旧履勘，责令杨奉武等不应挖毁堰平，缴赔钱三千文，以作培修堰平费用，永不许越沟在该处取水以为定例，枷号示众。

（四）定点飞沙

相邻堰与堰之间，每年淘修堰沟，所挖泥沙必须倾倒在约定地点，不得企图省时省工，随意乱倾，影响他堰，阻塞进水口。

民国十一年（1922年）三月十六日，青山堰总张元杰等告朱崇堰总廖锡群不顾公益，破坏古规（按旧规规定朱崇堰掏沙，应倾倒在左岸朱崇堰与老西河之间的堤上），将飞沙倾倒在右岸青山堰堤上，堆积如山峰，阻塞堰口，致水尽归朱崇。经崇庆、大邑两县长会同亲临履勘，当责廖违犯旧规，无理已甚，又谕三七成（朱崇七成青山三成）挑沙于无碍之处，调和解决，以免两堰伤和。但廖拒不执行，又抗传不到，复以保持成规为由，呈词县署。四月十三日，崇庆县长余悬牌示，传集两造人等公开庭讯，指斥廖锡群愚顽已甚，无理取闹，不应堆沙于青山堰堤之上，以致阻塞堰口，不能进水，并着伊仍照旧规办理，不得出夫范围之外，仍然断令三七成，出钱挖沙于无妨碍之处，调和解决。

（五）严禁越界争水

严禁下游破坏轮灌原则，擅自截用上游用水，或破坏原渠道流线，越界灌溉。

清道光二年（公元1822年），新繁士民胡行珂被控越堰设筒车，拦河截闸，影响新都上马沙堰灌溉用水，由汉州知事会同新都、新繁县令履堪后，作出判决，并刊刻立碑，碑文为："源嘉庆二十五年，新繁县下马沙堰士民胡行珂等，在新繁县上马沙堰河口，越堰新设筒车一架，拦河截闸，使上马沙堰水不能畅流，新都粮田数万亩难免干涸，以致新都士民徐淳修、杨淳、高敬亭、孟丕亭连年叠控道、府二宪。道光二年五月二十五日，蒙府宪王，委汉州正堂宗，会同新都县正堂春、新繁县正堂陈，会同履堪，蒙宗大老爷讯明，断令胡行珂等，只用手车、脚车取水，以资灌溉，永不安设筒车，致病新都水道。胡行珂等，出具遵依，甘结在案。更蒙宗大老爷朱判，并会同详文，勒石刊碑，以志不朽。使我邑士民共建共闻，日后粮户睹物原情，顾名思义，永远有凭，不至世远年湮云耳。谨序。"该碑现保存于新都宝光寺。

第三节　用水纠纷

历史上，都江堰灌区因水利工程不够完善和管理上存在的诸多问题，水事纠纷连年不断。

由于工程失修造成的渠道进水困难导致严重缺水时，灌区群众往往自发地聚集起来，向官府"索水""闹水"，甚或向官府示威。如清光绪年间，四川总督丁宝桢曾向朝廷奏报都江堰索水风潮："查成属十数州县农民，向于三、四、五、六等月，必有数次向督署及成绵道署索水，他署并不过问。其索水情状：则皆聚众至千余人，哄堂塞署，任意叫嚣；官吏出而劝导，辄加殴辱，即总督、道员亦只忍受，不敢出问。臣于（光绪）三年三月到任，四月内即聚众两次赴臣署要水势甚汹汹，五月复然。臣从未睹此横暴情形，深为骇异。及询之地方文武，始悉此风，数十年来积惯如此。"（《丁文诚公奏稿》）清末出版的《成都通览》中也记载：都江堰"每年三月由成绵龙茂道亲赴灌县，饬成都水利同知开堰放水。如水来甚缓，或发水不足，则乡民千百为群，赴道台衙门击鼓求水"。时人有诗记载："天雨知时总不忙，都江堰远候栽秧。通城折柳供龙位，要水敲锣上宪堂。"

都江堰灌区的民堰水事纠纷更是常见，争讼数十年的水利官

司、死伤百十人的争水血案也是屡见不鲜。民堰水事纠纷多发的原因主要有三：一是因为地方官府一般不插手民堰管理，而民堰管理多依据一些民间约定俗成的乡规民约进行管理，随意性大、约束性弱；二是因为水权和行政区划不清，因权属纠纷形成水事纠纷；三是水旱频仍或管理不善，工程废弛影响用水而形成水事纠纷。

四川民间自发形成的处理用水纠纷的通行规则有"上扎下扯""金锣玉棍、打死不论"等。"上扎下扯"指若上游不按照实施轮灌而霸占来水，下游可以到上游挖断拦水堤堰；如果上游阻拦，下游往往鸣锣为号，聚集队伍到上游争水。往往因争水而发生械斗，造成人员死伤。由于是群体行为，往往法不责众，如不守堰规一方被殴打，一般难以对参与者进行惩处，因此有"金锣玉棍、打死不论"的说法。

第五篇　都江堰的水利科技

第十四章 独具特色的都江堰传统水工技术

第一节 杩槎

杩槎主要用于内、外江进水口和其他堰口的截流，便于渠首和灌区岁修工程。有时也用来调剂流量，抢险堵口，挑流护岸，或搭交通便道等。

一、杩槎的用途

（一）岁修截流

每年冬春枯水季节，都江堰渠首和内、外江灌区河渠均要进行岁修。内、外江进口处江面宽、流速大、水深 2.5~4.5 米，在截流和岁修时间短、工程量大的情况下，用杩槎截流简单易行，操作方便。完成截流和岁修工程任务后，放水时撤除杩槎一砍即倒，木料可再度利用，是一种非常经济的截流工程。

（二）调剂流量

当内、外江流量未达到灌区分水比例时，在没有闸门控制的情况下，采用下杩槎的办法调剂水量，虽不够准确，但能基本达到要求。灌区内干、支渠调剂分水量时，也有采用杩槎办法的。

（三）挑流护岸

在河岸处于水势顶冲地段，取上游适当位置用"支水杩槎"挑流，可以调整水流方向和消减部分水流冲势，达到护岸防冲的目的。支水杩槎与截流杩槎不同之处在于只搪捶笆，不倒泥埂。必要时，还可以用杩槎临时抢险堵口，以及护桥、护堰；在流水河道内用杩槎临时架搭便桥便利交通等。

二、杩槎的结构

杩槎结构主要有支架部分和挡水部分。

（一）支架

用竹绳将三根木料（称杩脚料）捆扎成三角鼎足锥体形。杩脚料梢径为 20~30 厘米，长 6~9 米，最好用硬质、泡湿的木料，取其沉重易于入水。迎水面两根脚料形成的斜面称"罩面"，背水面一根称"箭木"。三根脚料的上端名"杩脑顶"。在脚料 1/2 高度加捆三根横木名"盘杠"，以固定杩槎为三角锥形状。盘杠用杉木做，梢径15~20 厘米，长 3~5 米。盘杠上加捆横木形成"压盘"，以便在压盘上放竹篾、装卵石，增加杩槎的稳定性，防止为水的浮力和推力所倾覆，见图 14-1。

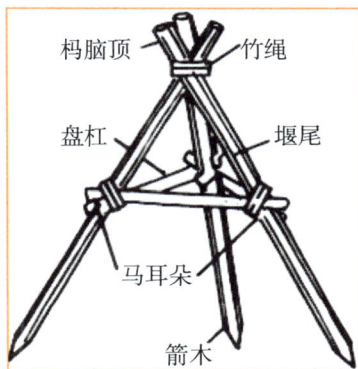

图 14-1　杩槎结构示意图（一）

（二）挡水部分

在杩槎罩面上依次安放檐梁、签子、花栏、捶笆、竹席，填黏土，层层加密，做到断流、闭气。

檐梁是捆在杩槎罩面上的横梁（称顺木），梢径 10~20 厘米，长 4~7 米，檐梁多少视水深而定，根据承受的水压力大小，呈上疏下密、上细下粗方式安放。上面一根高出水面 0.5~1.0 米的顺木

称"面子"，与水面齐平的顺木为"浮水"，沿河底一根顺木名"海底"。檐梁上竖放签子（木）间距 20 厘米。签子外面用白甲竹编成的方格花栏（网格 10×10 厘米）。花栏外面铺放竹片编成的竹搥笆，在竹搥笆上再铺竹席，竹席外填筑黏土泥埂，见图 14-2。泥埂顶宽 0.8 米，高出水面 0.5 米，为增加泥埂的稳定性，土料内加填 20%（体积比）的卵石。

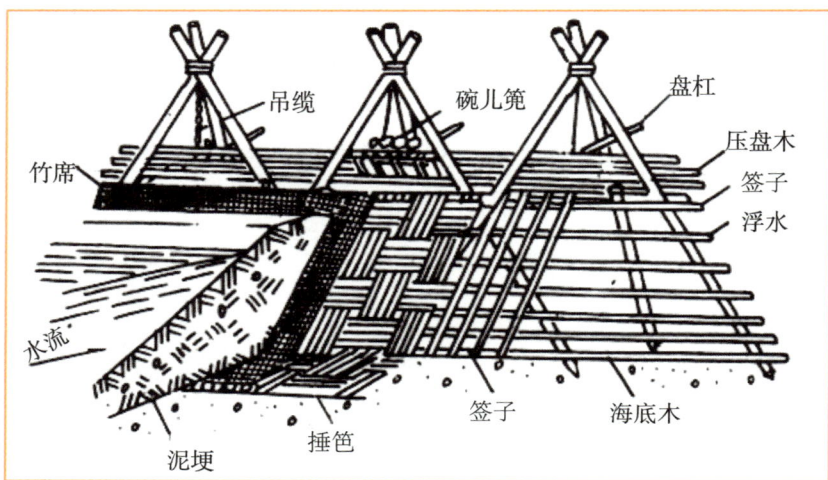

图 14-2　杩槎结构示意图（二）

下深水杩时，为防正檐梁变形断裂，须在背水面加设"撑子"（木）支柱，一般设两层：上排撑在与上游水位齐平的位置，下排撑在与下游水位齐平处。撑子数量多少，视水深和流速而定。

杩槎在河中的排列间距根据水深和流速决定：水深流急，间距宜小，有时相邻杩槎的盘杠角需相接；水浅时，杩槎间距可稍大，但杩槎相交（重叠）不得少于一米。一个杩槎称为一栋。一般内江河口需下杩槎 60 余栋，外江河口需下杩槎 50 余栋。

三、杩槎的施工

杩槎施工的工序为备料、捆扎杩槎、下放杩槎、截流措施和管理维护。

（一）备料

杩槎施工需要熟练的技术，都江堰过去有专业户承包。但因使用的竹、木、黏土等材料较多，过去有征用和私人承办"官杩"的办法。新中国成立后，木材由国家调拨；水利主管部门采购慈竹制竹绳、捶笆、竹篾、竹簟席，购白甲竹编花栏；就地采集卵石，租地取黏土；另备下杩用的船只及工具。都江堰截流每栋杩槎所需材料，见表14-1。每年河口截流，一次下杩槎需要木料 20~30 万公斤。同时又因水的深浅不一，需分别使用不同长短和大小的杩脚料，施工单位根据岁修计划就近选购。

表 14-1　　杩槎用料规格表

水深（米）			1.5	2.0	3.0	4.0	备注
杩脚料	梢径（米）	桤木 麻柳 杉木	0.13 0.24	0.17 0.28	0.20 0.30	0.20 0.30	每栋杩槎用三根脚料，其中后脚料（箭木）可稍大些。
	长度（米） 间距（米）		4.6 3.0	5.5 4.0	7.0 5.0	9.0 6.0	
盘杠木	长度（米） 梢径（米） 距河底高度（米）		2.0 0.14 1.8	2.6 0.14 2.5	3.5 0.2 3.5	4.0 0.25 4.5	用三根杂木或杉木均可。表中尺寸为杉木梢径，杂木的梢径可小一些。
檐梁	长度（米） 梢径（米） 杂木（公斤）		4 0.1 2000	6 0.12 2500	7 0.15 3000	7 0.15 4000	按上疏下密布置，在水深流急处应加密。杂木包括签子木和压盘木。
牵藤	2厘米直径（米） 3厘米直径（米）		30	50 2	70 4	75 4	捆扎杩脑顶；骑槎缆用。

水深（米）	1.5	2.0	3.0	4.0	备注
竹篾（匹疋）	120	140	160	用竹绳	每匹长4.2米，捆盘杠和浮水。
卵石（立方米）	1.0	2	2.5	2.8	装压盘上的碗儿篼。
泥埂（立方米）	40	45	55	60	用黏土或重壤土，土：石 =5：1。

截流所用人工，一般每天出动杩槎工 5 人、船工 5 人和普工 10 人，共 20 人，可完成下杩槎 4 栋、安好 2 栋杩槎的檐梁。每栋杩槎所需人工，见表 14-2。

表 14-2　　　　　　　每栋杩槎所需人工数

工种	需工数（个）			备注
	技工	普工	小计	
绑杩	4		4	
下杩	11	2	13	
下檐梁	1	1	2	
插签子	1		1	
梭压盘		2.5	2.5	包括放压盘木和竹篼装石
绑花栏		0.2	0.2	
编搪捶笆		0.5	0.5	
倒泥埂	1	27	28	
编牵藤		0.26	0.26	
编竹篼		0.24	0.24	
下杩船工	1.64		1.64	包括筏工在内
小计	19.64	33.70	53.34	

（二）绑扎杩槎

绑扎杩槎在岸上进行，箭头木受力大，需选坚实较粗的木料。罩面上的上脚料宜稍粗。用竹绳捆杩脑顶 40 圈，用人扳开杩脚料成三角锥形，其底部张开度等于捆绳以下的杩脚木长度。然后在杩脚木全长的中部绑盘杠木以固定锥体形状，每节点捆 8 圈。盘杠木应高出水面 0.5~0.8 米。沿箭木的盘杠木可外伸出 1 米左右长度，以便搭交通桥。

（三）下杩槎

1. 确定截流堰轴线

一端接鱼嘴，另一端交上游堤岸或江心洲上。一般宜与水流方向呈 30°~45° 角，并选在河口的浅滩脊上。通过深水槽处的轴线，可略向上游拱起。轴线的选择直接关系堰身的长度和工程量的大小。在水浅处，也可安装竹笼围堰代替部分杩槎。

2. 船只控制设施

杩槎主要是用船装运至指定地点安放。但岷江坡陡流急，船只定位须在上游约 500 米远的河滩安设拴住船缆的"座笼"（直径 2 米，高 2.2 米，内装卵石 7 立方米），从座笼内穿出顺缆系住船只，船上下移动时，则由船上收放顺缆控制。在座笼与围堰之间，架设 3~5 道跨河横缆，横缆上可挂金属圆环吊住顺缆不与水面接触。

3. 安放杩槎

下杩槎的顺序是从下游向上游进行。在水深小于 1 米时，用人工抬运杩槎到指定处安放。水较深时，用载重 8~10 吨的木船运杩槎，注意将杩槎横放在船上，其箭木和上杩脚平放船上，下杩脚朝上，每船可运两乘杩槎。当杩槎运到指定位置后，用竹绳拴住箭木和上杩脚。船工要与下杩工配合好，将杩槎平稳地推入河中，同时使下杩脚落到已下好杩槎的上杩脚，使其互相交叉。当投放位置偏离轴线时，可用拴在杩槎上的绳索拉移到正确位置上去。杩槎就位后，立即在盘杠上密铺木条并用卵石压住。水深流急处，在压盘上安置竹笼，内装卵石 1.5~2 立方米，同时用 2~4 股竹绳上系杩脑顶，下绑压盘木，将部分压重传到杩槎顶部，以防止盘杠压断，见图 14–3。

4.截流部件施工

杩槎就位后，檐梁用船运至杩槎罩面处抛下，靠自重或用叉子协助沉放，见图14-4。签子木大头朝下，与水面呈60°倾角插到河底，间距为20~30厘米。下竹花栏和搪捶笆与竹席均由下向上分段铺放。捶笆和竹席要求下端紧贴河底并外伸1.0米，防止漏水；上端露出水面0.5米。在倒筑黏土泥埂前，为防止檐梁变形，应在下游打好两层撑木，以加固檐梁。填

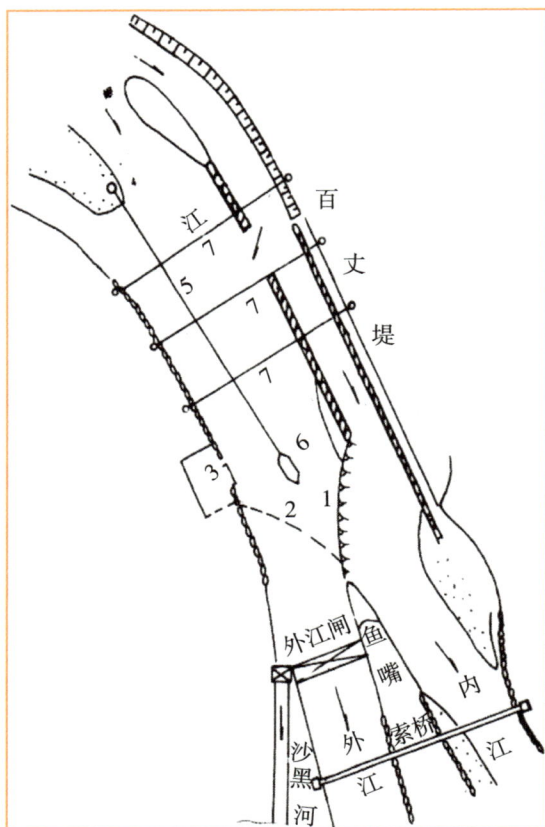

图14-3　用船下杩槎示意图

注：1.内江杩槎轴线；2.外江杩槎轴线；3.绑杩场和船码头；4.顺缆座笆；5.顺缆（牵藤）；6.下杩船；7.横缆。

泥埂是从上游岸边起紧靠罩席倒黏土入水。一般泥埂断面的顶宽50~80厘米，边坡系数为3~4。由于在流水中倒土筑埂，泥土易被冲失，故计算土料应加30%的损耗。倒土过程中，土料中均匀加入20%的大卵石，待堆筑至水面以上50厘米，再逐步推进，泥埂由来往运工的脚自然踏实，不需夯打。

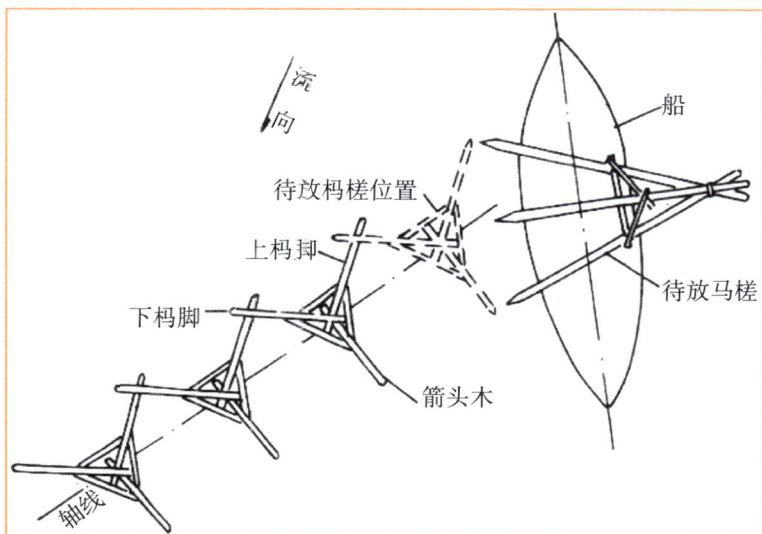

图 14-4　截流杩槎工程布置示意图

5. 杩槎的管理

杩槎围堰建成后应加强管理，主要是防止河底淘空漏水和檐梁、压盘的变形破裂。一旦出现险情，要及时抢救。

6. 杩槎的拆除

杩槎围堰完成截流和调水任务后，应有组织、有计划地拆除杩槎。拆除程序是：依次先拆碗篼、压盘木和盘杠，后拆除撑子或竹笼，接着砍断杩脑顶的绑绳，用大绳拉倒杩槎，最后清除泥埂。杩槎拉倒后随水流漂走，可在下游组织打捞木料，以供次年再用。回收的杩槎脚料、盘杠木、檐梁、签子须放入水中浸泡，次年利用时，才有一定的强度和重量。

四、杩槎的独特优势

（一）遵循五行，相生相克

现代化的围堰施工是用现代化的机械设备抛填混凝土等构件

截流，然后再修建围堰。而在古时，在水流湍急的作业面上，只靠人力难以搬运和抛填沉重的堵口石料。虽然杩槎的起源已不可考，但究其原理，与中国传统哲学相通。根据中国的五行学说，水生木，木克土、土克水。而杩槎施工利用江水运载木船和杩槎，下杩时也利用江水的浮力拖曳和调整杩槎的位置，颇符"水生木"之理；杩槎和竹织物挡住黏土墙，黏土墙又拦阻江水，颇合"木克土、土克水"之道；而截流之刻就是围堰建成之时，今日需两道工序而古时却一气呵成，迅速完工，立刻生效。

（二）六边四面，稳定可靠

杩槎本质上属于空心四面体结构，杩脚三点成一平面，不管河床如何凹凸不平，都能确保底部的稳定；金字塔式的造型使其重心位于其高度的四分之一，因此极其不易倾覆（见图14-1）。即便遭遇极端情况，杩槎被水流冲倒，但其体型特点却保证了翻倒后仍是一面着地，可以保持暂时的稳定，便于围堰抢修和下游人员撤离。

（三）拆除简便，循环利用

现代围堰的拆除是一项较为复杂的工程。土石方围堰由于填方量较大，弃土拆除和转移工程量较大；而混凝土围堰由于混凝土强度较高，破坏、拆除难度较大，常采用爆破施工甚至进行水下爆破作业。以上两种围堰拆除方法均有施工复杂、工程量大、危险性大、耗时长久等特点。而杩槎拆除却简便至极，只需砍断杩脑顶上的捆绳，用大绳拉倒即可，工艺简便、安全可靠且耗时极短，对水环境也无丝毫影响。顺水而下的木料在下游回收之后，还可继续利用。

第二节　竹笼

"破竹为笼，以石实中，垒而壅水"，是都江堰最早采用的治水工程技术之一，相传为李冰所创。汉成帝时，还成功地应用于黄河堵口工程。历史上，竹笼多用坚韧的白甲竹编制，由政府组织在岷江上游设立竹园埧种植，每年9月砍伐扎筏下运到都江堰渠首使用。后来就近采用慈竹代替。编笼规格要求篾宽三指、眼大一拳，装石坚密。竹笼有多种形式，如蛇皮笼、三角笼、铺盖笼等，可根据需要制作不同型式和尺寸的竹笼，但收方给价均按标准笼（直径0.6米，长10米）折算。

一、竹笼用途

（一）护岸

用于护岸的竹笼工程有顺笼和搭笼两种做法。边坡系数以1.0为宜，高度平最高洪水位，超高部分砌大呰石，见图14–5。一般以使用顺竹笼为宜，各层竹笼宜通缝接头，以适应河底变形。搭笼竹篾接头易拉断，用于较低的河岸。

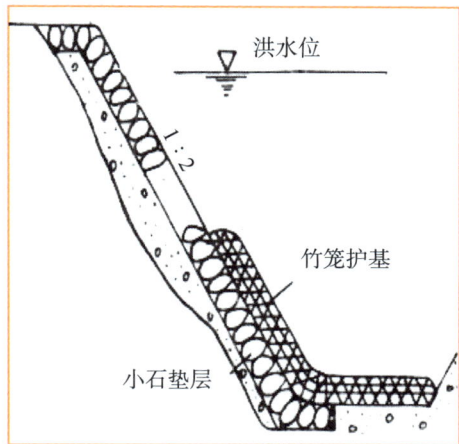

图14–5　竹笼护岸示意图

（二）支水（丁坝）

常用于河堤的险工段上守点护线，挑开深泓线，以减轻急流对岸坡的冲刷。一般呈下挑形式。在布置中要掌握好方向、位置和长度，否则将影响对岸和自身的安全。

（三）分水建筑物

1. 分水鱼嘴

鱼嘴形状前低后高、头尖尾宽，底层用横笼，上面用顺笼，嘴尖用围笼。要重视护底工程，常用关门桩和羊圈保护基础。鱼嘴前面埋设几排木桩，以消刹水势和防止漂木撞击。

2. 导水坝

坝体矮而宽，以木桩固牢，用于导引河水入干渠口，高度以能引足春耕用水为度，汛期洪水可溢流而过。垒砌方式是底层用横笼，其上堆数层顺笼，顶部用搭笼，其下端适当延长以起护底消能作用，见图 14-6。

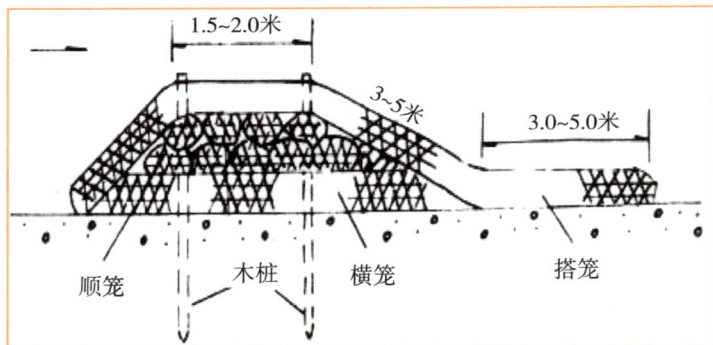

图 14-6　竹笼导水坝示意图

（四）拦水坝

用于堵塞决口或河道溢流等，坝顶不溢流。其构造是底层用横笼，上用顺笼垒砌高出水面，再间隔搭笼控制，增强坝前整体性。

二、竹笼的制作

（一）编笼

竹材应选两年以上的老竹，剖竹篾时，粗竹 6 片，细竹 4 片。

编笼时，竹片头尾要颠倒使用，搭头要倒插三个孔眼，笼口竹篾要回插封牢。笼的长度、直径、眼孔尺寸，视流速与装入卵石大小而定，但要求笼身大小匀称；笼眼呈正六边形，大小相等见图 14-7。不同流速下的编笼规格和工料定额详见表 14-3。

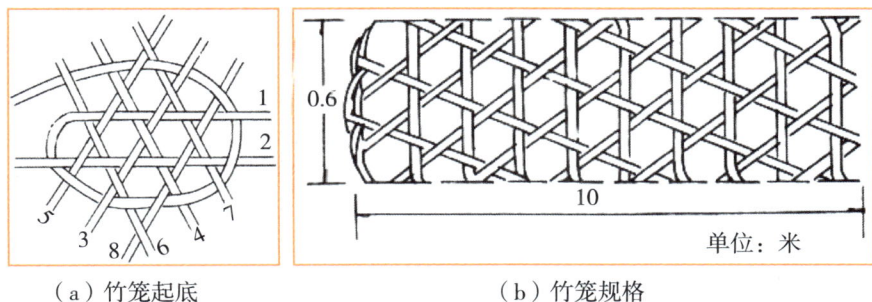

（a）竹笼起底 （b）竹笼规格

图 14-7　竹笼编制图

表 14-3　　　　　　　　　　　竹笼规格和工料定额表

流速（米每秒）	内径（米）	长度（米）	篾宽（厘米）		每条圈数	圈眼尺寸（厘米）	需竹数量（公斤）	编笼工（工日）	装成高度（厘米）	需用卵石（立方米）	装笼工（工日）
			顺	横							
2 以下	0.5	10	4	3	60	13	48	0.26	30	2.0	0.8
2~3	0.6	10	5	4	50	15	60	0.33	40	2.83	1.0
3 以上	0.7	7	6	5	28	19	60	0.33	50	2.83	1.0

备注
1. 竹笼圈眼应小于当地大卵石的直径。
2. 装笼工不包括石料采集和超过 30 米运距的运输工。

（二）装笼

装笼卵石要大小分类，在笼边分别堆放。装笼时较大的扁圆形卵石用于头尾及四周，笼心可用中等大卵石。装石要饱满、平整，每个眼孔均用大石封住，做到一眼一石。笼内不得装小卵石。

（三）安笼和水中投笼

竹笼安放前，要挖好基槽，削好岸坡，除尽浮沙，垫好反滤层。如遇低洼坑凼，要先用卵石填平。

在大河和干渠的险工地段，每年汛前均要储备一定数量的竹笼和卵石。在抢堵被洪水冲决的堤岸时要选好堵口码头，将竹笼置于四根撬杠上（直径 20~30 厘米，长 3 米），待装满卵石后，即行撬放入水。当流速小于 3 米每秒时，用"标准笼"即可；超过时，须加大笼径到 70 厘米，但笼内要加绑 8 厘米直径的桤木 2~3 根，以防滚笼时折断。抢修时，投笼的方法和位置要看水势，一般是先用竹笼锁固损毁段的两端坝头，然后在上游一段距离投笼形成短丁坝挑开大溜。决口两端如交通方便，可两端同时投笼对准方向线推进。如一端投笼，最好自下而上对着水流进行。合龙地点应避开深槽，选在浅滩处。除应用加固的 0.7 米径竹笼外，有时需用两竹笼捆扎投放。投笼工作要求速度快，但劳动强度很大，要分班作业，昼夜连续工作，直至合龙成功，还要继续完成加高培厚工作。

三、竹笼的特殊优势

竹笼工程结构、工艺十分简单。主要材料中，竹子在川西广泛种植，而卵石则在河床中遍地皆是，造价极其低廉。可是，这两种材料组合而成的竹笼工程却具有令人叫绝的功效。

以竹为筋，取其坚韧；以石为体，取其沉重。川西旧时的建房，以土夯实而成墙，中杂以竹片，其原理类似于现代建筑中在混凝土中加入钢筋，这是利用竹子的抗拉能力，可见竹片之坚韧。竹笼中竹片将笼内卵石束缚在一起，极大地提升了工程整体性。同时，竹子的韧性使其既能承受激流冲击，又能抵抗推移质的撞击，且长期浸泡水中而不腐，竹片强度也无明显降低。笼内化零为整的鹅卵石以其体量和巨大的自重增强了工程的稳定性，使竹笼在激流中不易发生位移。竹笼，以极为寻常的原料，极简极易的组合，却收效明显，颇有"一阴一阳、刚柔相济"之妙。

能承水压，能消水能；遇弱能抗，遇强则溃。竹笼内的卵石具有一定的横截面积，同时具有极高的强度和较大的自重，能抗击水压力和水流的动能。但竹笼又不完全硬抗水势，大小不一的孔隙密布其间，为水流留出了无数细小通道，消减了激流冲击之力，提升了工程稳定性。竹笼作为拦水和壅水建筑时，在一定流量的情况下，可以约束水流，将来水引入取水口；而遇到大流量洪水时，竹笼又可以溃决，为洪水留出宣泄通道。竹笼的这一特性，在 1994 年以前常用于修建飞沙堰拦水埂。在暮春和初夏时节，竹笼将内江来水拦入宝瓶口以供灌区用水之需；汛期岷江水量暴涨时，竹笼自行溃决，洪水经飞沙堰泄入外江；此时的竹笼，颇收"顺其自然、无为而治"之功。

软体建筑，适当变形；搬运简便，收效迅速。竹笼虽然是一种固态工程，但却有异于刚性建筑，其蜿蜒伸展的躯体可以适应凹凸不平的河床，甚至在基础有一定沉降或冲损时，竹笼也能够适应变化。同时，视用途不同，竹笼可长可短、可粗可细、可纵可横，各有不同功效。已经制作完成的竹笼虽然体型庞大、沉重异常，难以搬运和施工，但勤劳聪明的都江堰水利人早已有了解决之道。卵石可以化整为零，堆放在需用之处；空心竹笼可以提前制作，随用随取。这样，不管是防汛抢险还是安笼拦水，都可以在极短的时间内完工并投入使用。此时的竹笼，又颇有"变化万千、灵活机动"之效。

第三节　干砌卵石

　　都江堰干砌卵石工程较为普遍，工艺十分娴熟精良，在技术上有独特之处。故干砌卵石工程的用途非常广泛，如干砌卵石护岸、堤埂、拦水夹埂、分水鱼嘴、导水埂、泄水低坝、挑水潜坝、卵石拱涵等。优点是：造价低。都江堰灌区各河内普遍有大小卵石，就地采集，仅需普工搬运卵石，技工钉砌埂面，不开支材料费。抗洪能力强。都江堰渠首的干砌卵石护岸，能经受 4~5 米每秒流速的冲刷考验。抗磨性能好。天然卵石多系石英岩和花岗片麻岩，石质坚硬，其抗压强度在 1000 公斤每平方厘米以上，且抗磨性能比混凝土强。干砌卵石护坡有利于地下水从卵石缝隙中排出，能减小土压推力；作导水埂时，因坝体透水，两面水头相差不大，仍能保持稳定。

一、干砌卵石的用途

（一）干砌卵石护岸

　　卵石护砌厚度一般约 20~30 厘米，其下应做好反滤垫层。注意保护好岸脚。在迎水坡面用卵石填好"爬边埂"。见图 14-8。

（二）干砌卵石拦水埂

　　用于封岔流，束水归槽，多采用干砌卵石夹埂形式。

（三）干砌卵石溢流坝

　　用于单宽流量较小的溢流堰。见图 14-9。

（四）干砌卵石拱涵

　　用于干渠输水。如人民渠小石河卵石的多跨拱涵为三心蛋形

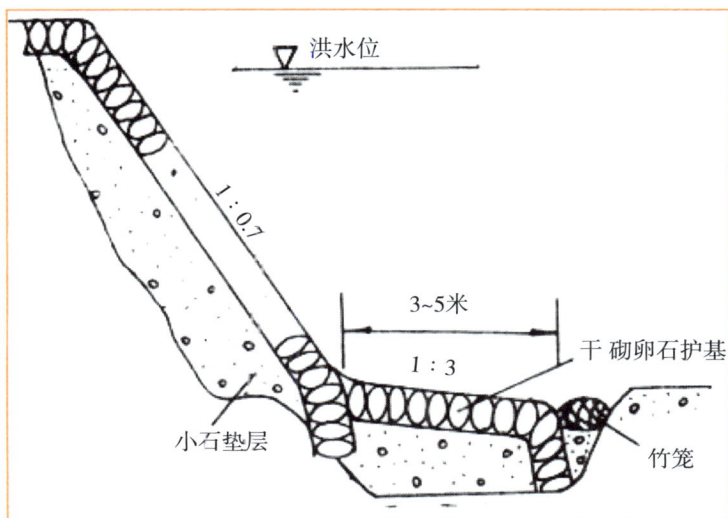

图 14-8 干砌卵石护基示意图

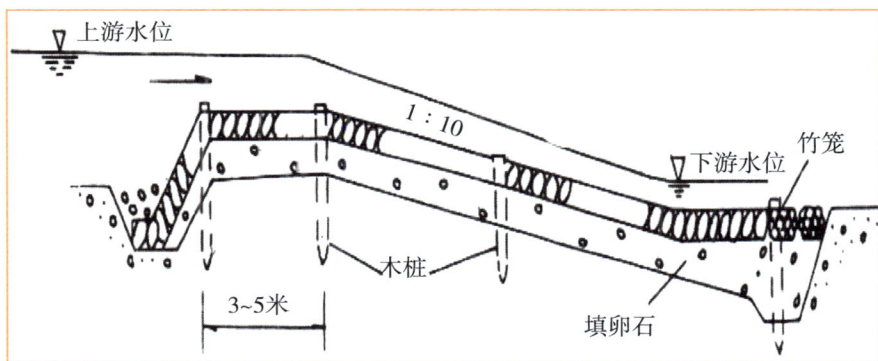

图 14-9 干砌卵石溢流坝示意图

拱，单孔净跨 3 米，过水流量 23.7 立方米每秒。拱内侧用 1 ∶ 1 ∶
6 水泥石灰砂浆勾缝；拱顶用 1 ∶ 3 ∶ 6 混凝土塞缝，混凝土厚
5 厘米，拱顶实际厚度 30 厘米；拱脚厚 45 厘米。涵洞底是混凝土
砌卵石反拱，厚 30 厘米。墩也是干砌卵石混凝土嵌里缝，表面用
1 ∶ 1 ∶ 6 水泥石灰沙浆勾缝。

二、干砌卵石的施工

干砌卵石即不用任何胶凝材料，将卵石并排砌筑而成。20世纪50年代，都江堰灌区干砌卵石技术进行了重大革新，边坡系数由0.7左右改为2~5，卵石平砌改为长轴垂直于岸坡立砌（俗称"丁砌"或"干丁"），卵石由大头朝下改为大头朝上，基础宽度和深度也大为增加，从而增加了砌面的厚度，增强了稳定性和抗冲能力，使干砌卵石在其后20年间得到了更为广泛的应用。

（一）采集卵石

卵石要采集椭圆形的，石质要坚硬，并按大小边采选边编号，然后分类堆放备用。埂面石分四类：第一类基脚石是长轴尺寸最大的卵石，标记"×"符号；第二类为一等埂面石，标记"1"字，用于从基脚到枯水位间；第三类为二等埂面石，标记为"2"，用于枯水位至常水位间，卵石长轴较一等埂面石小；第四类为三等埂面石，标记为"3"字，用于常水位以上。

（二）放样清基

施工前清除筑堤段的乱石和积水，水下部分施工，应在上游浅滩处用黏土或细砂修筑截流坝。基础清理后根据设计图纸放样。先放开挖基线，然后按设计断面隔20~30米设立一个断面样架，以控制开挖基础和砌体的标准尺寸。

（三）挖基和铺垫层

基础开挖顺序由外向内，每层开挖厚度不宜大于1.5米，基坑边坡系数不小于1。坡高4米以上，要增设2米宽的马道，保证安全施工。挖出的沙石，或用作筑堤，或堆放在指定地点，不得弃沙于河床内。利用挖基淘出的小石料，在边坡铺设小卵石垫层，作为防止砌体内沙砾外流的反滤层。

（四）砌筑卵石

砌筑卵石要从下游往上游进行，并使卵石长轴略向下游倾斜，以增强抗冲刷力。砌筑方法概括为：垂直坡面，分檐安砌；大头朝下，六面靠紧；大石下安，小石上砌；坡度砌够，坡面砌平。砌筑时要把卵石的长轴垂直坡面，并要由下游至上游分层砌筑到坡顶。"大头朝下，六面靠紧"是指卵石大头靠垫层安放，每个卵石都要与周围六个卵石靠紧。卵石间空隙应呈三角形，层与层之间卵石要落缝靠紧，见图 14-10。这种砌法踩不动，取不出。

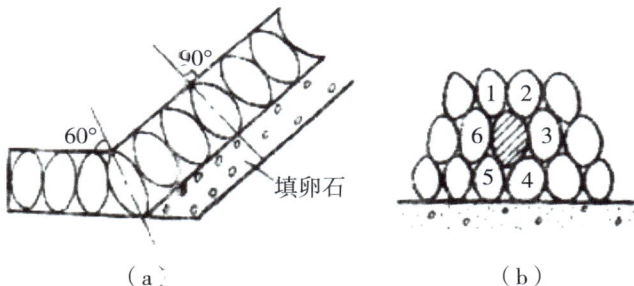

（a）　　　　　　　　　（b）

图 14-10　干砌卵石砌筑方法示意图

砌筑过程中要避免图 14-11 中的几种错误砌法。

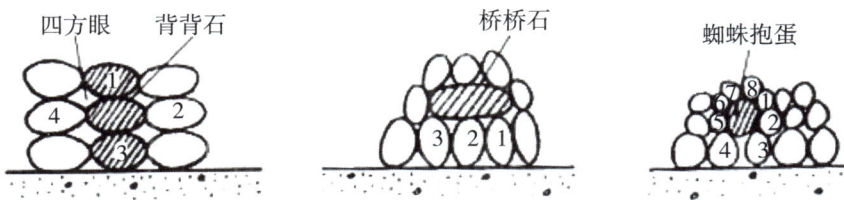

图 14-11　几种错误的砌法示意图

三、干砌卵石的特性及优势

干砌卵石具有"化平凡为神奇"的功效，具有以下特性和优势。

技术简单，造价低廉。卵石遍于岷江河床之中，俯首即拾，且几乎不需要其他辅材，材料造价接近于零。砌筑技术普通农民即可掌握，且砌筑速度极快，每方干砌卵石仅需不到一个工日。

抗磨耐冲，经久耐用。只要保证砌筑质量，干砌卵石其本身的自重、硬度和抗压强度可以抵御较大洪水袭击。在 20 世纪 60 年代以前，都江堰渠首飞沙堰、百丈堤、人字堤等工程的护岸和镇底都使用干砌卵石，均经受了多年洪水考验。

消压透水，环保生态。干砌卵石容许地下水入渗，可以消减水压，利于边坡稳定。特别对于地下水位较高的挖方渠段，干砌卵石护坡具有较强的稳定性。此外，干砌卵石的渠道由于为地下水留了渗水通道，有助于地下水的利用。灌区内的干砌渠道往往在上游进水口断流之后，下游还可以有几个到十几个的流量，这就是干砌卵石渠道利用回归水的优势。

第四节　羊圈

治水三字经有云："砌鱼嘴，安羊圈"。这里的"羊圈"是又一项都江堰传统水工技术。顾名思义，"羊圈"即用木桩将卵石紧束在一起，如群羊被关于圈内，多用于基础防冲工程。

一、羊圈的形制

羊圈形状一般为 3~4 米见方的木桩组成的木框，根据河床深坑大小和工程需要，可用多个羊圈构成建筑物。立柱选用桤木、麻柳或其他杂木，直径不小于 20 厘米。立柱长度视坑内水深而定。四根立柱每边均用上下两根横木相接，构成方形框架。横木直径不小于 15 厘米。横木内侧竖插立木（称签子），用竹篾或铅丝将立木绑扎在横木上。立木直径为 10 厘米左右，间距视所填卵石的直径而定，要使框内卵石不能从缝隙挤出为准。木框内填卵石时，要密实，切忌卵石内挟带泥沙。封顶大卵石要钉砌牢靠，也可用竹笼工程护面。羊圈示意图见图 14-12。如用羊圈作溢流堰或分水鱼嘴时，其顶部和周围常用竹笼工程保护。

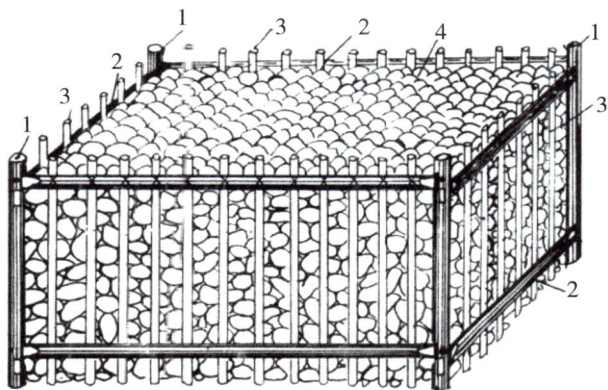

图 14-12　羊圈示意图

二、羊圈的功用

羊圈比竹笼或木桩工的消能抗冲能力都要强，被用在河道的急流险工段，保护重要的工程或堤岸的基础，如过去都江堰渠首鱼嘴和飞沙堰的重要部位，以及急流顶冲的金马河张家湾段护岸等都用羊圈型式。羊圈有较强的透水性，由于它的体积较大，整体性比竹笼好，可以抵抗较大流速水流的淘刷，它们也是灌区各级堤堰、堤防工程中普遍采用的消能防冲设施。羊圈有时也用于壅水，如过去府河下游洗瓦堰每年建筑 8 个羊圈壅水进堰。

第十五章　从粗放到精确的测量技术

第一节　水位测量

一、石人量水

在渠首，李冰设计了三个石人，以粗略测量水位。《华阳国志》说："于玉女房下白沙邮，作三石人立三水中。与江神要：水竭不至足，盛不没肩。"

二、水则

都江堰治水三字经中的"水画符，铁桩见"中的"画符"，即水则，是测量宝瓶口水位的设施。

离堆水则始于何时，现已无考。宋代水则，不仅用于量水，也是修治飞沙堰高低的标准。《宋史·河渠志》："离堆之趾，旧镌石为水则。则盈一尺，至十而止。水及六则，流始足用。过则从侍郎堰减水河泄而归于江。岁作侍郎堰，必以竹为绳，自北引而南，准水则第四以为高下之度。"明武宗正德年间（公元1506—1521年）卢翊大修都江堰时，对水则进行了重刻。清·王来通《灌江备考·复造水则》："灌城之西南有斗鸡台，山下有石刻古之水则十画。考自秦时初凿离堆所传，年深剥落，今望之片石而痕迹不全，数之六画而高低不匀，……乾隆乙酉冬月，始议而新之，另自伐石较准镌为十画，立于古水则上首，以便览者知水之消长。"公元 1765 年刊刻的水则，一直使用至今，该水则以"画"为单位（每一画 0.33 米左右），从最枯水位五画刻起到十五画，十六画以上另加高一根水尺，共计 22 画。加高的水则 1943 年被洪水冲走改为木板水尺，1956 年撤去木板，改用条石与下根水尺衔接，由十六画刻至二十四画。

第二节　岁修淘淤标志——卧铁和其他

内江凤栖窝凹岸一带，每年淤积大量沙石，为岁修的大项。"深淘滩，低作堰"六字诀，被视为治理都江堰的根本大法，"循之则治，失之则乱。"岁修淘滩时，人们经过不断的实践，探索出一个合适的深度，于是建立标记，作为淘滩的准则。

相传李冰创建都江堰时，曾在凤栖窝下埋有石马作淘滩标记。明曹学佺《蜀中名胜记》卷六说："都江口旧有石马埋滩下。"《四川通志》卷十三上也说："都江口旧有石马埋滩。"清陈丙魁《都江堰歌》也说："河底当年准石马。"道光时，强望泰淘河挖出二石兽，或以为是李冰时的石犀，或以为是李冰时埋的石马。马莲舫《石犀有序》说："强蕚圃司马淘河得二石兽，竭数十人力，方升岸。疑即秦时故物，嘱先君题跋勒石上。江涨，仍没于水，近复淘出，亦奇迹也。"

明代正德年间，水利金事卢翊修浚时"直抵铁板，得秦人所书六字诀，曰：'深淘滩，低作堰'。大书观澜亭，用昭永鉴。"（清·杭爱《复浚离堆碑记》）

都江堰治水三字经中的"水画符，铁桩见"中的"铁桩"，

即卧铁，是内江岁修时凤栖窝一带淘淤的标志，所谓"铁桩见"，是指深淘到卧铁为止。明万历三年（公元1575年），四川御史巡按郭庄主持在虎头岩、宝瓶口、三泊洞等五处铸置铁柱三十根，每柱长丈余，共用铁三万余斤。以后移虎头岩铁柱作"卧铁"，是都江堰传统的淘滩标记，但位置并未完全固定。

乾隆三十一年（公元1766年），灌县知县滕兆柴、水利同知汪松承把卧铁位置固定下来。《都江堰功小传》说："都江堰河底有卧铁一条，志淘滩之规则，每岁安放无定。乃添置丁字铁桩一，铁柱一，至次年丙戌淘挖，依然不识向址，乃加长链缚铁桩，使无移动，竖石北山凤栖窝为标记。"这里的"竖石"即指卧铁碑。

道光二十年（公元1840年），在三泊洞上游挖出一根明代铁柱。水利同知强望泰在《两修都江堰工程纪略》文中说，道光二十年在三泊洞上游挖出长一丈、直径五寸的铁柱，上书"永镇普济之柱，明万历四年造"，字大三寸。于是移至紧对卧铁碑处，并设铁桩一根，与此铁柱炼合一处，以压河底，"俾后之淘挖者知其浅深云尔。"这时江底共有两根卧铁。

同治二年（公元1863年），岷江水涨，都江堰坏。次年，成绵龙茂道观察何咸宜督修，又增铸卧铁一根埋入，上刻"缵绪遗则之柱"六字。此时已有"卧铁"三根。此后十几年，卧铁一直安埋河底。光绪三年（公元1877年），水利同知庄裕筠淘到三根卧铁，写了一篇《卧铁记》："卧铁之设旧矣。光绪三年大修都江堰，得铁三：其一有'万历'字，衔以石；其一有数字，经水啮蚀不可辨；其一系同治三年铸，有'缵绪遗则之柱'六字，皆平放堰内。"

光绪十年（公元1884年），卧铁被冲失一根。庄裕筠又进一步固定了剩下的两根卧铁位置："予思卧铁之措堰中也，纵横数十丈间，略无确据。后之莅任者何从而见之？爰置铁堰底，竖碑山麓，以绳度之，由碑至河底共高九丈九尺，由岸至卧铁处计二丈一尺。"

民国十四年（1925年），水利知事官兴文补铸一根，刻有"署理成都水利同知官兴文造"字样。以上三根卧铁均顺水流方向埋于凤栖窝下，卧铁之间相距0.8~1.1米，卧铁顶面高程726.24~726.29米。三根卧铁至今尚在。

民国二十四年（1935年），在卧铁旁边安设"铜标"，在铜标上铸有与卧铁高程相等的水准点，作为淘滩深度的准则，刻有"四川省政府主席刘湘，建设厅长卢作孚，水利局长张沅"字样。民国三十二年（1943年）三月二十九日晚，铜标被盗。次年四月五日，在卧铁旁1米处的岸边用水泥浇筑混凝土"标准台"五层，每层相当一条竹笼装满卵石的高度（标准笼高0.4米），共高2米。标准台顶高度，就是飞沙堰坝顶高度的准则。在浇筑标准台的同时，重新用青铜铸造了一板"铜标"，嵌入标准台内的底部。铜标上铸刻一条水平线与卧铁等高，铜标刻有"兼理四川省政府主席张群，四川省建设厅长兼水利局长何北衡，都江堰工程处长张沅"三排字。从此，"卧铁""铜标""标准台"并存至今，共同作为"深淘滩，低作堰"的标志。

1994年，都江堰建堰2250周年时，铸造了第四根卧铁，上面镌刻"中华人民共和国水利部　四川省人民政府立"字样。1998年2月15日，水利部和四川省政府联合举行仪式，将这根卧铁与原三根卧铁并排安放。

第十六章 "软""硬"之争与都江堰鱼嘴结构及材料演进

第一节 早期的软堰主流与零星的硬堰探索

都江堰历史上长期存在"软""硬"建筑之争。这并不是一个简单的学术争论，实际上是历代治水管理者关于工程管理指导思想、指导大纲、维修原则的认识和讨论，是工程管理中带有纲领性的原则问题。

从李冰时代开始，竹笼、杩槎成为都江堰历史上各项建筑的基本材料，也是重要的地方文化特征之一。竹笼装石，灵活可塑，可蜿蜒摆布，而杩槎也可随环境调整布设线路，故称其为"软"建筑。在漫长岁月中，鱼嘴、飞沙堰、金刚堤、百丈堤等多采用软建筑的形式，优越性人所共睹。但其致命缺点是寿命太短，一般只能维持一年，每年岁修工程量极大。那么，都江堰"软"建筑的优良传统与其致命缺点是怎样协调统一的呢？这是以充足而廉价的原料和劳动力为前提的。大量的岁修工程和劳役，还为历代贪官污吏利用岁修之机中饱私囊提供了机会。甚至连宋徽宗也不得不承认："岁计修堰之费，敷调于民，工作之人，并缘为奸，滨江之民，困于骚动。"

都江堰历史上的"硬"建筑，主要指用浆砌块石、铸铁等材料和相应的施工技术手段代替竹笼装石，具有相对的稳定性和长期性。

　　唐开元二十三年至天宝五年（公元735—746年），益州长史、剑南节度使兼四川采访制置使章仇兼琼，曾分别在都江堰灌区和汉州江上采用不同的"软""硬"建筑形式。北宋范镇《东斋记事》卷四说："蜀州江有硬堰，汉州江有软堰，皆唐章仇公兼琼所作也。鲜于惟几，蜀州人，为汉州军事判官，更为硬堰。一夕，水暴至，荡然无孑遗者。盖蜀州江来远，水势缓，故为硬堰。硬堰者，皆巨木大石。汉州江来近，水声湍悍，猛暴难制，故为软堰。软堰者，以粗茭细石。各有所宜也。自惟几改制，甫毕工而坏，前人之作，岂可轻变之哉。惟几名享多学，能棋又善医，其为人自强，人谓之'鲜于第一'。"这一记载表明，至迟在唐代，"软""硬"建筑的名称及其争论已经出现。章仇兼琼作为一名地方最高行政首脑，在西蜀水利建设中，一方面在都江堰灌区内的蜀州尝试使用"硬"建筑的可能性，一方面又将都江堰的"软"建筑推广到汉州，可见他采用了兼收并蓄又甚为审慎的态度。他所在的时代，"扬一益二"的格局已经形成，西蜀经济在全国名列前茅，都江堰灌区有充足而廉价的原料和劳动力来维持"软"建筑的继续存在，故没有必要在都江堰灌区"软""硬"建筑上作大的改革。

第二节　元明时期的硬堰革新

　　时至元代，形势大变。至元二十七年（公元1290年）时，成都路仅有二十一万五千余人，约南宋时的三分之一。而且这些人为了避祸，大部分集中在山丘地带，都江堰灌区内人口极少，难

以提供"软"建筑必需的大量岁修人员。正是在这个历史背景下，"硬"建筑被推上了历史舞台。

至元十二年（公元 1275 年），陕西四川道按察副使兼劝农事李秉彝入蜀，巡行灌州（今都江堰市）， 为减轻百姓负担，首先在都江堰渠首采用砌石"硬"建筑。"土人刻石颂德"，其做法获得了灌区百姓的拥护。至元元年（公元 1335 年），吉当普在大修都江堰时，鉴于当时都江堰岁修时每年征用兵民劳力多则一万余人，少则数千人、数百人不等，每人还得服役七十天，每年收的水费、代役钱等约七万缗，绝大部分落入官吏私囊等因素，在大修都江堰时，全面采用了"硬"建筑。

洪武九年（公元 1376 年），彭州知府胡子祺修都江堰，因见元人用铁石修堰费用过大，便在这次大修时恢复了竹笼杩槎工程。但当时"四川所辖州县居民鲜少""成都故田数万亩，皆荒芜不治"（《明太祖高皇帝实录》）能参加岁修的劳动力极有限，建文时期（公元 1399—1402 年），灌县知县胡光在主持都江堰大修时，对鱼嘴采用铁石结构方案，"伐石、冶金，即旧址甃砌为防，贯以铁锭"，又恢复了"硬"建筑。

正德八年（公元 1513 年），卢翊任四川按察司佥事， 在治理都江堰时全部恢复竹笼工程，又著《灌县治水记》并立石刻碑，公开批判在渠首搞"硬"建筑的做法。他认为吉当普的错误是"始肆力于堰；无复深淘之意"。不深淘滩，仅仅靠强化鱼嘴建筑物本身，是不能解决治理问题的。他说："假令沙石涌碛，水不得东润，虽熔金连障，高数百尺，牢不可拔，亦何取于堰哉！矧所谓铁龟、铁柱，糜费几千万缗者，曾未几何辄震荡湮没，茫无可赖，方诸笼石廉省，今古便焉者，孰得？比来，民受其困，宜坐诸此，予窃少之。"（《全蜀艺文志》）他认为用铁石坚筑堤堰的办法花费太大，又不能持久，不如用历代行之有效的竹笼结合深淘滩的方案。他认为元代搞了"硬"建筑后便不再岁修，应属误解。今此碑尚在今江岸山侧玉垒山公园。卢翊恢复竹笼之举，后来被一些人高度赞颂，如清代佚名者的《都江堰复笼工碑》说："卢翊笼竹实石，因时立制，用以宣泄水势，篓石（原字不辨）贯，湍暴平夷。天彭划张，玉垒坦涉，岁食其利。千暮百朝，绎绎炪炪，罔有溃越。"（民国《灌县志》）但另一方面，卢翊时期，灌区服役民工任务相当重。当时灌区采用三石粮就派一名岁修劳工之法，每八年轮役一次，凡拥有三亩以上田地的人家，每年都得派出一名役夫。这个派夫比例，在历史上算是相当高的。

嘉靖二十一年（公元1542年）夏，严时泰治理都江堰时，原打算全部采用"硬"建筑，因有人反对，没完全实现，可见当时"硬"建筑仍得到许多人的认同。正是有此基础，嘉靖二十九年（公元1550年），提督水利按察司副使兼佥事施千祥主持都江堰渠首大修时，又欲在渠首搞一些"硬"建筑。他与崇宁知县刘守德、灌县知县王来聘等反复商议。王来聘谈到去年岁修时曾在鱼嘴增立铁桩三柱，贯石以砌鱼嘴，今年鱼嘴上的竹笼损失便大大减轻，只有一半，仅这一项便可节省岁修费用二千余两白银。于是施千祥大兴土木，建造了铁牛鱼嘴。

第三节　清朝丁宝桢的硬堰与洪水的较量

清代，总的说来是以"软"建筑派占优势。道光年间，强望泰任成都水利同知时，对"硬"建筑进行过强烈批判，认为元明

以来冶金贯石的搞法不行，惟秦李守六言可行百世而无弊。但此言也有不实之处。元明搞"硬"建筑时，仍然要"深淘滩、低作堰"。揭傒斯《蜀堰碑》仍然认为六字诀是治水之法。光绪时期，丁宝桢大修都江堰时，又"易笼为石"，将竹笼鱼嘴改用浆砌条石修建，大修人字堤。丁宝桢在清代极重复古的背景下，在清代早期治水者反复批判元、明"硬"建筑的背景下，敢大胆采用"硬"建筑，可以说是顶着很大压力，冒了很大风险。次年，岷江洪水冲毁渠首众多工程，但新建的大、小鱼嘴保持完好，清廷给他降一品顶戴为三品顶戴，并将成绵龙茂道丁士彬、灌县知县陆葆德革职留用，罚赔工银两万多两的处罚。丁宝桢此举，在清代便曾受到多人攻击。如清末彭锡畴指出：丁宝桢好大喜功，修都江堰"改笼为石，……水江（即都江）各属遂日陷于江乡水国中，至今且频岁昏垫"（民国《灌县志》）。且钱宏撰写的《堰工祠记》碑文，也攻击丁宝桢空费钱财，劳而无功，"丁文诚……十万金钱，飞洒灌口，两江变竹笼为石堤，……春潮陡发，前业尽坏。"

元明清三代，都江堰渠首建设较为活跃，不仅布局结构有变化，其"软""硬"建筑变化最为频繁，争论最为激烈。元代从当时灌区人口极少的实际情况出发，大胆创新，率先尝试"硬堰"建筑。明代早中期，灌区人口仍然较少，仍常使用"硬"建筑。清代早期一百余年，灌区人口稀少，当时虽没采用"硬"建筑，却是以缩减渠首结构，以人字堤代替分水鱼嘴，以大幅度地缩减灌区为代价。

第十七章　都江堰治水法则

　　都江堰在水利管理、工程管理、水工技术管理诸方面，皆颇具特色。其中一个突出的表现，便是用"六字诀""三字经""八字格言" 来总结、归纳都江堰的治水法则。这些治水法则是古代都江堰工程管理、水工技术管理的最高准则，从某种意义上说，也是最重要的规章制度。这些法则皆刻石立在二王庙内，朗朗上口，言简意赅，画龙点睛，凝练警策，便记忆、利推广，又是与汉字文化高度结合的一种独特的艺术形式，是我国传统文化、都江堰水文化中的一株奇葩。

　　历史上，由于天灾人祸等原因，都江堰曾多次遭受严重破坏，但都很快恢复到最高水平，其重要原因之一，便是这些治水法则起了重要作用。

第一节　六字诀

一、"检其左、堰其右"

　　最早见于《水经注》卷三十三引梁李膺《益州记》："《益州记》曰：'江至都安，堰其右，检其左，其正流遂东，郫江之右也。'"这是对李冰创建都江堰后、迄两汉时期都江堰渠首枢纽平面布局

的总结，同时也是都江堰渠首枢纽平面布局的基本法则。都江堰渠首枢纽的任务是以内江分流引水为主的。"堰其右、检其左"，正是针对内江分流引水而言。这里，"堰"指筑堰引水、排洪、排沙之意。"堰其右"，即在内江右岸设置像平水槽、飞沙堰、人字堤泄洪、排沙。"检"为指挥控制之意，"检其左"指利用岷江在都江堰所在河湾段左侧凹岸，凿开宝瓶口，引水入柏条河和走马河。这种平面布局把枯水期的引水和洪水期的泄洪相统一，把取水和排沙相统一，把冬季岁修中过水和淘淤相统一。

二、"深淘滩、低作堰"

"深淘滩、低作堰"是最为知名的六字诀，也是都江堰渠首枢纽立面布置的法则。此六字诀，历代评价甚高，如"治水之法"（揭傒斯《蜀堰碑》）、"万世治水者法"（卢翊《治水记碑》）、"立堰之法"（《格致镜原》）、"千古治堰之要诀"（宪德）等。六字诀究竟产生于何时、始载于哪部文献，却颇有争议。

一般认为，六字诀出于李冰，这几乎是蜀地治水者和有关学者的一致看法。最早记载此六字诀的文献，是梁李膺《益州记》。《水经注》曾多次引用梁李膺《益州记》的资料。明曹学佺《蜀中名胜记·成都府六·灌县》条引《水经注》说："江水又历都安县，……李冰作大堰于此，立碑六字曰'深淘滩，浅包鄢'。鄢者，于江作堋，堋有左右口，谓之湔堋江。"《大明舆地名胜志·四川六·成都府六》引《水经注》，其文完全同上。清李元《蜀水经》卷二也说《水经注》有此语。现在流行的《水经注》，是从明《永乐大典》中辑出，不见有此六字诀。明曹学佺与《大明舆地名胜志》的作者所引《水经注》，当是更早的版本。明杨慎撰《丹铅摘录》

卷五说："蜀灌县离堆山，斗鸡台之下……傍有石刻，八分书'深淘滩，低则堰'六字，皆秦蜀时李冰所为也。见李公膺《益州记》，今《志》改则为'作堰'便失其意，亦且不文，书以存古。"杨慎撰《（丹铅总录）》总录卷十七《水则》，记述雷同。又杨慎《金石古文》卷三载有〈秦蜀守李冰湔垌堰官碑〉，碑文是"深淘渊，浅包鄢"。明梅鼎祚编《皇霸文纪》卷十二《湔垌堰官碑》："'深淘渊，浅包鄢'，渊，古滩字，即堰也。杨用修《金石古文》云：冰在蜀治水，功烈盛矣，誓神，而神至今不敢违。教民，而民至今不能违。其文又简古，真异人哉！"清康熙时陈元龙撰《格致镜原》卷八也说："梁李膺《益州记》蜀灌县离堆山斗鸡台下……乃秦蜀守李冰所为，又教民检江，立堰之法曰'深淘滩，浅则堰'。"从这些线索几乎可以肯定，李膺《益州记》确曾记录过六字诀。

元揭傒斯《蜀堰碑》："秦昭王时蜀太守李冰凿离堆……乃书'深淘滩，低作堰'六字，其治水之法，皆冰所为也。""乃书'深淘滩，低作堰'六字其傍，为治水之法，皆冰所为也。"《元史·河渠书》引用揭傒斯《蜀堰碑》时把"低作堰"改成"高作堰"，当系笔误。

明章潢撰《图书编》卷四十《时务四条》："蜀自李冰凿离堆，堰都江，而水利自兹始矣，涸胫泛肩之誓沉于洋浦，深滩浅堰之谕纪于鸡台，洞开三泊，江辨双流。我朝开浚之发夫，固如是而已，垒石以筑堰，范锸以淘滩，利水州县如郫、繁、崇、汉，所出夫匠，岁不下千人，而灌田亦几万计，已而江之顺怒不常，人之机械百出，其中黠者，欲乘间以牟利，乃为倡铁龙之议，铸冶垂成，而奔涛卒至，荡析已无余矣。又欲从而修之，而不知利没奸谀，劳归庶姓，而旱涝卒无补也。是岂立法初意哉？或者议曰：昔之遗法固在也，

因而饬之，其谁曰不可！故随内外以导沫江，因浅深以通灌口。力役则计田畴以为多寡；雇役则度远迩以为重轻。而又相下泽以疏流，慎司工以劝事，其庶矣乎？或又曰：铁龙之议，特因一时之卒涨耳，未可遽以为非也。嗟乎！禹之治水，水之性也。故深淘浅筑，正得其遗意，而乃高为堤堰，故与水斗，几何其不敷也！昔文翁守成都，开湔溂溉灌繁田，人获其饶，是亦不可为法乎！"这里认为堰堤修得高大坚固，不仅劳费民力，而且往往工程还未完工则岷江已经水涨，风险很大。

清杭爱《复浚离堆碑》中说："明正德间，水利金事卢翊躬督疏浚，直抵铁板，得秦人所书六字曰'深淘滩，低作堰'，大书观澜亭，用昭永鉴。"但卢翊自己撰写的《灌县治水记》提到六字诀时则说："旧刻相传在虎头山斗鸡台，水则立其旁，岁久剥落，索弗获，后之君子将无考焉。因磨石重镌碑则云。"由此可见，杭爱所记当系传闻失实。

目前，都江堰二王庙前石壁上"深淘滩，低作堰"等语，乃是清同治十三年（公元1874年）灌县知县胡圻手书，并于光绪三十二年（公元1906年）刻石的。

深淘滩是指每年岁修时，把宝瓶口上游凤栖窝一段河槽中淤积下来的沙石彻底挖淘，用人工办法补充水流排沙之不足，目的是保证下游引水的水位，保证灌溉用水。古有"深淘一寸，得水一寸；深淘一尺，得水一尺"之说。所谓深淘，也是相对的，只是达到一定的深度，过深则会在宝瓶口形成门槛，影响水流流态。古人深淘标准皆树以标志，或以石马，或以卧铁，或以铜标及标准台。明清时期，凤栖窝一带埋有水平铁柱（俗称卧铁等）作岁修淘挖标准。每年一定要挖到出现"卧铁"所在高程，才算岁修合格。同时，"深淘滩"也使岷江主流集中于江心位置，不至于对两岸冲刷过甚。

低作堰即低作飞沙堰。飞沙堰用笼石垒成，先铺顺笼，再在顺笼上覆盖铺设顺着溢流方向的筏子笼。所谓浅包，就是少铺几层筏子笼，不要做得太高。飞沙堰集分、排、控三种功用于一身，既排沙又分洪，还要控制入内江水量。经一年的冲刷，堰堤上的竹笼等建筑已基本损坏，堰内外堆积大量沙石，必须全面维修，次年才能正常工作，发挥效益。维修此堰的关键是在"低""浅"上下功夫。不宜过高，过高会减弱溢洪排沙功能。低到什么程度，要根据保证春灌用水流量相应的水位高程来确定。以宝瓶口观测水位的旧水则来衡量，旧时飞沙堰堰顶高程相当于十三画就够了。另外就飞沙堰的飞沙、泄洪及其自身安全而言，低作堰也是有利的。都江堰凤栖窝河段，每年冬末沙石淤积量在1万立方米左右，数量大略固定。每年冬春水枯时，在鱼嘴处先后分别拦断内、外江，进行清淘。如冬末不断流岁修淘淤，或淘淤不到原河床，则来年就引不够，难以满足灌区抗御春旱的用水要求。若凤栖窝河段清淤彻底，则宝瓶口引进内江来水的能力提高，飞沙堰产生溢流的流量随之增加。当然也可以不清淤或少清淤，加高飞沙堰顶，以导引更多流量进入宝瓶口，但这样就会减少飞沙堰宣泄内江洪水的能力，宝瓶口多进洪水，又将造成灌区水害。因此堰顶不能筑高，而要"低作"。实际上，"低作堰"也包括人字堤。人字堤在清朝中叶是用羊圈填底，再用石条铸铁钩贯，上铺竹笼以便泄水，其后全用竹笼，"下层以七笼平排，二层则有六笼，次第照减，至于七层，则堤顶仅有一笼，上用搭笆笼横覆之"。浅包人字堤，就是在"堤后用筏子笼横排密抵，埂既坚牢，

又能渗水让水"。"低作""浅包"的目的，是可以"使有余之渠水泄于外江"，不然的话，江涨横溢，外江不能泄水，而水势偏注内江，成都一带也便难免洪水之苦。

深淘滩与低作堰是相辅相成、缺一不可的两个方面，运用朴素的哲学思想，以一深一浅、一引一分的辩证方式，较为科学、妥善地解决了都江堰引水、泄洪、排沙的复杂矛盾。故历代都把六字诀奉为至宝，代代相传。六字诀成为维修与护理都江堰的必遵之法，对两千多年来都江堰的治理，有极大的指导意义和深刻的影响。

第二节　三字经

清同治十三年（公元 1874 年），灌县知县胡圻所编治水三字经刻石立于二王庙山门内右墙上，内容是：

> 六字传，千秋鉴。挖河心，堆堤岸。分四六，平潦旱。水画符，铁桩见。笼编密，石装健。砌鱼嘴，安羊圈。立湃阙，留漏罐。遵旧制，复古堰。（光绪《增修灌县志》）

清光绪丙午年（公元 1906 年），知成都府事文焕对原治水三字经作了修改，刻石立于二王庙山门内正中墙上，这一版流传更为广泛，内容是：

> 深淘滩，低作堰。六字旨，千秋鉴。挖河沙，堆堤岸。砌鱼嘴，安羊圈。立湃阙，留漏罐。笼编密，石装健。分四六，平潦旱。水画符，铁桩见。岁勤修，预防患。遵旧制，毋擅变。

（民国《灌县志》）

治水三字经含义如下：

"六字旨，千秋鉴"："深淘滩，低作堰"的六字诀，作为修治都江堰的准则，世代相传。

"挖河沙，堆堤岸"是将疏浚主河槽时挖出的沙石用来培高和加固河岸。前者是淘滩，疏浚河道，以加大过水断面，降低水位；后者是堆筑堤防，防止洪水决堤毁田。两项工程，一举两得。

"分四六，平潦旱"指鱼嘴的自动分水功能，即在岷江汛期，内江引进四成水，以防止下游灌区发生洪涝灾害；而在灌溉期间，岷江流量小，内江引进六成水，对下游春灌有利。

"水画符，铁桩见"中"水画符"指宝瓶口左侧崖壁上刻画的水则，是判断宝瓶口引进水量"足"与"过"的标志。李冰建成都江堰后，在鱼嘴分水处立石人，以"水竭不至足，盛不没肩"来判断水量。自宋代以后，在"离堆""宝瓶口"刻水则，作为春灌用水、汛期防洪的基本水尺。"铁桩见"指岁修淘挖内江河段于凤栖窝处，要淘深到看见卧铁为止。

"笼编密，石装健'中"笼"指李冰时期就已用作筑堤修堰的竹笼工程。竹笼古时用质柔坚韧的白甲竹编制，有一定规格。"笼编密"指笼眼要小，一眼一石要牢固。"石装健"指卵石要装得饱满，保证工程质量，提高稳定性和抗冲能力。

"砌鱼嘴，安羊圈"中"鱼嘴"指分水鱼嘴，为都江堰的分水建筑物。在岁修时，须将鱼嘴砌筑好，使其能在枯、洪水季节调节好内、外江的分流比，以适应灌溉与防洪的需要。"羊圈"是

在河床上挖深坑，四角立四根大木桩作骨架，每边连以横木，再在四壁插签子形成木框，内装填大卵石。这是一种基础工程，用在急流顶冲的地方。

"立湃阙，留漏罐"中"湃阙"即旁侧溢流堰，用来宣泄多余的水量。在内江河道上，现有飞沙堰、人字堤二道溢洪坝即"湃阙"。都江堰其他许多引水渠道上，也设有这种"湃阙"。"漏罐"指涵洞引水口。清中叶以前，有金堤堰即为"漏罐"，因当时人字堤亦称"金堤"。现人字堤溢洪坝面下有一暗涵引水口，即为旧金堤堰，从地下通过人字堤溢洪坝再经暗渠到地面，灌溉都江堰市城郊塔子坝一带两千多亩农田。

"遵旧制，毋擅变"是指都江堰经过历代长期实践中总结的治水原则、技术经验和规章制度，皆是行之有效的旧制，一定要遵循，不要轻易更改。"毋擅变"并不主张绝对不变。历朝历代在确保都江堰基本布局不变的原则下，都在探索都江堰的最佳工程方案，比如鱼嘴的位置和建筑材料变动就极为频繁。现代从生产发展的实际需要出发，经过科学研究、模型试验、报经省和中央批准，在不影响古貌原则下，也可以变，如修建外江河口枢纽闸、飞沙堰临时拦水闸、成都市磨儿潭应急水源工程等。

第三节　八字格言

一、"遇弯截角、逢正抽心"

"遇弯截角，逢正抽心"，今嵌于二王庙三宫殿壁间，玉版。该碑为清光绪元年，水利同知胡圻撰书，是都江堰渠系整治的重要法则。岷江沙石含量大，从峡谷段进入成都平原后，河道变宽，流速变缓，导致沙石沉积，特别容易在河湾段漫淤，凸岸尤甚，形成突角，"遇弯截角，逢正抽心"就是针对岷江的这种特点总结出来的都江堰建设与岁修法则。

"遇弯截角"指在原有河槽中，通过岁修清淤对弯道沙石堆积体进行裁剪，采用凸岸截角与凹岸挑流护岸相结合，使弯道顺直，增加过流面积，减少凸岸的堆积与主流对凹岸的冲刷。

"逢正抽心"指遇到顺直河段河道时，由于河道宽阔，冲刷程度并不均匀，造成很多汊沟，这些汊沟分布在河道底部，甚至汊沟之间还会形成露出水面的沙洲。河道冲刷不一、汊沟到处分布，会造成江流紊乱、主流摆动、沙洲淤积等，因此应当浚深河槽中间部位，结合堵塞一些汊沟，让水流集中冲大新开河槽的过水断面，致使主流集中顺直，减少对两岸的冲刷。

二、"乘势利导、因时制宜"

"乘势利导、因时制宜"是都江堰治水的根本法则、不刊之典，道尽都江堰治水的根本指导思想。所谓"乘势"，就是从事物的全局、整体、联系、运动中去分析、处理问题；所谓"因时"，就是根据事物随时间的发展、变化去分析、处理问题；"利导""制宜"则是发挥人的主观能动性，以最小的代价、投入达到最佳的目标，取得最大的效益。"乘势利导、因时制宜"体现了建造都江堰对自然的尊重和敬畏，同时也肯定了在尊重自然规律的基础上对自然进行利用和改造，与治水三字经的"遵旧制，毋擅变"结合观之，体现了朴素的辩证思想。

都江堰渠首位置的选择、渠首工程如鱼嘴、百丈堤、飞沙堰、

人字堤等，特征皆是"顺"水势而非逆水或阻水。利用河道走势、水脉走向、山形地貌，无坝分水，壅江排沙，自流灌溉，以四两拨千斤，变水害为水利，达到分洪、排沙、引水兼顾的目的。

但"势""时"也不是一成不变的，宏观而言，随着时间跨度的变化，应根据岷江流量变化趋势、内外江摆动情况、上游浅滩沙丘分布，相应地调整工程布局，增减辅助工程。都江堰治水先驱对此的认识逐步深入。如历史上鱼嘴位置的变动，李冰时期位于白沙河口下游、现韩家坝洲上游位置，公元910年因洪水下移"数百丈"。因新鱼嘴所在位置水势较小，又能分水，内、外江分水堤短"数百丈"，岁修费省，排沙效显，人们便选择了新鱼嘴。清代早期，鱼嘴工程名存实亡，从乾隆二十九年开始，人们开始在索桥上下一二百尺的位置内，反复摸索，寻找鱼嘴应在的位置，至丁宝桢时期，方找到较为理想位置，大体固定下来。正如清人彭洵《灌记初稿》分析所说："因势导之，不与水敌，工乃可久。"民国叠溪洪水后重建鱼嘴时，对位置进行了微调，一直沿用至今。与此同时，飞沙堰的高度也在不断地摸索变化。宋代宝瓶口水位到达六画就可足用，飞沙堰堰顶高度只需有相当于水则的第四画高便行了。元代水则增为十一画，而水量到九画时便够用了。清代、民国又有变化。微观而言，一年之中，四季不同，岷江来水丰枯各异，也需要开展枵槎截流、竹笼挡水和岁修淘滩等人工活动，保证防汛安全、灌区用水。

第十八章　都江堰水利科技的向外传播

以传统四大河工技术为代表的都江堰工程科技，以其独创性、经济性、适用性、生态性等特点，在中国水利科技史上处于重要的地位。同时，在古蜀水利与中原水利的相互融合发展中，都江堰水利科技的影响范围进一步拓展，为中国古代水利科技的创新与发展发挥了极为重要的作用。伴随着华夏文明的对外交流传播，都江堰水利科技辐射东亚，促进了东亚治水科技的萌发和突破性发展。

竹笼技术在公元前就已传播到中原地区，并以其卓越的性能在大放异彩，得到迅速推广。如汉成帝建始四年（公元前 29 年），黄河决口，四郡三十二县受灾，淹没屋舍达四万所，御史大夫尹忠因治河无效而自杀。来自四川的王延世被任命为"河堤谒者"，专治黄河。他用长四丈、大九围的竹笼，"中盛石块，由两船夹载沉下，再以泥石为障"，用时三十六天堵口成功。汉成帝下旨嘉奖，称赞这种堵口方法"功费约省，用力日寡，朕甚嘉之"，并将年号由"建始"改为"河平元年"以资纪念。时人评论王延世"盖仿李公之法耳"。这是都江堰传统水工技术应用于中原地区的最早记载。此后，都江堰的竹笼之法在全国范围内广泛普及，甚至达到沿海地区。例如后梁开平四年（公元 910 年），吴越王钱镠在杭州采用"石囤木桩法"修建钱塘海堤，做法与都江堰极

为类似：就地取材，砍竹编笼；开山取石，将石块装入竹笼内，抛入海中，堆成海堤。再在海堤两侧打上高大的木桩加以固定，上面再铺以石块，与都江堰的羊圈之法也有相通之处。海塘建好之后，保护了江边农田不再受海潮侵蚀，而且，由于石塘具有蓄水作用，使江边农田得到灌溉，"由是钱塘富庶盛于东南"（《资治通鉴》）。

　　都江堰的治水思想、治水理念更是对中国水利影响巨大，在全国范围内出现了大量借鉴都江堰设计思路和布局原理的古代水利工程，至今各地仍散布大量自称"都江堰"的古水利工程，诸如"江南都江堰""塞北都江堰""中原都江堰"。创建时间比都江堰晚半个世纪的灵渠，虽然因为周边地形和河流条件与都江堰大相径庭，因此工程形状与都江堰差别较大，但其工程思路和布局原理却与都江堰极为类似：都江堰在岷江中设鱼嘴分水，鱼嘴两侧如"人"字形的内外金刚堤左右而下；灵渠在湘江中设铧嘴分水，铧嘴前锐后钝，两侧各有大堤引导水流。都江堰的鱼嘴具有"四六"分水的功效，灵渠的铧嘴则是"三七分派"，无论河水消涨，均三分入漓、七分入湘。都江堰在内金刚堤设飞沙堰滚水坝，将进入内江的多余洪水泄入外江；灵渠在铧嘴大堤设滚水坝分水，将进入湘江的多余洪水泄入漓江。元朝时修建的姜席堰，其进水口为人工在蛇山脊背上凿开的一条宽近3米的口子，与都江堰的"宝瓶口"形状和功能几乎一样，在没有水闸的年代起到"节制闸"的作用，自动控制进水量。灵渠和姜席堰都被列入世界灌溉工程遗产名录，同时还有大量受都江堰的启发并富有地方特色的古代水利工程遍布中国，如明珠般镶嵌在江南或塞外，为当地人民造福不绝。

都江堰的影响甚至跨越了国门，对东亚治水理念和治水技术都产生了重大的推动作用。中国水利学者在尼泊尔考察时发现，"羊圈"被应用于山地溪流的固底防冲。都江堰对日本水利的影响更是巨大。16世纪中叶，在都江堰筑成1800多年之后，日本战国时代的武将武田信玄修筑了信玄堤。武田信玄被日本人称为"治水之神"，信玄堤被推崇为日本治水工程的鼻祖。日本学者认为信玄堤与都江堰的治水技术高度吻合，应当是以都江堰为原型成功复制的治水工程，并推测武田信玄通过与当时最高知识阶层佛教僧侣们的交往，学习和掌握了都江堰的治水技术。信玄堤与都江堰的相似达到了惊人的程度，主要有以下四个方面：一是选址类似。都江堰的选址位于岷江出山口、成都扇形平原的顶点；信玄堤建于富士川出山口、甲府扇形冲积盆地的顶点。二是利用类鱼嘴结构分水。信玄堤的分水建筑物叫象棋头，有两处，用干砌块石筑成，与都江堰的鱼嘴极为相似。三是水工构件极为类似。都江堰有杩槎和竹笼，而信玄堤使用的"圣牛""蛇笼"与都江堰如出一辙。"圣牛"是由木、竹和巨石等制成的可以减弱河流水势或改变规制河流流向的水工构件，以三角锥形为主，外形、制作方式和功能与杩槎极为相似。"蛇笼"是由竹和巨石等制成的基本单元材料，既可作为圣牛的固定压重，也可作为象棋头、导流丁坝或护堤等的护基，与都江堰的竹笼完全相同。此外，信玄堤采用的取水口设置、泄洪与消能设施、干砌卵石丁坝等均与都江堰有相通之处。见图18-1、图18-2、图18-3、图18-4、图18-5、图18-6。

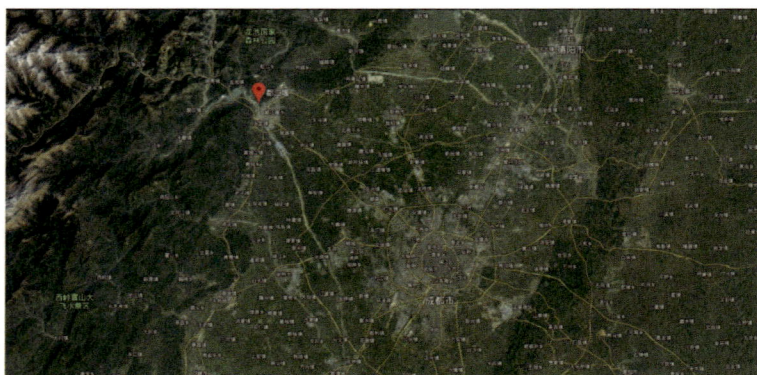

图 18-1　都江堰与信玄堤控灌地形的比较——都江堰

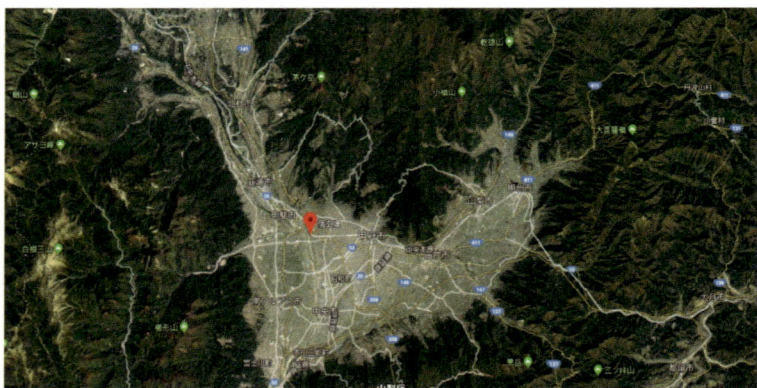

图 18-2　都江堰与信玄堤控灌地形的比较——信玄堤

图 18-3　都江堰的鱼嘴（功能：岷江的分流）

图 18-4　龙岗象棋头（功能：釜无川的分流）

图 18-5　都江堰与信玄堤分水建筑物的比较——都江堰的杩槎

图 18-6　都江堰与信玄堤分水建筑物的比较——信玄堤的圣牛

第六篇　都江堰的效益

第十九章　防洪效益

　　在都江堰未修建以前，郫县至成都一线虽位居成都平原中脊之上，地势稍高，但在洪水期，仍不免水灾。唐朝诗人岑参在《石犀》一诗中写道："江水初荡潏，蜀人几为鱼。向无尔石犀，安得有邑居。"因此，李冰建造都江堰，首要功能就是防洪。司马迁的《史记》中记载得非常清楚明了："蜀守冰凿离堆，辟沫水之害，穿二江成都之中。此渠皆可行舟，有余则用溉浸，百姓飨其利。"将"辟沫水之害"列为都江堰效用之首。

　　都江堰的防洪能力是由三大工程为主体的渠首工程系统联合完成的，其中宝瓶口发挥了至关重要的作用。从历史典籍来看，李冰"壅江作堋""凿离堆"，即修建了鱼嘴和开凿宝瓶口。鱼嘴具有自动分水的功能，"分四六，平潦旱"，洪水期间内江进水四成乃至三成以下。飞沙堰（侍郎堰）最迟在唐朝就已出现，其功能是宣泄内江洪水的同时将大部分沙石飞流到外江。古代的飞沙堰主要是竹笼垒筑，遇特大洪水飞沙堰还可溃决，增加泄洪能力。但限制岷江洪水进入成都平原的关键锁钥是宝瓶口，其千百年固定不变的宽度节制了内江的水量，即使岷江上游发生大洪水，宝瓶口通过的流量始终有限（除堰塞湖溃决产生的超大洪水）。都江堰渠首从1954年开始设置水文站，根据近50年来的观测结果，岷江洪水流量达3000~4000立方米每秒，而宝瓶口进

水流量却不超过 600~650 立方米每秒，这个量级的来水通过二江和平原上纵横交错的其他河流排泄，加之堰塘蓄滞，难以形成毁灭性的灾害。

据《太平广记》卷二百九十一引《成都记》记载，唐太和五年（公元 831 年），岷江大水，结果仍"水遂漂下，左绵、梓、潼，伤数十郡，唯西蜀无害"。北宋黄休复《茅亭客话》"蜀无大水"记载，提到开宝五年（公元 972 年）"秋八月，成都大雨，岷江暴涨"，"惊波怒涛，声如雷吼"，结果都江堰上"惟见一面沙堤，堰水入新津江口"，结果"时嘉、眉州漂溺至甚，而府江不盈。"这就是飞沙堰自动溃堤后进一步减轻内江行洪的例子，成都几无洪水，岷江沿线受灾较重。宝瓶口的狭窄通道也曾经抵御过堰塞湖溃决形成的特大洪水。民国《灌县志》载："清康熙丙戌秋，孟董沟有二物如牛相斗，山为之崩，横截谷口，水不得流者三载，弥漫浸淹，逆上数十里，官民惊恐。戊子威、保城廊皆没。水至灌口，尚涌起三四十丈……所漂木石，壅塞离堆，堰口水遂，趋外江东南下，不复北流，成都诸堰得以无害。"这次地震形成堰塞湖洪水发生在康熙四十五年（公元 1706 年），两年后堰塞湖溃决形成洪水，但因宝瓶口过流能力有限，上游洪流裹挟的木石堵塞离堆，成都得以幸免。故杜甫在诗中描绘道："蜀人矜夸一千载，泛溢不近张仪楼。"（《石犀行》）成都为全国罕见的、两千多年来从不迁徙城址的大型城市，都江堰卓越的防洪功能功莫大焉。

但在兴修都江堰之后，在其能正常发挥功能之时，成都仍见洪灾记录，这是为什么？首先与宝瓶口以下地区的雨量有关。大体说来，在宝瓶口流量达到 600~700 立方米每秒时，若宝瓶口至成都市区范围内再下暴雨，产生的区间洪水就会导致成都市受灾。

如《蜀梼杌》载广政十五年（公元 952 年）六月岷江大涨，又加成都以上"须臾天地昏暗，大雨雹"，发生暴雨，结果水淹成都。"大水潭城，坏延秋门，深丈余，溺数千家，摧司天监及太庙令"。又如 1981 年 7 月 13 日、14 日，岷江流量 2350 立方米每秒，为一般性洪水，宝瓶口流量只有 540 立方米每秒，并不很大，再加沿途分水，岷江水流入成都府河的不过 200~300 立方米每秒，但当日成都府河流量高达 900 立方米每秒，造成一定灾害。洪水的来源主要是郫县、灌县一带暴雨，形成区间洪水（日雨量超过 200毫米）。

都江堰近代损失较为惨重的洪灾为 1933 年叠溪洪水。1933 年8 月 25 日，茂汶县叠溪发生 7.5 级地震，叠溪镇全部下陷，附近山岩崩塌，岩石横断岷江及支流，形成 10 个地震湖，其中岷江干流 4 个。10 月 9 日，岷江被堵 45 天后，干流小海子大坝溃决，积水一涌而下，造成下游特大洪灾。10 月 10 日，洪水进入都江堰，据紫坪铺洪痕推算，相应洪峰流量约 10200 立方米每秒。此次洪水冲毁都江堰渠首的韩家坝、安澜索桥、新工鱼嘴、金刚堤、平水槽、飞沙堰、人字堤等水利工程。灌县天乙街、塔子坝、农坛湾、安顺桥等处被淹，灌县境内死亡人数 5000 人以上。这次千年一遇的特大洪水导致渠首工程荡然无存，灌县遭到重创，受灾范围主要在县城南部岷江沿岸，成都市几无受灾报道，可见宝瓶口再一次发挥了巨大作用，为江沿线损失不大。而灌县以下，岷江正流沿线的温江、双流、新津则受灾较重。

第二十章　经济效益

第一节　"禾黍连云，稻粳如金"的农业盛景

秦人巴蜀前，成都平原被中原人士视为"西戎""蛮夷"之地，经济发展水平与诸侯各国相比较为落后。李冰建堰后，促进了成都平原农业发展，至东汉晚期，西蜀已发展为全国公认的"天府之国"。两晋南北朝，战乱频繁，成都平原经济大幅度后退，但由于都江堰灌区的存在，在全国仍是比较富裕的。唐宋时期，"扬一益二"，成都平原经济再度发展到全国领先水平。宋末元初大战乱，再加元代的残暴统治，成都平原经济再次大倒退。明代中、晚期，成都平原经济逐步复苏，虽综合经济在全国已失去了领先地位，但就农业经济而言，由于都江堰灌区的巨大效益，在全国仍是领先的。明末清初大战乱，成都平原经济又遭毁灭性破坏，经清代早期近百年的恢复，在清代中、晚期，农业经济再次在全国达到比较先进的水平。

一、自流灌溉，功省用饶

在成都平原，若靠天吃饭，年降雨量在季节上分配不均，难以满足水稻生长的需要。冬、春二季，成都平原气温较高，降雨偏少，冬天春旱严重，不利于早稻的栽插。初夏季节，盆地西部又因大雨来得较晚，常出现夏旱，致使早稻抽不出穗，中稻无水插秧，或栽插后干死。都江堰的灌溉系统从根本上解决了这一问题。

都江堰的灌溉功能有一个逐渐提高的历史过程，灌溉体系也是逐渐形成的。《史记·河渠书》说："蜀守冰凿离堆，穿二江，此渠皆可行舟，有余则用溉浸，百姓飨其利。至于所过，往往引其水益用溉田畴之渠，以万亿计，然莫足数也。"这是司马迁入蜀目睹之事实，其时距李冰仅百余年。这里除文翁治蜀时曾兴修了部分水利外，主要部分可视为李冰及其以后秦统治者的业绩。宋代蜀儒认为李冰"通水道，凿二山，酾二江，灌溉千里，变凶为沃，人赖其利。牧史氏美冰之功，于蜀为大。自冰没后，千五百载，其功益彰焉。"（《郫县蜀丛帝新庙碑记》），既承认了李冰的开创奠基之力，亦不掩历代锦上添花之业。

《华阳国志·蜀志》说："冰乃壅江作堋……又灌溉三郡，开稻田。于是蜀沃野千里，号为'陆海'。旱则引水浸润，雨则杜塞水门。故记曰：水旱从人，不知饥馑，时无荒年，天下谓之'天府'也。"三郡，即东晋蜀郡、广汉郡、犍为郡，秦时皆属蜀郡。"旱则引水浸润"反映出都江堰灌溉系统自流灌溉这一重大特征，方便省力而又实惠："雨则杜塞水门"反映当时的都江堰渠系和工程措施已经能够初步控制引水量。

二、水利滋润，荒地变良田

在秦入巴蜀前，巴蜀地区开发的耕地较少。即使在成都城附近，仍有森林覆盖和大面积的沼泽地带。如从考古资料看，战国末期至西汉初年，成都西南郊（今西南民院及其附近）仍有沼泽湖泊广泛分布；在李冰治二江之前，成都平原中脊（今都江堰市—郫县—成都）地带上仍有大量沼泽和河滩地。在李冰治绵、洛之前，

成都平原北部常受水灾，多有沼泽。李冰兴建都江堰后，由秦入汉这个阶段，随着农业发展，人口增多，江河得到整治，耕地面积不断扩大。即使在成都近郊，不仅在秦、西汉有新开稻田的记录，入东汉后，也有县令冯颢开稻田百顷的记载。

成都平原岷江西岸（右岸）地区（包括今都江堰市河西、崇庆、大邑等），过去是邛、笮等土著民族活动区域，兼营猎、牧、农；农业生产水平长期停留在刀耕火种、广种薄收阶段。自秦"分穿羊磨江"和"导文井江"后，加之铁农具普及，农业发展极快。《水经·江水注》载，江原县"小亭有好稻田"，青城山"山上有嘉谷，山下有蹲鸱，即芋也"。山上产谷，即已开有梯田；山下种的芋，虽是旱地作物，也特喜湿润，须经常浇水。史载卓氏迁蜀，主动要求去临邛，原因是"闻汶山之下沃野""至死不饥"。可见这里的良田沃野和安乐生活在秦时已经闻名关中。成都平原附近的部分浅丘地域亦多植谷稻。到了宋代，成都平原土地的开发率已达到"无寸土之旷"的程度。

按照历史记载的川峡四路辖区范围和当时官府统计的农田数目（见表20-1）进行测算，成都府路每平方千米内平均耕地分别是利州路的24倍、夔州路的197倍，差距惊人。就宋代全国的土地利用状况而论，元丰初年全国每平方千米的平均耕地面积为184亩，两浙路为296亩，而成都府路高达394亩，大大超过了平均数，比鱼米之乡的两浙路也多出近100亩。单就成都平原的土地利用而言，说"无寸土之旷"并不夸张。成都附近，更是"蜀地膏腴，亩千金，无闲田以葬"，逼迫人们只得"觊索侵耕官田，表为墓田"。

表 20-1　宋朝元丰初年（公元 1078 年）川峡四路土地面积和耕地面积比较表

川峡四路	土地面积（平方千米）	耕地面积（亩）	每平方千米耕地亩数
成都府路	54818	21612776	394
梓州路	55092	缺	（缺）
利州路	79516	1228089	16
夔州路	107310	244720	2

　　都江堰灌区的土地也曾经历反复开垦的过程。秦末汉初、两汉之交公孙述割据时期、两晋南北朝时期、五代时期、宋末元初、元末明初、明末清初，皆系大战乱时期，都曾使成都平原良田荒芜，甚至无人耕种。如东汉之初，"三蜀民流迸，南入东下，野无烟火，卤（虏）掠无处，亦寻饥饿……永嘉元年，时益州民流，移在荆襄州及越嶲。"（《华阳国志·大同志》）当时成都平原百姓大逃亡，所剩无几，都江堰水利设施肯定遭受重大毁损。又如洪武四年（公元 1371 年），明军占领四川，但直到洪武二十年（公元 1387 年）三月，汉州德阳县知县郭叔文仍上奏说："四川所辖州县居民鲜少，地接边徼，累年馈饷，舟车不通，肩任背负，民实苦之。成都故田数万亩，皆荒芜不治，请以迁谪之人开耕，以供边食，庶少纾民力。"朝廷即按郭的建议办，大量移民入川，又调成都六卫军士的十分之六屯田。（《太祖实录》卷一百八十一、二百一十六）当时成都数万亩故田皆荒不治，必有一个重新开垦的过程。清初，成都平原更是"千里无烟"，因无人力维修，都江堰几近荒废，宝瓶口被榛莽所湮没。康熙年间，四川巡抚杭爱大修都江堰后，重获灌溉之利，当时"官吏相与庆于庭，士农相与歌于野，咸曰：一劳永逸，吾人其无阻饥之患矣"（杭爱《复竣离堆碑》）。都江堰在修建和发展过程中，很高明地利

用了山形地势等地理条件，因此历史上的重大洪水灾害虽然可以重创都江堰水利工程，或者朝代更替间的动乱使都江堰失修湮没，但由于其依托的山形地势不会有所损失，所以都江堰每次历劫后可以迅速恢复工程基本布局，并带动灌区的复苏。在每次大战乱后，在整个巴蜀地区的复苏过程中，都江堰灌区总是最先复苏且发展最快的地区。随着王朝安定，成都平原迅速发展成为全国的富饶之地。

三、灌区膏腴，寸土寸金

《尚书·禹贡》是我国最早的区域地理著作，一般认为是战国中期以后的作品。该书把全国划分为九州，把巴蜀地区划入华山以西和长江以北的梁州，梁州包括今甘肃、陕西南部、湖北省西部。该书认为梁州"厥土青黎，厥田惟下上，厥赋下中三错"，即说这里的土地是一片黑色，土质是下上等（第七等），应缴纳下中（共分九等，下中为第八等）三错（第七等、第九等也可以）的赋税。梁州的土质被划为第七等，较差，这种划分方法反映了战国晚期蜀郡大规模从事水利建设前的历史状况。

都江堰水利工程建成后，这种观点很快发生了变化。《史记·货殖列传》说："关中南则巴蜀。巴蜀亦沃野……。"汉晋间，成都平原水稻亩产 30~50 斛（390~580 公斤），系当时全国最高产地区之一。

都江堰灌区内，由于能确保丰收，寸土寸金。1966 年 4 月，在郫县犀浦出土的东汉残碑记载了一些重要数据[1]：

---

[1] 《文物》1974 年 4 期第 67 页。

田八亩，质四千，上君迁王岑鞠田……

田三十亩，质六万，下君迁故……

田顷五十亩，直三十万。何广周田八十亩，质……

故王汶田，顷九十亩，贾三十一万

张王田三十口亩，质三万……

这里的田价，每亩在五百钱至两千钱。但居延汉简资料证明居延地区的田价每亩仅一百钱："侯长得广昌里公乘礼忠有田五顷，值五万钱，亩价一百钱；长居延西道里公乘徐宗有田五十亩，值五千钱，亩价亦一百钱"，与郫县相差 5~20 倍。这个差距表明都江堰灌区的土地非常昂贵。

唐代贞观元年（公元 627 年），高士廉（577—647）任益州大都督府长史。当时成都平原农田用水紧张，渠堰附近的田地因之昂贵，"顷直千金"，一顷田甚至价值一千金。秦汉制度，"百亩为顷"，唐代因袭不变，合每亩十金，这在唐代全国地价中也属偏高的。但到了宋代绍圣（公元 1094—1098 年）初年，地价更大幅度上涨。当时，王觌以宝文阁直学士知成都府，都江堰灌区田地膏腴，每亩已达千金。（《宋史》卷三四四《王觌传》）这个价格或有夸张之处，但无疑都江堰灌区在宋代已属全国最贵的田价之一。

顺治、康熙之交，都江堰灌区仅能少量通水，当时的农田几乎谈不上经济价值。一般移民根据自己的耕种能力，"插占"田地，即用树枝、竹签、石碑等方式作为占地的标识。如江西人官氏在温江、郫县、崇庆、灌县都"插占"大片田地（光绪《灌县乡土志》）、汤氏在彭县"插占"大片土地（《汤氏家乘》）、当时

新繁县有一族"插占"一村土地的，有"一族占田至数千亩者"（光绪《新繁县志》卷五）。在成都平原主要集中在康熙二十年之后，持续到康熙中、晚期，较边远的地区还要晚一些。在康熙晚期至雍正初期，晚来的移民者往往可用非常低廉的价格从先期移民手里购得土地。如成都大面镇的鸡公山、石板滩的鸡公山都是用一只鸡换得一座山，清白江福洪镇有一条岭埂叫"半边鸡"，是用半只鸡换来的，双流县原回水公乡有一"毡帽沟"，是当时一个龚姓人用毡帽换得的。正因如此，当时僧人大朗在修建大朗堰时，能较为轻松地募捐到许多田地。此后，随着移民的迁入和复耕范围越来越大，灌区田地价格逐渐升值。

康熙末年，都江堰灌区内最好的水田可值数两银子不等。乾隆时期，地价上涨。乾隆十五年（公元1750年），四川郫县曹氏死，其婿将其田18.4亩典当，共当银117两。（同治《郫县志》卷十三）当价为每亩银6两5钱，实际卖价应在10两以上。嘉庆时期，都江堰灌区的田价可从新都的档案资料中了解到基本情况：

嘉庆十一年（公元1806年）十月，该县程鹏飞将二堰灌溉水田两块（折合3.2589亩），卖与吴一甲仁圣宫为业，"共合价银壹佰伍拾两零肆钱二分整"，亩价46.77两。

嘉庆十二年（公元1807年）九月，谢大鹏又将枧槽堰水田伍分卖给刘、张、陈三人名下为业，"共议价银叁拾两整"，这伍分田的亩价为六十两。

道光三年（公元1823年）十二月，新都人张琢、刘义和、陈通易等将枧槽堰灌溉水田四段大小十块共计二十八亩一捆出卖与帝主宫名下承买为业，作"价银柒佰壹拾两整"，平均每亩二十五两余。

道光九年（公元 1829 年）八月，新都人高全盛将麦黄堰灌溉水田一段大小三块共五亩，一捆卖与南关外师家荣（营）庙内，文昌会首事等人承买为业，共作银一百四十五两整。均价每亩二十九两。（参见熊敬笃编《清代地契史料》，四川新都县档案局、新都县档案馆）

应该指出，都江堰灌区内最贵的田价应在成都近郊，新都的田价在整个灌区中只能居于中游偏下位置。

四、历代灌区发展

历史上都江堰灌溉面积总体呈上升趋势，但过程中也有起伏。无论是灌区或灌溉面积，都曾多次经历和平建设时期扩大、长期大战乱中大幅度下降、战乱后又重新复苏的历程。这是一个极为有趣的现象，从一个新的角度揭示了都江堰经久不衰的重要原因之一。

关于都江堰的具体灌区，在宋代以前缺乏准确的资料，古籍对都江堰灌区大小的措述均以形容为主，但灌区包括的县域范围大致有脉络可循；关于都江堰的整体灌溉面积，在清代之前，缺少直接统计资料。

（一）李冰至汉初文翁之前

《史记·河渠书》说李冰凿离堆后"溉田畴之渠以万亿计"，只是一个大概的说法，具体包括哪些范围、灌溉面积实际多大，却不清楚。《风俗通》说："秦昭王使李冰为蜀守，开成都两江，溉田万顷。"这里的"万顷"，不能从字面上将其理解为一百万亩，那只是形容灌溉面积很大而已。李冰至汉初，都江堰灌区为两大渠系：一是内江渠系及灌区（二江灌区），包括现都江堰市、

郫都区、温江区、成都（包括清代的成都县和华阳县部分）；二是文井江灌区即沙沟河、黑石河灌区，包括今崇州市、双流区、大邑县、新津县地。

（二）汉文翁至唐初

《华阳国志·蜀志》说："冰乃壅江作堋……又灌溉三郡，开稻田。于是，蜀沃野千里，号为陆海。"三郡即东晋蜀郡、广汉郡、犍为郡，秦时皆属蜀郡。这三郡中，犍为郡的新津在李冰"导文井江"与"分穿羊摩江"后方进入灌区。汉文翁穿湔江口后，蜀郡的新繁、广汉郡的新都又进入灌区。金堂县地在汉代分属广汉郡的新都县、广汉县及犍为郡的牛鞞县（今简阳），咸通二年（公元861年）置县，此时进入灌区。《华阳国志》的这一说法，实际上是反映了汉代都江堰灌区的情况，包括汉文翁穿湔江口后的灌区在内。文翁之后，汉代其他较大的灌区拓展工程主要是外江流域的望川源，东汉时兴建，其灌区包括温江、双流、华阳的部分地区。另外，灌溉新津、眉山的通济堰即"六水门"，在西汉时期已经建成，但当时与都江堰水系还没有关系。

（三）唐代

都江堰灌区有新的发展，今彭州市辖地纳入灌区。《新唐书·地理志》说：龙朔年间（公元661—663年），在都江堰修百丈堰后，从百丈堰开渠引水，灌溉彭县、益州的田地，又说彭县刺史刘易从凿川派流，在导江县建小堰，决唐昌浥江，溉九陇、唐昌田。《旧唐书》卷四十一《地理志》说："咸亨二年……又置唐昌、蒙阳二县。"唐代的唐昌、蒙阳二县辖地，包括今彭州及什邡的部分地区在内。另外，唐代县名变化较大。据《旧唐书》卷四十一《地理志》记载：贞观十七年，分成都县置蜀县，在州郭下，与成都分理，乾元元年二月改为华阳，……；垂拱二年，分成都县置双流，……；龙朔三年分双流置东阳县，……；温江，汉属郫县地，……隋为万春县，贞观元年改为温江。华阳、犀浦、广都及金堂在唐代都以单独的一县进入灌区，但其辖地早在李冰时便在灌区内。

玄宗开元二十八年（公元 740 年），通济堰渠首改址，开始接纳岷江水源，成为都江堰的外延区、补水灌溉区。

（四）宋代

都江堰灌区经济高度发达。在灌区拓展方面，雒县即今之广汉进入了灌区。《宋史》卷九十五《河渠志》说："迤北曰都江口，置大堰，疏北流为三：曰外应，溉永康之导江、成都之新繁，而达于怀安之金堂。东北曰三石洞，溉导江与彭之九陇、崇宁、蒙阳，而达于汉之雒。东南曰马骑，溉导江与彭之崇宁、成都之郫、温江、新都、新繁、成都、华阳。三流而下，派别支分，不可悉纪。"可见当时都江堰水利工程得到了较好的维护和发挥，其灌溉水系已有三大流、十四支流和九个堰，受灌面积达到十二县，包括导江（今都江堰市）、金堂、九陇（今彭县）、崇宁、濛阳（今彭县）、雒（今广汉市）、郫、温江、新都、新繁、成都、华阳。从这个记载看，当时都江堰灌区已突破了成都府路，如金堂当时由潼川府路怀安军管辖。但当时人观念，将文井江灌区、即沙沟河与黑石河灌区与都江堰分开，没包括崇庆、双流、大邑、新津等地。即宋代都江堰的直接灌区（不含通济堰灌区）实为十六县。

（五）元、明两代

都江堰灌区没有新的、大的拓展。元代至极盛时，都江堰的灌溉范围与宋代大体是相同的。元揭傒斯《蜀堰碑》说吉当普大修都江堰后，"所溉六州十二县之民咸歌舞焉。"这里的"六州

十二县"亦指内江灌区，与宋大致相同。再从吉当普修堰时对干、支溪的维修工程的分布点看，也证实当时灌区的范围与宋代相差无几。明代至极盛时，内江灌区仍为十二县。值得注意的是，元代吉当普时、明代天顺二年（公元 1458 年）都曾大修万工堰，即当时彭县、什邡、广汉仍在灌区内。明惯例不将彭县计入灌区，则此时都江堰灌区已有十四州县。表 20-2 为天启年间十四州县人丁田粮等数据。但到明代晚期崇祯年间，都江堰的内江灌区从十四州县缩减为七州县。

表 20-2　明天启元年（公元 1621 年）成都府人丁、田地、征粮、征银简表

县	原额人丁（口）	原额田地	征粮（石）	征银（两）
成都县	6673	1137 顷 86 亩	9920	13274
华阳县	6546	1695 顷 93 亩	4758	9300
双流县	4569	658 顷 87 亩	5484	11485
温江县	5057	2423 顷 95 亩	9738	13409
新繁县	4970	1544 顷 83 亩	5598	7353
新都县	3043	996 顷 46 亩	8356	12562
金堂县	5455	745 顷 62 亩	6148	11117
灌县	4049	2559 顷 46 亩	8753	10644
郫县	4776	2518 顷 93 亩	8944	13181
崇宁	1684	928 顷 30 亩	2949	4182
崇庆	7995	5135 顷 93 亩	8981	14520
新津县	3795	2332 顷 1 亩	5328	11965
什邡县	2945	248 顷 41 亩	2637	8409
汉州	4807	3756 顷 9 亩	7876	16890

注：据天启《成都府志》卷四《赋税志》制表。

（六）清代

关于清代的都江堰灌区，长期存在着当时官方提法和实际灌区的差别。康熙四十五年朱载震《修建太平堤碑》说："成郫等九邑咸资灌溉"，"公于是首先倡捐清俸，以及藩臬两司成都府属用水九邑皆与焉。"雍正七年底，清宪德《都江堰酌派夫价疏》中，只谈到都江堰灌区九县，即灌县、郫县、崇宁县、温江县、新繁县、新都县、金堂县、成都县、华阳县。实际上只是都江堰灌区中内江灌区的九个县，而沙沟河、黑石河灌区的崇庆等州县、万工堰下游的彭县等，皆未被视为都江堰灌区。乾隆六年（公元1741年），经朝廷批准，把沙沟河、黑石河的维修经费并入都江堰的维修经费中，统一上报、统一由朝廷支付。从此时开始，四川省府才把沙沟河、黑石河灌区的崇庆、双流、新津、大邑四县，正式视为都江堰灌区。乾隆二十五年（公元1760年），在成都府河下游新建古佛堰，其灌区除华阳外，新增仁寿、彭山二县。这也是清代都江堰灌区向外拓展的最大手笔。

乾隆二十八年（公元1763年），阿尔泰上报都江堰灌区共有十五州县，应指内江老灌区的郫县、灌县、温江县、崇宁县、新繁县、新都县、金堂县、成都县、华阳县、新增的古佛堰灌区（由县上征收水费）的仁寿、彭山县，及沙沟河、黑石河灌区的崇庆、双流、大邑、新津。值得注意的是，彭县、什邡、广汉，这三县从唐、宋起便进入了都江堰灌区，到雍正八年也按都江堰灌区标准征收了水费，但阿尔泰、强望泰在向朝廷上报都江堰灌区范围时，都未将其纳入灌区内。雍正七年黄廷桂等奉敕重修《四川通志》（钦定四库全书版）卷十三上"水利""郫县"条说："万工堰，在县西二十里。……县境内凡溉田堰水源，俱分自都江大堰，每年照亩出银，详见巡抚宪德疏。"此万工堰即民国官渠堰的前身，元代属崇宁、明代属彭县、清代属郫县，其下游灌区包括彭县和什邡的部分地区。唯广汉辖地，在清代是否属于都江堰灌区内，还缺少直接的资料。因此都江堰灌区，即便不计通济堰灌区，在乾隆二十五年后至少已有十七州县。从灌溉田亩面积看，至清代极盛时已近三百万亩，估计为宋、明极盛时期的两倍；养育的人口，更是比过去增长了好几倍。

（七）民国时期

都江堰范围包括十四州县。1940 年 4 月 12 日《飞报》载《空前盛况——都江堰完成西南最大水利工程，昨日举行开工典礼》一文说："昨日午在灌县盛大举行，全城高悬国旗仪式隆重，本晨九时祭祀伏龙观秦蜀太守李冰，十时祀显圣庙李二郎，均由川省建设厅长何北衡主祭。……及第一区专署、都江堰灌溉十四县各县县长、水利委员会委员长、都江堰工程处李处长等四十余人陪祭，……此下川西受水十四县均各有若干较小之堰工，如成都之石堤、木笼，华阳之栏杆、龙爪，双流之金马，温江之朱家，新津之通济，金堂之老马等不一而足，共有较大之河堰五百一十七处，小堰则至二千五百处之多。"

民国末期，灌区灌溉面积已萎缩至 200 万亩左右。

（八）1950—1953 年

全部恢复了民国时期的最大灌面，根据 1955 年按渠系清查、1956 年按县核实，一共为 282 万亩灌溉面积。到 1958 年，都江堰灌区发展到 590 万亩。1972 年，都江堰水利工程穿越龙泉山脉灌溉盆地东部丘陵地区，灌溉面积发展到 700 多万亩。到 2022 年，灌溉范围达到 7 市 40 县（市、区），农田实灌 1131.6 万亩。

第二节 通航和水运

秦灭巴蜀是其统一战略的重要一步，因此最初创建都江堰是出于军事目的：一是解决岷江洪水威胁，保障蜀地作为战略后方的安全；二是开通水路，便于顺流而下攻打楚国。主要功能之一是水运交通。司马迁《史记·河渠书》描写成都二江时说"此渠皆可行舟，有余则用溉浸"，可见二江首先是用于运输。唐代卢求《成都记》说"李冰凿二江，引水以行舟楫"，也是将舟楫船运作为都江堰功用之首。古蜀时期，水路交通和水运长期停留在原始水平上，其主要特征是长期盛行独木舟、溜索、索桥、皮筏等。秦攻克巴蜀不久，秦相张仪游说楚王时便声称"大船起于汶山，浮江已下，至楚三千余里。……一日行三百余里，里数虽多，然而不费牛马之力，不至十日而距扞关。"（《史记·张仪列传》）可见随着秦人入蜀，大船建造技术也传入了西蜀。秦昭王二十七年（公元前280年），秦命司马错征发陇西兵，"因蜀"攻楚黔中，拔之，可见这时已经开通了长江航道。李冰守蜀期间修建都江堰以及开二江，就是打通和延长了岷江航道，使之与长江航道紧密联系。两千多年来，成都之所以一直是巴蜀地区，甚至整个西南地区的政治、经济、文化中心，没有二江所具有的水运交通条件，是完全不能想象的。

一、货通天下的黄金航道

灌县至成都的航线，平均坡降4.4‰，个别地区甚至达到6‰以上，难以逆水上行。但是成都以南，岷江比降渐缓，彭山江口

至乐山河道平均比降 0.59‰，河道宽阔，易于行舟。李冰开凿的二江，从成都蜿蜒而出，连接岷江河道，水量稳定，河道平缓，成为帆樯如云、舟楫盛多、码头遍布的黄金航道。

古代从成都外出，绝大多数取水道。整个古代，船运在省内成都平原交通中占有极重要的地位，甚至比陆路交通更为重要。这从成都平原绝大多数城镇沿江河而建便可看出。过去，川人到京城赶考、到外省经商或因公差出省等，绝大多数乘船。省内货物外运、省外货物内运，绝大多数也通过船运。省内的船运主要是木船，此外也有竹筏、木筏、皮船等。约在 20 世纪二三十年代后才有了机械船。事实上直到 20 世纪 50 年代之前，成都平原大部分生产、生活用品依赖水运。

东汉、三国时期，西蜀官府所属的大型粮仓、同时也是成都平原最大的粮仓"郫邸阁"，便设在郫县江边（《三国志·蜀书·邓芝传》）。往成都输送的粮食，主要采用水路。东汉光武帝进攻公孙述的割据政权，蜀汉大军伐吴等都利用了二江水运。著名的万里桥，便是因诸葛亮为费祎送行，费祎叹道"万里之路，始于此桥"而得名。当时费祎正是在万里桥码头登船，直航东吴。

唐代江淮和西蜀是全国最发达的两大经济区，两区经济交流频繁，沟通两地交流的便是岷江航线。杜甫"门泊东吴万里船"，江淮船逆岷江而上，直驶成都；杜牧《扬州三首》之二说"蜀船红锦重"，蜀船载着红锦直航扬州。中唐以后，江淮地区和剑南西川成了唐王朝的主要财赋来源，岷江航线就显得更加重要。安史之乱爆发后，四川的租赋主要是取道岷江航线方舟而下。从长江中下游地区取道这条水路去向成都的人数也很多，特别是唐末，许多避乱者便是由荆江—上峡进入成都。唐代时二江已有溯流通往都江堰的航道。唐代岷江上游的西山地区是抵御吐蕃的前线，驻军甚多。他们的粮饷"并取给于剑南"，其中大部分由成都方向转输而去，这就使成都至灌口镇的航线显得更加重要。当时，驻扎在松潘的唐军不足一万人，每年运粮的人夫却需要十六万人，所谓"古蜀疲老，千里运粮"。从成都运往岷江上游的各种物资，通常都是先用船运到灌口，然后再转陆路用马帮驮运。因为逆流而上，水运十分艰难。一旦米船不继，西山驻军的粮食就要发生困难，如杜甫诗云"蚕崖铁马瘦，灌口米船稀"。

马可·波罗到成都游历时，仍见"川流甚深，广半哩……商人运载商货往来上下游"。万船行泊，实为交通动脉。清代川粮外运、川粮济京的数量甚大，其中多数由成都取岷江水道，再入长江外运。不仅如此，航运交通已近成都城区内部。雍正七年（公元1729年），成都知府项诚曾丈量过西门水洞到东门外水洞的金水河长度，共为1562丈，原先可行小船，当时已因淤塞而无法行舟。雍正九年开始疏浚，恢复了通行小船功能。商贩们因而能够划着船，装载柴米蔬菜，沿河叫售。当时位于城中心的三桥是城里最繁华的地区，坐小船可以代步。来往客商到成都来，在东门外下船可乘小船进城至三桥投宿，方便安全。府、南二河上的渔民，也驾着小船到处捕捞。

清代民国时期，由成都至乐山、至宜宾，主要为中、小型船，运货大体在二三十吨以下，载人大体在百人以下，最常见的是只能载十余人的小船。坐船较车马平稳。坐下水船（顺流）速度快，俗有"下水船跑死马"之喻，且收费较车轿低，故为出行者所优选。过去，行船事故较多，除翻船、沉船外，还有江盗、水盗、土匪等，许多行人落得人财两空。故一些川人长途坐船，要先翻黄历，选"宜

行船"或"凡事吉"的日子，有的甚至要找算命先生卜吉凶、选日子，敬神后才起程。搭乘短途顺水船的较多，一般不选时日。《成都通览》所记由东门乘舟下府河赴川江的沿线码头，起始段为"七里郭家桥，三里漏贯子，三里高河坎，七里中和场，十里中兴场，二十里苏码头，二十里傅家坝，十二里古佛洞，十五里黄泥溪，十八里半边街，十二里江口"。苏码头以下河宽90~200米，水深约6米。当时沿河集散货物的码头各有分工，粮食、柴炭、水产、蔬菜、粪肥等货船，各有码头，互不相扰。码头上备有专用运具及装卸劳力，专营商行亦在此营运。《成都通览》东门外街巷表中，有柴码头、盐码头及客运的大码头等地名。

通济堰渠系中主要干渠皆可通航，拦河坝多留有"水缺"，船只、竹筏皆可通过。南河水缺宽约10米，每年六月二十四至十二月可行船筏。

二、功省而用饶的漂木

竹筏、木筏主要为自运竹木，也可运送少量货物。

岷江上游流经川西高原和四川盆地西部的缘边山地，河流深切，水流湍急，河底又多岩块与卵石，舟船难以通行，唯可漂运木材、竹材等。《华阳国志·蜀志》说李冰建堰后，"岷山多梓柏大竹，颓随水流，坐致材木，功省用饶。"可见从李冰时代，便开始利用内江水系放筏漂木。秦始皇统一六国后，"蜀山兀，阿房出"，修建皇家宫室的巨木栋梁，也主要从蜀地的崇山峻岭漂流而下。

都江堰岁修、大修、抢修需用大量竹笼，所用竹子也从上游顺水漂下。宋代陆游曾在《视筑堤》中描写当时岁修情况说："西山大竹织万笼，船舸载石来亡穷。"就地取材，因地制宜，节约人力物力财力。笼用竹料乃平原盛产，价廉物美。清代及其以前曾规定，今都江堰市以西旋口一带必须按政府规定数量种植以坚韧闻名的白甲竹，每年定期由官府派工选择砍伐（一般在九月），然后编成竹筏，利用水运下至都江堰。原料价很低，又省运费。官兴文《陈整兴都江堰流域计划书》曾建议购买竹山，说："现若推行买山，以岷江大河，可在漩口以下；白沙小河，可在峡口之外。一则距离较近，而水道交通便利……"（《都江堰文献集成》）

　　成都及成都地区每年要使用大量木材，主要便是从岷江上游水漂而来。汉唐迄清代、民国，岷江上游杂谷河流域，森林广布。灌县北面山中又大量产煤。成都的木材、燃料，大多来自灌县水运。紫坪铺以上，滩多水急，不能通船，便行木筏。紫坪铺与白沙均为木材转运地点。此二地同位于岷江出山口之下方，由上浮下的木材，顺水势恰浮于河岸。此二地傍河处，同有砾滩，突向河心，捞取、积存堆放木材都很方便。在紫坪铺附近，河道刚出山口，宽不过七八十米，水势汹猛，及至白沙，纳白沙河后，河床宽三百米以上，流速顿减，是以二地虽同为木材聚集之所，但集中于紫坪铺者，纯为长方松柏大木，集中于白沙者多为细长杉木。木材在此二地集中后，趁夏秋水大时，束为木筏，浮流而下。外江水道散漫，底多砾滩，不能航行。木筏必须取道内江，穿经宝瓶口。筏行至此，倘一不慎，撞击崖岸，危不可测。故木筏经此地时，必须用经验丰富的水手"领江"。游客每每停立于西岸河，观望木筏穿行的险景，为灌县的一大景观。灌县以北所产之煤，以紫坪铺对岸之水西关为集中地，多载于木筏上，附带运出。《都江堰水利述要》载："每年夏秋之间，水位增高。松、理、茂及汶川等县所产之木料，恒藉洪水运至成都及其他各县。虽为

期仅六七月，然其每年之利益，亦不下四五十万元。运料以杉条、松木、楠木等木墩料，岚炭燃料、杂木及药材为大宗。运输方法，以木料制筏，自产地下水，漂流而下，再于灌县境之紫坪铺及白沙场等处，收集编扎。加载当地之炭、药材，以运销于下游各地。"

1949 年以后，漂木的发展经历了一个从壮大到停漂的历程。新中国成立后，百废待兴，工业和城市建设飞速发展，对木料的需求也大增。1952 年，川西伐木公司试行散漂（即不需要将原木集结成筏）成功，松潘一带林场砍伐的木材即可在岷江上游林地下水，顺岷江直漂成都。为了保证成都的木材供应，四川省政府明令规定：每年 5—10 月为木材漂运期。

采伐木材的时间为 4—9 月。10 月至次年 3 月因气候冷，冰雪封山停采。伐木工具斧锯并用，一般要搭架离地 1~1.7 米。树木倒桩后，经打枝、剥皮，就地锯成 8 米、8.7 米、7.3 米、4 米等各种规格，称"断筒"。然后，自采伐地点利用山坡倾斜度，使木材通过滑道至溪沟、河流，然后入岷江干流。1953 年以前筏运，每筏木材约 11.11 立方米，操作木筏工人分吊线、前招、后招等，一般 5~7 人。

1953 年起，在都江堰市以上、汶川以下的岷江干流河槽内，利用沿河自然滩漩岔流修建白岩、甘仓两处木羊圈收漂工程。到 1957 年已建 12 处收漂工程，有效容量由 3000 立方米增加到 30 多万立方米。

1953—1957 年，改岷江上游枯水、平水单漂为汛期在警戒水位以下单漂，把单季到材、小量筏运，改为多季到材，平、枯水位在都江堰市以下单漂（不影响春灌及伏旱时的农田用水）。

为使漂木顺利进行，对沿河工程采取了各种措施，并不断改进和完善。如改半剖圆木为圆木漂子，改木羊圈收漂工程为钢筋混凝土结构。1962—1974 年，先将甘仓、白岩、老母孔、朱罗坝四处主要收漂工程由木结构改为钢筋混凝土固定的永久性工程。对漂木河道炸除其中阻流的孤石，淘滩成槽，修建诱导漂木的漂子工程。用枒槎封堵岔流，用漂子、浮筒、排桩等护闸、护桥、护堰、护岸等。担负水运漂木的柏条河、府河两岸工程，枢纽闸坝、分水闸、支渠进水闸、交通桥梁等，在每年漂木以前，还要由水利管理部门、当地行政部门会同水运部门联合检查护岸、护闸、护堰、护桥梁等各种护漂设施，保障漂木不直接撞损河堤，不堵塞闸门和桥梁，不准漂木冲入堰渠影响灌溉。府河石堤堰枢纽、东风渠总干渠进水闸前的府河导漂设施特别重要，曾发生 1979 年 6 月 4 日漂木堵塞，影响东风渠进水，6 月 5—7 日，少进灌溉水量 504 万立方米。

成都地区木材漂运的历史悠久，新中国成立后虽一度繁荣，但为时不久，南路水运（即西河、南河等河道运输）20 世纪 50 年代中期即由盛而衰，进入 60 年代后停滞；60 年代以来，成灌河道运量也呈下降趋势，到 70 年代，年运量减至 40 多万立方米，进入 80 年代年运量已不足 20 万立方米。千里原木逐水漂流盛况江河日下直到完全消失。其原因除河道阻塞、漂运管理困难、水流不畅外，主要在于：随着新中国成立后人口增多，采伐量增大，森林资源锐减，有些林区，可采伐的林木已近枯竭；随着公路运输业的发展，大部分木材已为不受季节限制、方便快捷的汽车运输所取代。20 世纪 90 年代，漂木流送随着上游森林禁伐而停止，结束了木材流送的历史。

第三节　稻鱼之乡——成都平原水产养殖

　　都江堰灌溉系统还促进了该区域水产养殖业的大发展。《汉书·地理志》说：巴、蜀、广汉"民食鱼稻"。鱼与稻一样，是古代西蜀人民的平常食品。都江堰水系建成后，成都平原渔业随之产生巨大的飞跃，由过去单纯的捕捞，发展为兼有人工饲养；由过去单纯的自捕自食，在很大程度上发展为一种商品。

　　成都平原人工养鱼起始于何时，目前尚不清楚。但在秦统治期间，已具有很大的规模。史载秦筑成都城时，在距城十里处取土成池，因以养鱼。成都城北郊的平阳山（天回山）亦有池泽，被古代成都人视为钓鱼打猎之地。汉晋的广都（今双流一带）、新都等地皆有较大鱼池。唐宋时期，成都平原的大型蓄水池，还曾作为造船试验基地和水军训练基地。整个古代，都江堰灌区内池塘堰湖数以万计，皆被用以养鱼、种菱藕等，在水产方面经济效益显著，都江堰水系促使这一区域成为全国著名的鱼米之乡。

　　利用稻田养鱼是都江堰灌区人民的一大创造，也是对我国渔业的一大贡献。我国有关稻田养鱼的最早文献记载，就出自都江堰灌区。曹操《四时食制》说："郫县子鱼，黄鳞，赤尾，出稻田，可以为酱。"可见蜀地的稻田养鱼汉时已很普及，并培养出了专门的鱼种，在外地也具有一定的影响。

　　本地区出土汉代陶模型资料甚多，普遍有鱼的图案，可清楚地看出当时稻田与水渠、水塘相依托的关系：几乎所有的稻田都与水渠相连；约有一半稻田旁有专门的水塘鱼塘，养鱼的同时作为小微型蓄水设施，以确保农田用水。从出土的陶田模型看，当时普遍有专业鱼塘。如在成都近郊出土的一个陶田模型，水田、渠道共占模型的五分之三，水塘、鱼塘占五分之二。该模型水塘两个大排水缺口，高低不同，可保证鱼塘用水。这种高矮不一的水门，当时俗称"马户"。马户排水口与鱼塘底部同高，用不同的木板关水、排水，平时可使水缓缓流动，捕鱼时可将水全部放干。稻田养鱼在灌区一直保留下来。嘉庆《双流县志》："钓鱼田，在北二十五里……按：今钓鱼（俗名跳鱼田）田南永定寺有盐井。"直到近现代，灌区内仍普遍利用稻田养鱼。

都江堰灌区稻田养鱼，一般为一年一熟，个别可一年两熟。秋收后冬水泡田，淹水最深，为第一季。这时也是全年的农闲时间，人们普遍利用此时大搞农田水利、加工副业，冬天过后，再放水、捕鱼、施肥。春耕插秧后七天左右，再投放鱼苗，养第二季鱼。一亩田可投放200~500尾。成都平原有亩产"千斤稻，百斤鱼"之说，一季平均一亩水田收二三十公斤鱼为平常之事，少数高产户，通过人工精养，合理搭配鲤、鲫、草鱼品种等，一年两熟，确能收到百斤甚至更多的鱼。在正常情况下，这些鱼便足以应付田租之外的其他赋税，如水费等项开支。此区域出土的两汉稻田模型中多见有鱼，亦可证当时蜀中普遍实行稻田养鱼制度。当时田埂上普遍植桑，农家普遍大量养蚕，蚕粪喂鱼，鱼粪肥田，形成较好的良性循环。灌区水田养鱼，除蚕粪外，很少投放其他饵料。

稻田冬水泡田还有一大好处，便是春耕时用水量较小。这在春耕用水极为紧张时，显得极为重要。通济堰灌区历史上曾有放水晒田习俗，冬水放尽，使田土经霜风省肥料，专待春初开沟灌田，这样春耕时用水量极大。民国初年，官府曾出面制止这种方法。

第四节　都江堰对成都平原手工业的促进

　　都江堰水利资源在蜀人生产、生活的很多领域都起了直接和间接的推动作用。如纺织，在许多人的印象中好像与水利并不直接相关，但秦汉至明清时期，闻名中外的蜀锦，实际上与都江堰水利关系密切。

一、催生享誉天下的蜀锦

　　古代成都平原遍地植桑，纺织业发达，"女工之业，覆衣天下"。蜀地盛产两种闻名遐迩的产品：一是蜀锦，二是黄润细布。蜀锦是用染成四至九种颜色的蚕丝，织成带有彩色花纹的高级丝织物，秦汉时已采用了加金丝、银丝技术，价格高达两三千钱一匹，精美者每匹超过万钱。蜀锦在全国织锦行业中的地位，秦汉时期基本上是独领风骚，一直作为最重要的贡品进贡朝廷，在长沙马王堆、湖北云梦等地多次出土古蜀锦实物。至三国时期，蜀锦更成为换取外汇的主要来源，"决敌之资，惟仰锦耳"。曹丕收藏蜀锦甚丰，一次新得蜀锦后曾叹道："前后每得蜀锦，殊不相似。"黄润细布，以牡麻丝织成，精巧细薄，"蜘蛛作丝，不可见风"（扬雄《蜀都赋》），俗将整匹布卷在竹筒中保管并出售，清香可鼻。其价格极昂，"筒中黄润，一端数金"（扬雄《蜀都赋》），"黄润比筒，籯金所过"（左思《蜀都赋》）。蜀锦、黄润细布不仅行销国内，而且流传海外。张骞出使西域时，在大夏（今阿富汗）所见之蜀布即为黄润。

　　《华阳国志·蜀志》说："于夷里桥南岸道东边起文学，有女墙。其道西城，故锦官也。锦工织锦，濯其中则鲜明，濯他江则不好，故命曰锦里也。"《元和郡县志》卷三十二说："大江一名汶江，一名流江，经县南七里。蜀守李冰穿二江成都中，皆可行舟，溉田万顷。蜀人又谓流江为悬笮桥水。此水濯锦，鲜于他水。"《太平寰宇记》卷七十二说："濯锦江，即蜀江，水至此濯锦，锦彩鲜润于他水，故曰濯锦江。"濯锦江，唐代又叫悬窄桥水，即李冰所穿"二江"中检江流经成都一段的名称。

从秦汉时期开始，成都织锦业发达。锦工织出蜀锦后，要在锦江中漂洗后晾晒，经过这种水处理工艺，锦缎的彩色会更加鲜艳，而在外地河流中漂洗则达不到这种效果。究其原因，当与锦江水来自岷山融雪之水，水温较低、水质清澈、相关矿物质含量促进了颜料分子吸附和显色等因素相关。

锦江两岸分布着官营、私营，大小不等的织锦作坊，"伎巧之家，百室离房，机杼相和，贝锦斐成"。汉代、三国时期把这一区域称为锦官城，把这段江也改称锦江，成都因此别称"锦城"。

唐宋以降，蜀锦与定州的缂丝、苏州的苏绣等并驾齐驱，同为全国著名的几种丝织名品之一，成都仍为宋朝高级丝织物的主要供应地。当时仍沿用在锦江濯锦的习俗。天启《成都府志·关梁》说："濯锦桥，府城东门外，其下有坊，江合二水，濯锦鲜明。"濯锦桥即后世之东门大桥，可见当时的织锦中心已转移至成都东门。

二、高度发达、利用水能的加工业

我国古代的水碾发明于南北朝时期，并迅速普及于全国。都江堰水系的水碾也出现并普及于南北朝。陆游《剑南诗稿》卷六《临别成都帐饮万里桥赠谭德称》中："成都城南万里桥，芦根苹末

风萧萧。映花碾草钿车小，驻坡蓦涧青骢骄"，便描绘了这一景象。

都江堰灌区的水碾是以流水冲击水轮，带动汲水筒车或水碾水磨。历史上，灌区民众皆在河溪岸边建引水槽，搭建加工房于溪边，安设水轮机座及传动设施，房内设置碾磨以加工谷物、磨面、榨油、榨甘蔗、碾茶等。加工房有大有小，内装一台至十余台设备不等，实乃古代至近代都江堰灌区内最主要、最普遍的农产品加工房。水碾比秦汉时期直接用人力、畜力春、磨有质的飞跃，花费少、效率高、工作时间长，因此遍及灌区水网。

在府河下游的黄龙溪镇菜坝村有一座陈家水碾，始建于清康熙年间，延续至 20 世纪 70 年代，是都江堰灌区内使用时间较长、规模较大、设计建造较有特色且影响较大的一座水碾。陈家水碾设计精妙，构思独特。其开渠建闸，凿上碾沟、下碾沟、反碾沟三沟，三沟之间筑三桥，三桥之上建八碾，使府河与上、下碾沟围成一座独岛，而上、下碾沟和反碾沟又围成一座岛中之岛。两岛之间唯三桥相通。三桥上所建八碾，以花岗石制碾，径一米，比一般碾子略大，其中面碾两座、米碾一座、油碾四座、骨碾一座。为充分利用水力，反碾沟之碾利用上、下碾沟的循环水，又在三桥之畔建筒车八架，引沟水以灌溉岛内三百亩良田和岛外田地。另外，还建造榨油作坊一座，与油碾配套。为方便交通，岛的上、下首各建造小码头一座，供来往船只停靠。陈家水碾的主人陈双发，康熙时期从湖广麻城孝感乡迁居成都，买下该处三百亩土地。陈家水碾在经营过程中，为寻求保护，不得不捐银买得八品功名，人称"陈八品"，水碾也被冠以"八品碾"。

20 世纪 70 年代后，水碾业在都江堰灌区彻底退出了历史舞台。但时至今日，在这一区域内以"碾"命名的地名，仍数以千计，是过去水碾业高度发达的历史写照。黄龙溪陈家水碾目前仍然是黄龙溪景区的一个景点，水碾岛也成为"黄龙五岛"之一。

三、独具特色的造纸业

李约瑟主编的《中国科学技术史》第五卷第一分册《纸和印刷》第三十二章明确指出："四川从唐代起就是造纸中心。"成都是唐代政府机关用纸的主要供给地，对于各种纸的用途，唐政府有着严格的规定："凡敕书、德音、立后、建储、大诛讨、免三公、宰相、命将、日制并用白麻纸，凡慰军旅用黄麻纸。"（《御制佩文韵府》）同时又规定，政府机关公文用纸一律用蜀麻纸。

唐宋时期，成都城南百花潭浣花溪，水清异常，造纸最佳。加之浣花溪畔普遍使用水力捣浆造纸，生产效率高而又纸质优良。在这一带从事造纸的作坊上百家是著名的造纸基地。唐代，"薛涛笺"闻名中外。薛涛曾以纸为业，所制"十色笺"甚为精美，为当时诗人所贵。李义山《送崔珏诗》："卜肆至今多寂寞，酒垆从古擅风流；浣花笺纸桃花色，好好题诗咏玉钩。"杨文公《谈苑》载韩溥诗曰："十样蛮笺出益州，寄来新自浣溪头；老兄得此浑无用，助尔添修五凤楼。"宋代成都浣花溪畔作为全国重要造纸基地的地位进一步彰显，当时这一地区产生了专门的造纸技术著作，造纸品种数以百计。苏东坡来成都就要到浣花溪去赏景，数度考察浣花溪的造纸奥秘，他认为："成都浣花溪水清滑胜常，以沤麻楮，作笺纸，坚白可爱。数十里外便不堪造，信水之力也。扬州有蜀冈，冈上有大明寺井，知味者以谓与蜀水相似，西至六合，冈尽而水发，合为大溪，溪左右居人亦造纸，与蜀产不甚相远。自十年以来，所产益多，工亦益精。更数十年，当与蜀纸相乱也。"

（《东坡养生集》）浣花溪水含铁量低，悬浮物少，硬度不高，造出的纸张细薄坚韧、洁白光滑。其他地方仿造蜀纸，因水质不如浣花溪好，所造纸张的质量始终不佳。只有扬州的一处井水水质与浣花溪相似，才能生产出质量相近的纸张。

北宋时尚无竹纸，南宋时竹纸生产异军突起，麻纸、楮皮纸和各种加工纸较以前也有长足进步。楮纸主要产于广都（双流），作坊也全在江边。宋代成都加工纸中又新出现了"谢公笺"。"谢公笺"是谢景初（1020—1084）在成都浣花溪畔创造的十色书画笺，比薛涛纸更丰富多彩，为时所重。"谢公笺"以水纹纸品种众多而闻名。水纹纸指迎光看时能显出明暗相间的线纹、图案等，增加美感。唐、宋书画用纸、纸币用纸对纸张质量要求甚高，几乎为成都纸所独占，其中又以浣花溪畔的纸为最。世界上最早的纸币——北宋四川交子，就是"制楮为券"，用成都纸印刷的。以后全国各地的钱引、会子等纸币，亦都用成都纸印刷。唐宋时期，成都因麻纸、楮纸、加工纸生产的高度发展，成为全国重要的造纸中心之一，而浣花溪畔、清水河一带则为其核心区。

四、促进成都香粉业发展

唐宋时期，成都城外西郊郫江一段又名"粉水"，众多的香粉作坊分布沿江两岸。《方舆胜览》卷五十一说："粉水，一名都江水，在郡城西，水宜造粉。"《蜀中广记》卷六十八说："成都都江水，在府西四里，一名粉水，以水作粉，鲜洁于他处。今渝人至自成都，必买省粉相遗。"

第二十一章　都江堰对成都平原城市和乡村环境的造就

第一节　都江堰对成都城市格局的影响

一、岷江与成都建城

　　成都平原四周群山环抱。龙门山山脉（邛崃山）斜列于西，龙门山横拦于东，南连名邛冰汛形成之高台地，北接安县秀水一带山地丘陵，地形上形成南北对峙，东西夹持，从平原中心向周边阶梯状抬升、封闭的菱形盆地景观。平原内部地形平坦，南北长约 200 千米、东西宽近 90 千米，地面高程 730~460 米，由北西向南东倾斜，地面比降 11‰~3‰。成都平原南向被岷江冲刷侵蚀，北部被沱江水系冲刷侵蚀，造成由都江堰经郫县到成都一线的冲积扇中脊明显高于左右两侧的灌县至金堂、灌县至新津两线。成都所在地理位置的防洪条件优越，又有岷江泛滥后冲刷出的若干支沟方便取水，公元前 12 世纪至公元前 7 世纪，长江上游古代文明中心——古蜀王国的都邑就选择在今成都市城区范围内的青羊区苏坡乡金沙村。也是因为这一位置的地理优势，公元 311 年，张仪和蜀守张若选址在此处建筑成都城。

二、从秦时"双过郡下"到唐代"二江抱城"——"二江"与成都城市格局

都江堰建成后，形成了"穿二江成都之中"的城市水系，自汉代的"两江珥其市，九桥带其流"发展到唐代的二江抱城三面环水，都江堰水系的稳定保障了成都城市格局的相对稳定，成都2000多年来"城名未改、城址未变、中心未移"，在全球的城市文明发展史中殊为罕见。

秦汉时期，成都城布局的基本特征是"顺江山之形"。唐《古今集记》说："张仪楼高百尺。初，张仪筑城，虽因神龟，然亦顺江山之形。以城势稍偏，故作楼以定南北。"（《蜀中广记》卷二引）成都城内基本无山，主要是顺二江之形。受二江走势的制约，秦时成都市大城、少城的城形布局，皆非正南正北。城之中轴线呈东北—西南走向，城内干道与大型建筑基本呈东北—西南向。当时的城形亦非标准的正方形、长方形或圆形，而是不规则的多边形，这个形状主要因西部和南部的河流所致。这种布局对成都城街道和建筑的影响，直到今天仍然存在痕迹。

李冰主持都江堰的兴建，"蜀守冰凿离堆，穿二江成都之中"。"二江"为郫江（内江）、检江（流江、外江），是李冰将成都平原上散乱的区间河流整治成两条骨干水道，上接宝瓶口，引入丰富而稳定的岷江水源，下则流经成都城西南外侧，形成"二江并流"之势。西汉扬雄《蜀都赋》中"两江珥其市，九桥带其流"、西晋左思《蜀都赋》中"带二江之双流"就是对这一时期"二江"与成都市城址关系的描述。珥，意谓珠玉制成的耳环，引申有并列的含义。李冰开创的"二江并流"格局，《华阳国志·蜀志》描述为"穿郫江、检江，别支流双过郡下"，使成都市城池与江河保持了一定的距离，既有舟楫之利，又少洪水之患，见图21-1。成都自秦代建城，至唐代中叶，大约1000年间少有大水灾记载。

张仪、张若所筑土城即为秦城，分大城、少城。汉代及蜀汉，大城、少城基本没有扩展，一直到唐，成都仍为秦汉旧城。秦、西汉时期，成都城在西、南门外二

图21-1　秦汉时期二江水系与成都城市格局

江间的一条狭长陆地上新置一大"市"，时称西市、南市、东市。两边以河为墙，两头以桥为门（七星桥中的玑星桥因此更名市桥，位置约在今西胜街西口与西较场正门之间）。这是古代成都甚至古代西南地区最大的商业交易市场。近年发现的汉代画像砖上形象地表现出这种市场布置情况，场内有主巷道和支巷道，巷道两边是林立的店铺。市场周边设有栅墙，有前后门及门卫。画像砖上还绘有带屋顶和两廊的桥梁，桥的中部是车马和行人通道，两廊则为参加集市贸易的摊贩。著名学者严君平当时就卜筮于该市。他每天仅为几人占卜，得百余钱能自养便回家授学、著书，扬雄即其学生之一。当时南市与锦官城、车官城连成一片，是成都经济最发达的局部地区，直至后来桓温平蜀，夷少城，该地才萧条。入唐之后，人口大增，经济日进。贞元年间（公元785—805年），

韦皋于万里桥南再创新南市，开拓通衢，人逾万户，楼阁宏丽，极一时之盛。中唐以后，特别是玄宗避难成都后，在东郊建设规模雄伟的大慈寺，东郊逐渐繁荣。后来韦皋还在万里桥南开设新南市，楼阁宏丽，成都城呈现出向东向南发展的趋势。

"两江珥其市"的城市水系格局在唐朝末期得到巨大改变。乾符元年（公元874年），南诏进攻巂州，大举进犯西川，百姓逃入成都躲避。唐僖宗于是在乾符二年（公元875年）授高骈为成都尹、剑南西川节度观察等职，移镇西川。高骈至成都次日，命步骑五千人追击南诏军，在大渡河大破南诏，擒杀其酋长数十人。得胜后，高骈认为成都城防低矮狭小，"频遭蛮蜒之侵凌，盖以墙垣之湫隘。寇来而士庶投窜，只有子城。围合而闾井焚烧，更无遗堵"（《全蜀艺文志》），向唐僖宗请筑罗城。十旬之中，罗城屹若山峙，瓮城、马面，一应齐全。罗城周长二十五里，城高二丈六尺，城基宽两丈六尺，顶宽一丈有余，其上建楼橹廊庑，共五千六百另八间，鳞次栉比，墙体用桐油、石灰等涂料补缝和涂染，既牢固又壮观。从八月初九开始筑城，到十一月十五日工程完毕，工期实有九十六日，用工九百六十万，费钱一百五十万贯，用砖一千五百五十万块。出于军队驻防的需要，高骈另在城西修筑了一座羊马城。此外，高骈还筑长堤二十六里，引江以为堑，凿地以成濠。在罗城西北角筑縻枣堰堤，使郫江改道，沿罗城北缘折向东流，在城东北又折向南流，最后在罗城的东南隅与检江汇合。这样郫江就成为成都北面和东面的护城河。他又在罗城西面原有小溪的基础上开挖西濠，从此让成都城墙西部外有了完整的护城河。随后高骈再引河水入解玉溪和金水河进入城区，为城内的百姓提供充足的饮用生活水源。图21-2为高骈建縻枣堰后成都城市水系图，"两江抢城"格局明显。

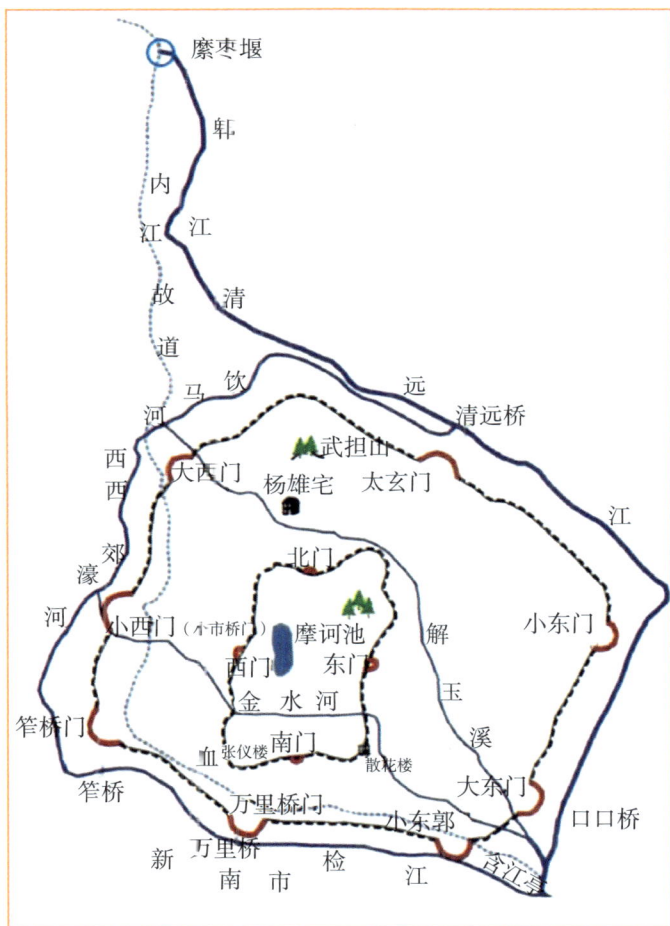

縻枣堰
轩
内江 江清
故道
马饮河
西西郊
大西门
武担山
杨雄宅 太玄门
远 清远桥
江
濠
河
北门
小西门(不市桥门) 摩诃池 解
西门 东门 玉
金水河
南门 溪
笮桥门
笮桥
血 张仪楼
散花楼
小东门
大东门
口口桥
万里桥门 小东郭
新 万里桥 检 江
南市
合江亭

图21-2　唐末縻枣堰对成都城市水系变迁的影响图

与高骈同时期的王徽，中和四年（公元884年）应高骈之请作《创筑罗城记》，记载了高骈所筑成都城河的详细情况："（成都大城）其外，缭以长堤，凡二十六里。或引江以为堑，或凿地以成濠。"（《全唐文》）新城河其实是包含引水、渠道和堤防等水利工程。"严设武备，广筑罗城，雄壮三川，保安千载，使寇孽遮图而不偏，

军戎限倚而无疑。"后蜀人杜光庭《记》："高骈筑罗城。自西北凿地开清远江，流入东南，与青城江合。复开西北濠，自闾门之南，至甘亭庙前与大江合。"宋代对新城河的记载更为明确："唐乾符中，高骈筑罗城，遂作縻枣堰，转内江水从城北流，又屈而南与外江水合，故今子城之南不复成江。"（《舆地广记》）縻枣堰在成都西北，可能是一段导流堤，引郫江水东流。郫江改道自城西北入城，东行至城东北（此段即今之成都的府河），再直南至城东南与内江（即锦江，今之南河）汇合。乾符四年（公元877年），成都罗城及城河完成。自此，郫江改道，成都由秦城郫江、流江二江并流变成二江抱城、三面环水的城河格局。高骈建罗城、改河道，不仅大幅扩张了成都城市规模，而且使成都市北、东、南均有大河流过，四面均有护城河（城西的西濠连接郫江和检江，规模较小），城防能力大为提高。随后唐僖宗奔蜀，王建、孟知祥割据蜀国，偏安一方，皆是有赖于高骈留下的城河体系。

三、縻枣堰对成都防洪供水及水景观的贡献

晚唐五代时期，年久失修的縻枣堰已经抵挡不住大水。后蜀末年至北宋年间，由于区间暴雨和岷江干流洪水多次入城，成都遭受了数次淹城之灾。其中尤以公元952年和公元966年两次大水危害最大。北宋初定，入蜀为官者莫不把整修水利、整治城市水系放到重要位置。历任太守对成都历史上"内外两江，四大干渠，十八沟脉"河湖水系的疏浚和整修或多或少作出了贡献。

公元966年，刘熙古重新规划成都防洪系统，重建縻枣堰防洪堤。

公元1044年，文彦博以较高的工程标准修缮縻枣堰。

公元 1084 年，吕大防整治成都两江，整修合江亭。

公元 1094 年，王觌疏治城中水系，成都市民以"王公渠"纪念王觌。

公元 1107 年，度旦对成都两江进行疏导。

公元 1138 年，席益整治城市水系。

公元 1176 年，范成大重修縻枣堰，建亭榭，使之成为城外游览胜地。

其间对縻枣堰整修有功绩的，以刘熙古、文彦博、范成大为大，也最为知名。

北宋乾德四年（公元 966 年）七月，岷江暴雨洪水，縻枣堰垮塌，府城西闉门进水，城区被淹，酿成巨灾。史载"秋七月，西山积霖，江水腾涨，溃堰，排故道漫莽两塝，汹汹趋下，百物资储蔽波而逝"。成都知府刘熙古在大水后重新设计城内防洪工程体系，重修縻枣堰防洪堤，使其"绝其泛滥决溢"，成为城区防洪屏障。他还专门招募了一支河防兵，负责日常巡察并维修堤防。刘熙古重修的縻枣堰既防洪又引水灌溉，效益显著。民众感恩于刘熙古，遂称縻枣堰为刘公堤（因刘熙古曾任兵部侍郎，也称侍郎堤），并建刘公祠予以纪念。北宋何涉《縻枣堰刘公祠堂记》记："开宝改号之初，天子辍端明殿学士、尚书兵部侍郎刘公熙古帅州，始大修是堰，约去讫民害，招置防河健卒，列营便地，伺坏隙辄补。以故连绝水虞，比屋蒙仁，多绘像而拜恩之与乖崖等。""乖崖"为太宗时治蜀名臣张咏，字复之，号乖崖，治理蜀地恩威并施，蜀人既畏且服。南宋杨甲《縻枣堰记》记："縻枣堰者……虽肇于唐高骈，然陴陋易圮，不足以陻洪源，折逆流。逮隆崇基以洒沈澹灾，引注灌溉，膏我粱稻，绝其泛滥决溢者，宋端明殿学士

刘公熙古之力也。自开宝以迄于今，逾两百年，而沃野之利溥矣。享其利而忘其功不可也。"（《全蜀艺文志》）可以看出，刘熙古重修縻枣堰，不仅再次解决成都防洪、城市用水问题，还有灌溉农田之功。

经过刘熙古的整修和制度性建设，其后80多年成都城没有再遭受过大的水灾，城市日益繁荣。公元1044年，北宋名臣文彦博任成都知府，文彦博再次对縻枣堰进行了大修。《縻枣堰刘公祠堂记》载文彦博初到成都就去视察縻枣堰，在大堤上感叹："昔者勤劳谓何？后者解驰谓何？将利近易知，害远难究哉？以吾为尹于兹，诚不可遗西人他日戒惧。"（《全蜀艺文志》）意为前人的辛劳，后人不能荒疏，我既然做了此地的主官，不可给后人留下隐患。"由是大营工捷，益库附薄，为数十百年计。盘据广袤，冈分坞属，汤汤洪波，演漾徐转。"（《全蜀艺文志》）文彦博按照百年工程的标准整修縻枣堰，将低凹单薄的堤身加厚加固，让河水顺势流淌。当时堤上的刘公祠已废，文彦博又命人重修刘公祠，并亲自巡视督建。此后，屡有吕大防、王觌、席旦、席益等成都两江的整治记载，却再无专门对縻枣堰大修的记录，可见文彦博工程质量之高。

北宋颓靡后，縻枣堰逐渐破败。南宋时，公元1137年夏天暴雨，城外堤防久废，江水夜泛西门，与城中雨水合，汹涌成涛濑。公元1176年，范成大任四川制置使，再一次重修縻枣堰，广植树木，并在堰下修建亭榭，一时成为成都城外重要的游览胜地。杨甲《縻枣堰记》记载："上之淳熙二年，吴郡范公以铁钺镇蜀。仁行如春，威行如秋，休养生息，人用以宁。越明年六月，筑亭于縻枣堰下，云汀烟渚，竞秀于前。古木修篁，左右环峙，相阴森森，亘数十里。

幽旷清远，真益州之胜迹也。"（《全蜀艺文志》）成都北门外的糜枣堰成为烟水迷离、幽远静谧之所，亦是文人雅集之地。

四、摩诃池与成都城市园林景观水系

古代成都中心城区最重要的景观湖泊是摩诃池。摩诃池最大规模时，湖面范围按照现在的城市区位，大约以天府广场为中心，北到骡马市，南至红照壁；西起东城根，东抵顺城大街这一带。从隋代开凿到最终湮灭，历时 1400 余年。隋文帝开皇二年（公元 582 年），隋文帝杨坚笫四子杨秀任益州刺史，增修张仪旧城，挖完土留下的洼地顺便开凿为湖泊，主要储蓄天然雨洪，接纳当地小河径流。公元 592 年，杨秀进蜀王后，在湖边修建豪华宫殿，把摩诃池划为皇家所有，寻常百姓不得入内。唐人卢求《成都记》记载："摩诃池在张仪子城内，隋蜀王秀取土筑广子城，因为池。有胡僧见之曰：摩诃宫毗罗。盖胡僧谓摩诃为大，宫毗罗为龙，谓此池广大有龙耳，因名摩诃池。"（《资治通鉴》）摩诃池这个名字从隋朝到唐朝末年，一直沿用了 300 多年。

唐朝时期，摩诃池面积大为增加，蜿蜒十数里。唐德宗贞元元年（公元 785 年），节度使韦皋开解玉溪，由城西北引二江之一的郫江与摩诃池连通，经过城东大慈寺前而后入江。因河中泥沙适于打磨玉石，沿河兴起了许多玉石作坊。唐宣宗大中七年（公元 853 年），节度使白敏中开金水河（禁河），自城西引流江（二江之一的检江）水入城汇入摩诃池，连接解玉溪至城东汇入油子河（府河），与解三溪交汇点约在今之东大街、春熙路、盐市口一带，当时是成都新的商业中心。韦皋又于内、外二江合流处建合江亭，成都送客宴饯之地遂移至此。据清李元《蜀水经》，流江"又东为金水河，入成都县城汇为摩诃池，又东酾为解玉溪，又东穿华阳县城而出，入油子河"。按照这段记述，摩诃池沟通了二江，从而得到充足的源头活水，面积不断扩大，成了城内居民泛舟游览的风景名胜，文人墨客不计其数。杜甫在《晚秋陪严郑公摩诃池泛舟》这首诗里描写了摩诃池秋天的景象："高城秋自落，杂树晚相迷。坐触鸳鸯起，巢倾翡翠低。莫须惊白鹭，为伴宿青溪。"中晚唐时期著名的女诗人薛涛也曾到摩诃池上泛舟，并写下《摩诃池赠萧中丞诗》："昔以多能佐碧油，今朝同泛旧仙舟。凄凉逝水颓波远，惟有碑泉咽不流。"表达了感伤逝水年华、物是人非的情感。

扩建成都的高骈有诗《残春遣兴》："画舸轻桡柳色新，摩诃池上醉青春。"高骈不仅见证了摩诃池的旖旎风光，还目睹了乱世中摩诃池拯救百姓的一幕。据《新唐书》载："蜀孺老得扶携悉入成都，闾里皆满，户所占地，不得过一床，雨则冒箕盎自庇。城中井为竭，则共饮摩诃池，至争捽溺死者，或筥沙取滴饮之。"乾符元年，南诏进攻巂州，大举进犯西川，百姓逃入成都躲避，城市里无井水可饮，只得取水摩诃池解渴。乾符二年，高骈为成都尹、剑南西川节度使后，见数十万人困居成都城内，因此产生了增筑罗城、引水绕城的构想。

前蜀王建称帝后，改摩诃池为龙跃池，又称龙池。王建之子王衍即位后，于乾德元年（公元919年）改龙跃池为宣华苑。据宋张唐英《蜀梼杌》记载，王衍于乾德元年至三年大兴土木，环湖建宫，延袤十里，穷极奢巧。另据《十国春秋》记载，王衍于乾德二年三月引河水入大内，从御沟东流出仁政殿，为摩诃池再添活水。后蜀孟昶怕热，于是在摩诃池上建筑水晶宫殿以避暑，其宠妃花蕊夫人的宫词中不乏对此的描写："冰肌玉骨清无汗，水殿风来暗香满""展得绿波宽似海，水心楼殿胜蓬莱"，等等。

宋以后，因为淤积等原因，湖泊面积变小，名字也恢复为摩诃池。宋代词人宋祁在《过摩诃池》中写道："十顷隋家旧凿池，池平树尽但回堤。清尘满道君知否，半是当年浊水泥。"意思是说，隋朝时期面积数千亩的摩诃池，到了宋代只有十顷的大小了，但仍是游览之地。陆游在游历完摩诃池后写道："乌帽翩翩白纻轻，摩诃池上试闲行。"描写了诗人漫步湖边，轻松快乐的心情。

宋末元初，宋元之间的争战在四川盆地连绵五十年，蒙古军三次攻入成都，对城市水利设施造成极大破坏，摩诃池也难逃厄运。明朝时摩诃池规模再度缩小，明洪武十八年（公元 1385 年），蜀王朱椿将大半个摩诃池填平，于后蜀宫殿旧址修建蜀王府。《蜀中名胜记》里记载："今此池填为蜀藩正殿，西南尚有一曲水光。涟漪隔岸，林木蓊翳，游者寄古思焉。"摩诃池被淤泥填平的空地上修建了一座蜀藩王府，摩诃池的水也只剩下王府西南方向的一个池塘，来这里游览的人只能在此怀想它曾经广阔的模样。此后，摩诃池的水源，包括金水河等，也相继淤塞，河道无存。明嘉靖四十五年（公元 1566 年），四川巡抚谭纶察看水系，见"（金水）河之深若广才咫尺，雨潦无所归，蜀人患之"，遂立志"吾将复金水河"，当即命令成都各府县民众和驻军在修复城墙的同时，重开金河故道。整治工程从护城河水系开始，首先疏浚引郫江段渠道，使金水河通过护城河得到了稳定的水源。后又调成都驻军开挖引水渠，疏淘金水河、御河。分别在取水口修分水石堰一道，渠上建水闸，御河边筑堤一道。当时的明成都知府刘侃在《重开金水河》一文中详细记载了明确的分工和竣工的时间："……

明日，戊申万锸具兴；又明日己酉，渠成而江入隍。越二日辛亥，汰河之壅，广三尺有奇，其深三之一，而河成。"（《四川通志》）疏淘后的金水河，河道宽约 10 米，深约 3 米，长度按照清同治《成都县志》记载，为 1526 丈（约合今天的 5087 米）。疏淘后的金水河，一派宜居景象："金水之漪，洋然流贯阛阓，蜀人奔走聚观，诧其神异。由是釜者汲，垢者沐，道渴者饮，缲者浣澼，园者灌。濯锦之官，浣花之姝，杂沓而至，欢声万喙，莫不鼓舞。"但摩诃池并无疏浚治理的记载。

明末清初，蜀王府毁于战乱，摩诃池一再缩小。清康熙四年（公元 1665 年），于蜀王府废墟上兴建贡院，西北隅仍残留少许水面，民国三年（1914 年），四川军政府彻底填平了这个池塘，将其建成警卫队的操练场。

第二节　都江堰对成都平原城乡布局和环境的影响

一、都江堰对成都城镇乡村布局的影响

都江堰建成后改善了成都平原的自然本底，"江水初荡潏，蜀人几为鱼。"都江堰建成之前，岷江泛滥造成成都平原的沼泽湿地生态本底。李冰建堰开二江后，不仅有引水的作用，还有另外的重要作用，也就是排涝。随着二江以及各级干、支、斗、农、毛渠的开辟，沼泽渐渐露出，成为湿润肥沃的水稻土。古老的聚落大多形成于两条水脉中间的台地上，既能防御洪水，又有灌溉耕作之利。然后聚落逐渐发展为村落，个别壮大为城镇。因此，成都平原的城镇大多建于河（渠）道之间的中脊上，如清白江建在清白江与锦水河之间的扇脊上，天马镇、新繁镇、新都建在锦

水河与毗河之间的扇脊上，唐昌镇、三道堰镇建立在柏条河与徐堰河之间的扇脊上，团结镇、天回镇、石板滩镇建立在毗河与东风渠之间的扇脊上，花园镇、友爱镇建立在走马河与江安河之间的扇脊上，寿安镇、通平镇、镇子乡、和盛镇、踏水镇、万春镇、温江、双流建立在江安河与岷江外江之间的扇脊上，而都江堰、聚源镇、崇义镇、新胜镇、安德镇、郫县、红光镇、犀浦镇建立在川西平原的中脊上，等等。当然，除了因为农业村落发展而成的多数城镇外，也有因水运而发展起来的城镇。这类城镇一般依江而建或形成"一江分山水"的格局，如双流黄龙溪、新都斑竹、邛崃平乐等古镇。

都江堰建成后，稳定的渠首工程格局和二江水系造成成都平原城镇分布的基本稳定。成都平原行政区有两千多年的历史，但主要城市及城市边界变化不大。从西汉到隋唐再到明清，随着灌区扩大、经济发展和人口增长，都江堰灌区城镇逐渐增多，但原有城镇基本未变，只是新建城镇逐渐加密，遍布平原，呈现均匀化的趋势，说明土地开发率已经达到极致。不仅如此，自清以后人口暴增，都江堰灌区已是"野无不耕之田"，灌区村落和农户也呈均匀化分布，村落以沿干支渠分布为主，农户则散布田畴之中。图21-3为郫县某地村落农户分布情况。

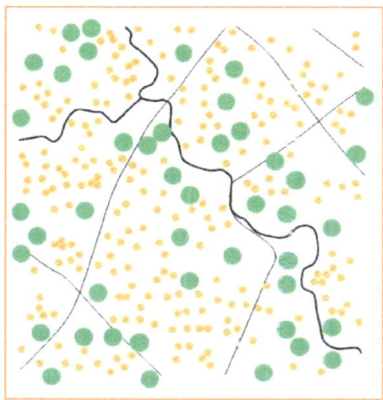

图21-3　21世纪初郫县区
林盘典型分布图

注：圆点大者为10户以上村落，小者为10户以下中小林盘（胡肖《川西平原堰渠体系与城乡空间格局研究》）

二、都江堰与川西林盘

林盘是川西平原独有的村落民居形式，康熙时陆箕永《锦州竹枝词》："村虚零落旧遗民，课雨占晴半楚人。几处青林茅作屋，相离一坝即比邻。"其注云："川地多楚民，绵邑为最。地少村市，每一家即傍林盘一座，相隔或半里或里许，谓之一坝。"这种历史形成的集生产、生活和景观于一体的复合型农村居住环境形态，通常是以姓氏（宗族）为聚居单位，呈一种分散的分布方式，形式上属于典型的自然村落。小的林盘只有几户、十几户人家，大的林盘能有上百户。林盘一般由林园、宅院及其外围的耕地组成，整个宅院隐于高大的楠、柏等乔木与低矮的竹林之中，林盘周边大多有水渠环绕或穿过，构成沃野环抱、密林簇拥、小桥流水的田园画卷。林、水、宅、田是川西林盘的主要构成要素，其中水发挥了关键性作用。四季流水、密如蛛网的都江堰渠系是川西林盘得以存在的源泉，中国古代乡村民居均有房前屋后种树栽竹的习惯，但像川西坝子房屋瓦舍全部掩映在竹林之中，竹林面积是农宅数倍之多的，却是罕见。大抵因为都江堰灌区河流、渠道、堰塘等水体涵养水土，补充地下水，包括连绵不断的水田使得川西坝子水汽饱满、云雾氤氲，保持了林盘的长期滋润苍翠，形成"水绿天青不起尘"的乡村画卷。川西林盘大多依河渠而建，或从河渠引支沟绕行林盘，或毗邻堰塘，民宅受河流影响依地形而建，造型灵动多变，习惯采取"主轴＋副轴"摆设，少有"一"字形建筑，而多"L"形、"丁"字形、"凹"字形等摆形。川西民宅一般不像北方民宅一样面向正北正南，因为有竹木掩映，并不过多考虑阳光直晒等影响，各个朝向均有。

都江堰营造的水环境是灌区林盘广布的重要原因。水对林盘的作用，除了生活生产取水用水方便之外，在景观方面，水给林盘带来生气，维护着林盘的生物多样性和小型生态系统，在美化林盘的同时，也美化着居民的生活；在文化方面，川西平原及林盘优美的水环境是川西人形成知水、亲水、乐水传统的原因，也是川西文化的重要组成部分。

第三节 成都水系上的桥梁

李冰所开二江绕成都西、南行，隔开成都市区与西、南方向的交通。同时，二江在成都平原枝生擘派，形成密集水网，桥梁便成了蜀民沟通两岸、方便出行的必经之路。岷江外江河道宽阔，枯水期与洪水期水流差别甚大，古代的条件下难以架桥，居民多于两岸系索牵船，以为津渡。

一、七桥名称源流

《华阳国志·蜀志》载："长老传言，李冰造七桥，上应七星。""七桥"名称多异，古籍记载不一，现择选较早古籍所载，列为表21-1。

表21-1　　　　　　　　李冰所造七桥名称源流表

	《华阳国志·蜀志》	李膺《益州记》（《古文苑·蜀都赋·注》引）	《水经·江水注》	《元和郡县志》卷三十一	《太平寰宇记》卷七十二	李膺《益州记》（《方舆胜览》卷五十一引）
1	冲治桥	冲星乔	冲里桥			尾星桥（禅尼）
2	市桥	玑星桥	市桥		市桥	玑星桥（建昌）

	《华阳国志·蜀志》	李膺《益州记》(《古文苑·蜀都赋·注》引)	《水经·江水注》	《元和郡县志》卷三十一	《太平寰宇记》卷七十二	李膺《益州记》(《方舆胜览》卷五十一引)
3	江桥	员星桥	江桥		南江桥	员星桥（安乐）
4	万里桥	长星桥	万里桥	万里桥	笃泉桥	长星桥（万里）
5	夷里桥（笮桥）	夷星桥	夷桥	悬笮桥	夷里桥	夷星桥（笮桥）
6	长升桥	尾星桥	长升桥			
7	永平桥	曲星桥				冲星桥（永平）
8			升仙桥	升仙桥		曲星桥（升仙桥）
9			笮桥			
10					竺桥	

上表所列名称，以《古文苑·蜀都赋·注》引《益州记》为最古，或是最接近李冰时的桥名。扬雄《蜀记》说："星桥上应七星也，李冰所造"（《蜀中名胜记》卷一引），可见扬雄时七桥仍名"星桥"。《蜀志》所列，或为两晋之名。万里桥，始名于诸葛亮时。市桥，其名始于汉代在成都城外南两江间置市以后。

二、七桥的位置

七桥的位置都在成都城的西边和南边。值得注意的是，这批桥梁的位置多为后世沿承，乃至清代、民国，仍有痕迹可寻。

（一）冲星桥（冲治桥）

《蜀志》说直西门郫江中冲治桥，架在正西门外的郫江之上，约在今魁星楼城墙外桥附近。

（二）玑星桥（市桥）

《蜀志》说西南石牛门曰市桥，下有石牛潜渊中，李膺《益州记》说汉旧州市在桥南，在今成都县西南四里。《太平寰宇记》说市桥在州西四里，《蜀中名胜记》卷一把市桥与石犀寺（石牛寺）放在同一方向，架于郫江之上，值今西胜街西口与西较场正门之间，大体在四五十年前的金花桥附近，为由成都少城出城南行的干道所经。石犀溪北口，在桥南附近分郫江之水。

（三）员星桥（江桥）

常璩《蜀志》说"城南曰江桥"，又《公孙述志》"军其江桥，及其少城"，指驻军由江桥而达少城。《江水注》说江桥在大城南门。又《大同志》载晋太康末，蜀中童谣有"江桥头，阙下市，成都北门十八字"，指江桥和市桥之间将出现乱子，《太平寰宇记》卷七二说南江桥在城南二十五步，架于郫江之上。可见江桥之名从李冰时期一直延续到唐宋。故桥址在今文庙前街靠近南大街一带，为由成都大城出城南行的干道所经。

（四）长星桥

即万里桥，李冰创建，三国时诸葛亮又赋之以新的历史文化内涵，因此闻名遐迩，是都江堰水系中最为著名的历史文化名桥之一。《蜀志》说"城南曰江桥，南渡流曰万里桥"，《江水注》说"江桥曰万里桥"。《元和郡县志》卷三十一说："万里桥，架大江水，在县南八里，蜀使费祎聘吴，诸葛亮祖之，祎叹曰：'万里之路，始于此桥。'因以为名。"唐陆肱有《万里桥赋》，宋刘光祖有《万里桥记》。根据清康熙年间《成都府志·山川》记载，清顺治三年（公元1646年），万里桥毁于兵火颓圮。康熙五年（公

元 1666 年），巡抚张德地、布政司郎廷相，按察司李翀霄率府县官捐俸重修，仍覆以屋，题其额"武侯饯费祎处"，知府冀应熊大书"万里桥"三字勒石，架在流江（检江）之上，桥址约在当今老南门大桥，为由大城南出的干道所经。

（五）夷星桥（夷里桥、笮桥）

《蜀志》说万里桥西上曰夷里桥，亦曰笮桥，即竹索编织而成的架空吊桥，架于流江之上，此桥为由少城南出的干道所经，能行人走牲口，但不能通行马车牛车，一直为后世所承。《晋书·桓温传》载桓温攻成都时，曾"战于笮桥"。唐末王建取成都时，也曾"攻笮桥"（《新唐书·陈敬瑄传》）。《宋史·雷有终传》："复退军笮桥，背水列阵。"万里桥西一千米许，20 世纪五六十年代仍架有笮桥，后改建为钢索桥。

（六）尾星桥（长升桥）

《蜀志》说从冲治桥西折曰长升桥，架于郫江之上，位置约在今王建墓东北半里许，北靠北巷子、红光东路交叉口，为由少城西北出的路线所经。

（七）曲星桥（永平桥）

《蜀志》说郫江上西有永平桥，位置在今通锦桥附近，为由少城西北出的干道所经。

三、七桥又名星桥

把七桥相连，其形略似北斗七星（天枢、天璇、天玑、天权、玉衡、开阳、摇光）之形，用线条把城南四桥即玑星桥、夷星桥、员星桥、长星桥相连，可得一不规则长方形，似北斗星座之斗杓，连结曲星桥、尾星桥、沪星桥，似北斗星座之斗柄。图21-4为现代学者根据历史典籍考证绘制的七星桥位置图。

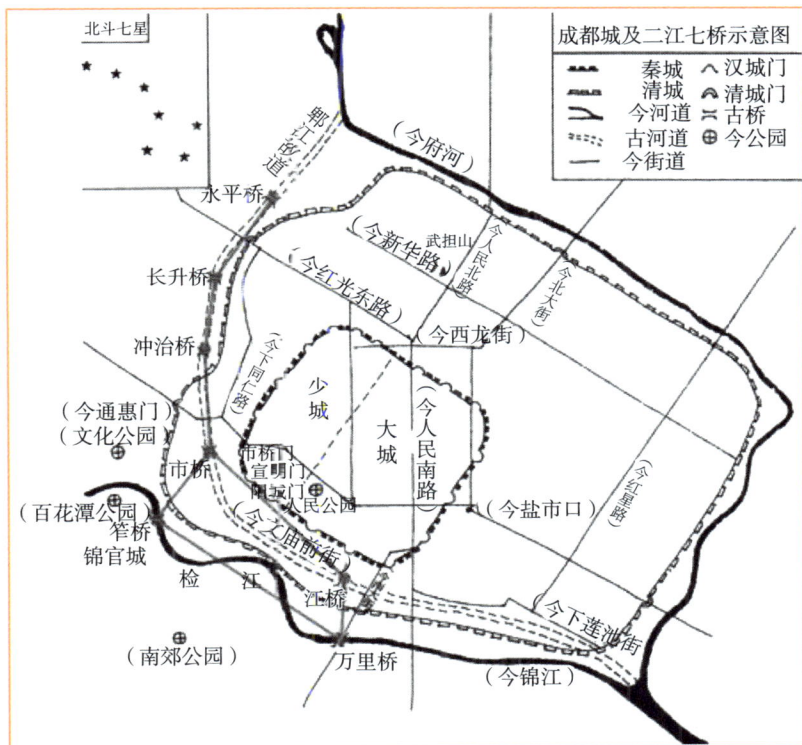

图21-4 李冰造七星桥位置图（任乃强《华阳国志校补图注》）

四、其他桥梁

除了七桥之外，成都二江水系各类桥梁星罗棋布，知名的有数十座。随着20世纪城市水系的逐渐兼并和城市建设的发展，大多已经不存，仅留下以桥为名的地名若干。

成都二江水系古桥统计见表21-4。

表 21-4　　　　　　　　　　成都二江水系古桥简表

桥名及变化	建筑特征	所在河流	所在位置	始建时代	主要史料及备考
金沙桥				东汉三国	近年发掘金沙遗址时发现
青羊桥、接仙桥、望仙桥、会仙桥	石材，拱式，五洞	清水河	青羊宫南	明	清水河东过青羊桥，今名接仙桥，亦曰望仙桥，亦曰会仙桥（见同治《成都县志·堤堰前图》、《光五图》）。《成都县志》《华阳县志》均载青羊桥跨清水河。天启《成都府志·关梁》："青羊桥，府治西南，蜀府建。"（《大清一统志》同）同治《成都县志·津梁》："接仙桥，县西南五里青羊宫南石桥，跨清水河。" 民国《华阳县志·津梁》："望仙桥，治南九里余望仙场北，（跨）清水河正流，石材拱式，五洞。成、华交界处。"
浣花桥、罗汉桥	石桥	浣花溪	草堂寺东	唐	杜甫《溪涨》诗："当时浣花桥，溪水才尺馀，白石明可把，水中有行车。"天启《成都府志·关梁》："旧浣花桥，青羊宫右。"同治《成都县志·津梁》："旧浣花桥，县西南七里青羊宫西，草堂寺东，石桥跨清水河。"
浣花桥		犀角河		明	大城西门与西壕之间，有桥跨犀角河支流，明代曰浣花桥，与浣花溪草堂东侧之浣花桥异地而同名。
复兴桥、新南门大桥					民国二十八年（1939年）新辟复兴门（通称新南门），由大道直出，有桥，跨锦江，曰复兴桥。又东过新南门外复兴桥。
长虹桥、安顺桥					见《乾隆图》及陈一津《蜀水考分疏》："流江……又东过安顺桥，合郫江，为府河，入汶（岷）江。"

桥名及变化	建筑特征	所在河流	所在位置	始建时代	主要史料及备考
清源桥	石桥，上有奎星阁，有土城栅门	金水河	西城外百步		同治《成都县志·津梁》："清源桥，县西城外百步，石桥。上有奎星阁。有土城栅门，跨金水河。"
笮渊桥		金水河			宋人李新《后溪记》："其（金水河）一自小桥入都市，有笮渊、建昌、安乐、龟化等八桥跨水。"
建昌		金水河			同上
安乐		金水河			同上
节旅桥、节里桥		金水河	将军衙门西侧		
金花桥		金水河			
通顺桥		金水河			同治《成都县志·津梁》："通顺桥，满城内，跨金水河。"
拱背桥		金水河	今人民公园前门		同治《成都县志·津梁》："金水河又东经拱背桥。"
斜板桥		金水河			同治《成都县志·津梁》并载在节旅桥与通顺桥之间，尚有斜板桥，在满城内，跨金水河。
龙凤桥		金水河			同治《成都县志·津梁》并载在节旅桥与通顺桥之间，尚有龙凤桥，在满城内，跨金水河。
红板桥		金水河			金花桥与节里桥之间有红板桥。
银定桥		金水河			拱背挢与半边桥之间有银定桥。
半边桥、灵寿桥		金水河	今人民公园东边		半边桥在满城边界，满城水栅半压桥上，占桥面之半，故通呼为半边桥。半边桥后又名"灵寿桥"，字为刘彝铭（清代诗人，字辛甫）手书。

桥名及变化	建筑特征	所在河流	所在位置	始建时代	主要史料及备考
三桥（实有三座桥）		金水河	与皇城三门遥遥相对	明代	见《雍正金水河图》。同治《成都县志·津梁》："三桥，治南贡院前街，跨金水河。"三桥如川字并排，与贡院前面三门相对，从明代直至民国均未变。
龟化桥、青石桥	一洞	金水河		唐代	《蜀梼杌》卷上，谓王建斩宝历寺僧二十二人于龟化桥。宋人李新《后溪记》："大皂之水……西北注成都离为内外二江，其一自小桥入都市，有笃渊、建昌、安乐、龟化等八桥跨水。"（载《全蜀艺文志》卷三十三）天启《成都府志·关梁》："龟化桥，华阳县治南金水河之东，俗呼曰青石桥。"
卧龙桥	石材，拱式，一洞，原有覆屋	金水河	粪草湖街西口、南打金街		同治《成都县志·津梁》："卧龙桥，治东跨金水河。"民国《华阳县志·津梁》："卧龙桥，治东南四里余南打金街，（跨）金水河，石材，拱式，一洞，民国十五年（1926年）改修，原有覆屋，改修时拆卸。"
板板桥	木材，平式，一洞	金水河	龙王庙街	光绪初年	民国《华阳县志·津梁》："板板桥，治东南四里余龙王庙街，（跨）金水河。木材，平式，一洞。清光绪初年创建，民国八年（1919年）重修。"
锦江桥		金水河	今锦江桥街		天启《成都府志·关梁》："锦江桥，府东锦江街。"同治《成都县志·津梁》："锦江桥，治东染房街，跨金水河。"
一洞桥		金水河	治东南四里余半边街	同治十二年	民国《华阳县志·津梁》："一洞桥，治东南四里半边街，（跨）金水河。石材，拱式，一洞。同治十二年（公元1873年）建。"

桥名及变化	建筑特征	所在河流	所在位置	始建时代	主要史料及备考
余庆桥	石材，拱式，一洞	金水河	治东南四里余半边街	乾隆十八年	民国《华阳县志·津梁》："余庆桥，治东南四里余半边街，（跨）金水河。石材，拱式，一洞。乾隆十八年（公元1753年）建，同治九年（公元1870年）重修。"
景云桥		金水河	下莲池		天启《成都府志·关梁》、嘉庆《华阳县志·津梁》。
金津桥		金水河	下莲池		天启《成都府志·关梁》："金津桥，府治东南隅。"嘉庆《华阳县志·津梁》："金津桥，治东城内下莲池，跨金水河。"
拱背桥，金水桥	石材，拱式，一洞	金水河	东岳庙街		民国《华阳县志·津梁》："拱背桥，治东南五里东岳庙街，（跨）金水河。石材，拱式，一洞。清光绪三十三年重修，旧称金水桥（桥畔有石碑，上刻拱背桥三字）。"此桥俗称与人民公园前拱背桥相同，但并非一桥。
铁板桥		金水河			嘉庆《华阳县志·津梁》："铁板桥，治东城内秦祖店左。铁板即东水门铁窗也。"
普贤桥	初为木桥，嘉庆间改石桥，拱式，一洞	金水河	清安街		铁板桥再东，即普贤桥。嘉庆《华阳县志·津梁》："普贤桥，治东城外水门侧。旧为板桥，嘉庆六年（公元1801年）重修，易木以石。"民国《华阳县志·津梁》："普贤桥，治东五里清安街，（跨）金水河。石材，拱式，一洞。清嘉庆六年重修，旧为木桥，清嘉庆间始改建为石桥。"

都江堰
可持续水利工程的典范

桥名及变化	建筑特征	所在河流	所在位置	始建时代	主要史料及备考
大安桥、下里桥		金水河	珠市街		嘉庆《华阳县志·津梁》："大安桥俗名下里桥，治东城外珠市街，跨金水河。创建年月无考，嘉庆十五年（公元1810年）重修。"民国《华阳县志·津梁》："大安桥，俗名下里桥，治东五里珠市街，（跨）金水河。石材，拱式，一洞。清嘉庆十五年重修，旧称下里桥。"
三井桥	成都城北门内			唐宋	《宋史·雷德骧传附子有终传》："十七日，怀忠率众入益州，焚城北门，至三井桥。"
宝莲桥、龙眼桥	三桥并列，石桥	御河	蜀府遵义门外、贡院前门		御河之南，即贡院之前，有宝莲桥，左右有龙眼桥各一座。天启《成都府志·津梁》："宝莲桥，蜀府遵义门外。"（康熙《成都府志》记载同）同治《成都县志·津梁》："龙眼桥，贡院左右各一。"
后子门桥		御河	贡院后门外		嘉庆《四川通志》："贡院北有后子门桥。东有同善桥，履安桥。"
履安桥		御河	东御河北		同治《成都县志·津梁》："履安桥，东御河北。"
平安桥		御河	西御河南		同治《成都县志·津梁》："平安桥，西御河南。"
义成桥		御河			同治《成都县志·津梁》："义成桥，西御河北。即旧西华门通道所经之处。"
青龙桥（三处）		御河	西御街，东御街		御河入水及出口处均为暗渠，两端与金河通，一在西御街中，一在东御街中，其上三桥，皆名青龙桥。同治《成都县志·津梁》："青龙桥三处：一在治南青龙街，一在西御街中，一在东御街中。"

桥名及变化	建筑特征	所在河流	所在位置	始建时代	主要史料及备考
总汇桥			顺城街	乾隆二十二年	嘉庆《华阳县志·津梁》又载有总汇桥、梓潼桥、双庆桥、桂王桥："总汇桥，在治（华阳县署，下同）东城内顺城街。乾隆二十二年（公元1757年）建。"
梓潼桥			梓潼街		嘉庆《华阳县志·津梁》有梓潼桥，"梓潼桥，在治东城内古梓潼街，创建年月无考。乾隆三十九年（公元1774年）重修，相传街旧有梓潼宫，故名。"
双庆桥			庆云庵左	嘉庆四年	嘉庆《华阳县志·津梁》有双庆桥。"双庆桥，在治东城内庆云庵左。嘉庆四年（公元1799年）建。"
桂王桥					嘉庆《华阳县志·津梁》记有桂王桥。
青龙桥		后溪		宋元	同治《成都县志·津梁》："青龙桥在治（成都县署，下同）南青龙街。"
通顺桥		后溪		宋元	同治《成都县志·津梁》："通顺桥，在治北通顺街圆觉庵左，跨北官渠。"此通顺桥不同于后来满城内之通顺桥。
状元桥		后溪		宋元	同治《成都县志·津梁》："状元桥，在治东打铜街口。"
玉带桥		后溪		宋元	同治《成都县志·津梁》："玉带桥，在治东线香街口。"
双堰桥		后溪		宋元	同治《成都县志·津梁》："双堰桥，在治东马王庙侧。"
桂王桥		后溪		宋元	同治《成都县志·津梁》："桂王桥，在治东城内。"
化成桥	石桥	磨底河	县西八里		同治《成都县志·津梁》："化成桥，县西八里，石桥。咸丰六年（公元1856年）重修，跨磨底河。"
高升桥		磨底河		康熙	

319

桥名及变化	建筑特征	所在河流	所在位置	始建时代	主要史料及备考
广福桥、寡妇桥、		磨底河	由红牌楼进南门	清	
万福桥	原为木桥，上覆以屋，有亭有坊	油子河			同治《成都县志·津梁》；"万福桥，县北二里，架木为桥，上覆以屋，有亭有坊，长五丈，宽丈余。旧桥在上流数百步，跨油子河。"桥在四十年代末期冲毁，解放后移至下游重建。
刘桥		油子河			李元《蜀水经》："油子河……又东经成都县城北，转东，受刘桥河水。"
长春桥、濯锦桥、东门大桥	石材，拱式，三洞	油子河水	东门外	明代以前	此桥已见天启《成都府志》，则确在明代已有之。嘉庆《华阳县志·津梁》："长春桥，……高二丈，长十余丈，阔二丈，中稍隆起，翼以栏楣。创建年月无考……长春桥，乾隆五十年（公元1785年）重修。"民国《华阳县志·津梁》："长春桥，治东五里余天福街，跨油子河，即府河。石材，拱式，三洞。清乾隆五十年（公元1785年）重修，光绪十二年（公元1886年）又重修，旧名濯锦桥，俗称东门大桥。"
清远桥、大安桥、迎恩桥					江水又东经北门外大安桥，又名迎恩桥，旧名清远桥。
三洞桥（有上中下三处）					不详
踏水桥					不详

桥名及变化	建筑特征	所在河流	所在位置	始建时代	主要史料及备考
沙板桥					不详
跳蹬桥					不详
多宝寺桥、五福桥					不详
五桂桥					不详
武成桥、武城桥、顺江桥、东安桥	石材，拱式	油子河		民国四年	民国《华阳县志·津梁》："武成桥，治（华阳县署）东四里余，武成门外，（跨）油子河，石材，拱式。民国四年（1915年）创建，民国三年新辟武成门，始创建此桥。"
观音桥	初为木桥，桥上有楼，后改石桥	沙河	净居寺附近	元或明	喻茂坚《重建观音桥碑记》："成都去城七里有沙河，近东景山之寝园，车马经游之路……成化丙申（公元1476年）……河桥颓圮……丁酉岁（公元1477年）告成。桥上有楼，楼下有栏楯，咸集以木。桥畔有观音堂，因题其名曰观音……迄今甲子（公元1564年）历年九十，……桥残缺太甚……欲易竹木，太尽施砖石……经始于甲子正月十二日，告成于乙丑（公元1565年）十一月十五日。东西长二十丈，南北阔四丈，通砌以石，重合以灰。虽有大水，可保不灌。车马可任，往来者便焉。"（嘉庆《华阳县志·艺文》）此桥在明成化间已经颓圮，始建桥当在元代。

桥名及变化	建筑特征	所在河流	所在位置	始建时代	主要史料及备考
十二桥	木材，平式		通惠门	民国五年	民国《华阳县志·津梁》："十二桥，治西南三里余通惠门外，（跨）城濠。木材，平式，民国五年（1916年）创建，新辟通惠门，始创造此桥。"（扬州有二十四桥，风景极佳，此曰十二桥，谓得二十四桥之一半也。一说油子河、锦江、西濠原有桥十一座，增此则为十二桥。）
万寿桥		柏条河			民国《崇宁县志·水利》："柏条河，县北一里，自灌邑都江堰分派入邑鲜家堰，水流三十里至万寿桥，交郫县界。"
踏水桥		螃蟹堰		康熙	螃蟹堰，由郫县柏条河（北条河）分支南来，经踏水桥、洞子口等处汇入油子河。同治《成都县志·津梁》："踏水桥，县北十三里，石桥，跨石堤堰正河。"
新桥		螃蟹堰			同治《成都县志·津梁》："螃蟹堰至新桥下汇入油子河。"
田家桥		龙爪堰			龙爪堰从浣花溪上游侯家湾分支东南流，经田家桥、元通桥、大石桥、高板桥，于三瓦窑流入府河。
元通桥		龙爪堰			同上
大石桥		龙爪堰			同上
高板桥		龙爪堰			同上
侯家桥		瓦官河			由郫县西来之瓦官河，经侯家桥、火烧桥（为古縻枣堰故渎），再东流经傅家碾，于新桥汇入油子河（由《民国三十三年成都市郊外地图》见）。
火烧桥		瓦官河			同上

都江堰 可持续水利工程的典范

桥名及变化	建筑特征	所在河流	所在位置	始建时代	主要史料及备考
九里桥		瓦官河			同治《成都县志·津梁》："九里桥，县北九里，石桥，跨油子河分流。"
簇桥		羊马河，又名簇桥河、簇锦河			陆游《放翁诗选·后集》卷四有《五鼓自簇桥入府》。 雍正七年修《四川通志》卷二十一："成都府，簇桥二十里。"双流县："簇桥河，在县东北十里，即流江；簇锦河，在县东二十里，即汶川与笮桥河，谓之二江，皆自温江县流来，下流入华阳县界，合府江。" 清·申元敬《都江堰河道水利记》："离堆二水中分，南右为外江，分为三股。一名石鱼河，一名三渡水，一名羊马河。再下新开河，又分为江安堰，入温江长安桥，至簇桥、金花桥，双流县，合新津三渡水。"
金花桥					同上
苏坡桥					清·申元敬《都江堰河道水利记》："四分为油子河，一支入崇宁安德铺、郫县犀浦、太和场，至成都北门。油子河右分，至郫县北门，即《禹贡》'东别为沱'是也。下合八里桥、刘家桥、张家桥，合成都北门河、沱江河，至郫县西门宋公桥，绕北，合由子河；至八里桥、犀浦，入成都北门。由子河一分磨底河；一支入成都北门；又一支至土桥、西门北角。一分清水河，下合五斗河；下又合江安堰；三共入苏坡桥。下分龙爪堰、浣花溪、青羊宫，汇入九眼桥。"
八里桥					不详
刘家桥					不详
张家桥					不详

第七篇　都江堰水文化

第二十二章 李冰、二郎的神话演变

第一节 李冰建堰的真实历史与神话传说

对李冰最早的记载出自司马迁的《史记·河渠书》，且有名无姓，内容也只是简略地记述了李冰"凿离堆""开二江"两件创举。现存史籍中第一次出现"李冰"全名是在东汉班固《汉书·沟洫志》，但对李冰建堰的描述几乎照搬《史记》。汉末以后，对李冰治蜀业绩的记述逐渐丰富起来，且笼罩上一种神秘色彩。任乃强《华阳国志校补图注》中如此评述："《史》《汉》传李冰事，寥寥数语。至汉末，民间传说已多，崇拜李冰视同神灵，汉代之后，更有甚焉。《风俗通》《蜀记》诸怪妄已多。唐宋之后，关于李冰，传说益滥。"《风俗通》距李冰创建都江堰已逾300年，《华阳国志》成书更在600年之后，其对李冰的神化或许来自先秦留下的传说碎片，但更可能是由汉朝时期盛行的天人感应、阴阳五行学说而演化附会而来。但是，透过李冰身上的神秘光环，也能在一定程度上看到历史的侧面或片段。

一、"仿佛若见神"与争取蜀人认同

祭天敬神是中国万朝的全民信仰，也是历代帝王奉行的国家制度。《史记·封禅书》载：秦并天下之后，令负责祭祀的官员将各地信奉、祭祀的名山、大川之鬼神编排为序，上奏朝廷，统

一规定祭祀级别和祭礼。当时全国四十六郡，经朝廷议定享国家祭祀的山川只有十八处，蜀郡占了两处："渎山，蜀之汶山……江水，祠蜀。"其时古代蜀文化属"西南夷"文化范畴，原始巫教、方术还极有影响。《华阳国志·蜀志》说："冰能知天文地理，谓汶山为天彭门，乃至湔及县，见两山对如阙，因号天彭阙。仿佛若见神，遂从水上立祀三所，所祭用三牲，珪壁沉濆。汉兴，数使使者祭之。"如果有一定历史真实性的话，或许是李冰借祭祀蜀人信奉的有关神灵，争取蜀民对其治蜀建堰的支持。李冰能"仿佛若见神"，一方面说明他尊重蜀人的山神、水神，另一方面，则是向世人表现他与蜀神之间的谐和，说明建堰已得到蜀神的许可。这种仪式，具有蜀人心目中改变李冰身份的功能。秦灭巴蜀后的第三任（一说第二任）蜀守，李冰作为一个外来统治者，是秦国势力统治蜀土、秦文化统治蜀文化的代表，他通过"水上立祀三所"，彰显自己已得到蜀神认可，借神力统治蜀人，借神力号召、组织蜀人共同建堰。

二、后世屡屡目睹的刻石立犀

《蜀王本纪》《华阳国志》中均有李冰造石犀的记载。《蜀王本纪》载："江水为害，蜀守李冰作石犀五枚，二枚在府中，一枚在市桥下，二枚在水中，以厌水精，因曰犀牛里也。"《华阳国志·蜀志》所载略异："外作石犀五头以厌水精，穿石犀溪于江南，命曰犀牛里。后转置犀牛二头：一在府市市桥门，今所谓石牛门是也；一在渊中。"

此事虽也有神秘色彩，但立犀之事当属历史真实。以牛镇水古已有之。根据古代阴阳五行学说，"牛象坤，坤为土，土胜水"。

相传大禹治水时，每治好一处水灾就铸造一只铁牛沉入水底，可防河水泛滥。而都江堰别具一格，以犀牛镇水，可能来自古蜀遗俗，如广汉（汉州）有"沉犀江""沉犀桥"、宜宾（戎州）有"伏犀滩"、犍为至今有沉犀的传说等。都江堰所立石犀后世累有记载，甚或目睹。《水经·江水注》也说："李冰昔作石犀五头，以厌水精，穿石犀于南江，命之曰犀牛里。"又说"西南石牛门曰市桥，下石犀所潜渊中也"。唐岑参《石犀》一诗将石犀代指都江堰："江水初荡潏，蜀人几为鱼。向无尔石犀，安得有邑居。始知李太守，伯禹亦不如。" 杜甫《石犀行》说："君不见秦时蜀太守，刻石立作三犀牛。"或许唐时石犀仅余三头。

李冰造五石犀后，从汉代开始，历代统治者和水利专家都有人仿此法（见表 22-1），不断做出石犀，立在江边。

表 22-1　　　　　　　　都江堰水系石犀资料简表

所在地	所在河流	制作或存世年代	备 注
都江堰渠首	内江	秦李冰	《蜀王本纪》《华阳国志·蜀志》均载。清道光间水利知事强望泰淘河时曾挖出此二石犀，置于堤上。不久，江发洪水，又将二石犀冲入江中，后又再次淘出。
蜀郡郡府之中（成都）		秦李冰	同上
成都江桥下	石犀溪	秦李冰	同上
一在成都府市市桥门，一在成都石犀溪渊中	石犀溪	秦李冰造，汉代转运	《华阳国志·蜀志》说李冰："外作石犀五头以厌水精，穿石犀于江南，命曰犀牛里。后转置犀牛二头：一在府市市桥门，今所谓石牛门是也；一在渊中。"当为汉代将李冰所造石犀五头中的二头转置他处。

所在地	所在河流	制作或存世年代	备　注
成都西门圣寿寺，又称石犀庙，又名石牛寺	遗址在今西胜街	晋	陆游《老学庵笔记》说：宋时成都西门圣寿寺（始建于晋）东阶下仍有一石犀，"石犀一足不备，以他石续之，气象甚古"。据载，此石犀一直保存到清代。成都二十八中（金河街中学）于20世纪40年代末、50年代初修建东院操场时，挖得石犀一对。
都江堰崇德庙	唐五代时期		宋赵汴《成都古今集记》说："石犀，在李太守庙内。"北宋初期崇德庙内之石犀，亦为新做。
青城	明清时期		《灌江备考·附考》："五石犀以压水：一在青城，一在犀浦，一在成都市桥，一在江中，一在县北玉女房。"
犀浦	明清时期		同上 《方舆胜览·成都府山川》、《大明天下一统志》六十七皆主是说。但后文谓石犀"在府城南三十五里，秦太守李冰作五石犀，沉江以厌水怪。其后土人立庙祀冰，号石犀庙"则表明石犀庙主祀李冰。
灌县县北玉女房	明清时期		同上
都江堰渠首人字堤上	同治七年		成都水利同知曾寅亮在都江堰筑堤遏水，堤上建亭祀神，立石柱、石犀压水怪。清末、民国初期，尚存于人字堤上，百姓称其堤为"犀牛堤""犀牛望月"。1934年叠溪地震，洪水暴发，石犀沉水，次年淘出，置于堤上，1952年因岁修工棚失火烧毁。

　　2012年12月16日，成都市中心天府广场出土石犀一座，为整块红砂岩雕刻而成，作站立状，侧身掩埋于坑内，头东尾西，造型完整，耳朵、眼睛、下颌及鼻部雕刻简练，风格粗犷。根据层位关系和坑内共存遗物的时代特征，专家初步判断石兽的埋藏

时间约在蜀汉末至西晋，制作和使用年代当在秦汉时期。这是迄今发现的我国同时期最大的圆雕石刻，见图22-1。

图 22-1　2012 年天府广场出土的石犀

三、七桥与七星

东汉以后逐渐开始了李冰的神化过程。种种附会于李冰身上的臆测，或多或少受到盛行于汉的天人感应、阴阳五行学说的影响。扬雄为蜀郡郫县人，其著作《太玄经》中说："善言天地者以人事，善言人事以天地""斗一北而万物虚，斗一南而万物盈。日之南也，右行而左还，斗之南也，左行而右还，或左或右，或生或死，神灵合谋，天地乃并，天神而地灵"，可见当时蜀人对北斗星对世间的影响非常看重。李冰建七桥对应七星，或许出自李冰之意，抑或不是，但其布局与北斗七星如此相似，汉时被附会也是必然。

第二节　李冰的神化过程

一、东汉——神化李冰的开始

纪念李冰的正式祠庙始建于何时，目前尚不很清楚。根据《北堂书钞》卷七十四引《风俗通》，秦始皇兼并六国后不久（公元前216年），已为李冰立有专祠："以李冰为蜀守，开成都两江，造兴溉田万顷以上。始皇得其利，以并天下，立其祠也。"《北堂书钞》成书于隋代，所引内容不见于后世《风俗通》各版本。但是，至少在东汉时期，李冰已经被赋予了神灵的身份与职责。1974年3月3日，都江堰渠首因修外江枢纽闸占据了原安澜索桥的位置，在外江闸下游130米处恢复索桥，开挖左桥基坑时，在河床深4.5米处挖出李冰石像。石像为灰色砂石大型圆雕，高2.9米，肩宽0.96米，前胸及两袖有题刻隶书文字："故蜀郡守李府君讳冰""建宁元年闰月戊申朔二十五日都水掾""尹龙长陈壹造三神石人珎①水万世焉"。这座石像的出土，不仅为李冰创建都江堰提供了实物依据，而且是神化李冰的最初记载。"珎"，同"珍"，原有"珍惜"之意，近来也有研究者认为应通"镇"，方符合古代惯用做法。

汉献帝时（公元189—220年），应劭《风俗通》中，李冰的神迹更加具体和丰富，曰：

> 秦昭王使李冰为蜀守，开成都两江，溉田万顷。江神岁取

---

① 石像刻文中，"珎"字中的"小"为"水"。

童女二人为妇。冰以女与神为婚，径至神祠；劝神酒，酒杯恒湍湍。冰厉声以责之，因忽不见。良久，有两牛斗于江岸旁。有间，冰还，流汗谓宦属曰："吾斗大亟，当相助也。南向腰中正白者，我绶也。"主簿刺杀北面者，江神遂死。

《风俗通》专载民间风俗，材料来源或据实地考察采访所得，或转录于前籍。其中关于李冰的神话传说，较《史记》《汉书》《政论》中关于李冰的史实记载，更符合当时乡野民众对李冰这样一位英雄人物的想象。《风俗通》所载蜀郡为江神娶妇的故事、李冰斗江神的故事与《史记·滑稽列传》载西门豹的治水故事，非常相似。东晋常璩不言"怪异"之事，但在《华阳国志》中也记载当地李冰的传说："或曰：冰凿崖时水神怒，冰乃操刀入水中与神斗。迄今蒙福。"由此可见，治水英雄与江神相斗的传说是广泛流传于中国的。类似的故事也被附会在治蜀名臣文翁身上，《水经·江水注》说："蜀有回复水，江神尝溺杀人。文翁为守，祠之，劝酒不尽，拔剑击之，遂不为害。"

《风俗通》中李冰斗江神的传说广为流布，《水经注》卷三十三、《太平御览》卷八百九十九等古籍均引《风俗通》，仅文字略异。这个传说在以后历代神化李冰的过程中作用极大，影响匪浅，无论是李冰神化故事的继续演绎发展，还是赵昱、二郎斗水神故事的产生，差不多都能从这段文字中找到痕迹。

南朝齐建武时期（公元494—497年），刺史刘季连将原建在都江堰渠首附近的"望帝祠"（祠故蜀王杜宇）迁到郫县，在旧址上建崇德庙，专祀李冰。《灌县乡土志》说："西路古有望帝祠，旧址在今崇德庙，齐建武时，益州刺史刘季连移建于郫，而以祠

地改崇德庙，祀李公，相仍至今。"《岷阳古帝墓祠后志》说："蜀人崇祀李冰，考其遗迹，则灌口之李冰庙即杜宇之故址，齐建武中，自灌徙郫。"可见当时把李冰作为神灵的崇拜，已能使蜀王屈就、杜宇让位了。

二、唐宋神化李冰的高潮及以后

隋代为纪念李冰的丰功伟绩，曾在西蜀设立李冰县。《旧唐书》卷四十一《地理志》说："绵竹，汉县，属广汉郡，隋开皇二年置晋熙县，十八年又改为李冰县，大业三年改为绵竹，武德三年属蒙州。"将一个县改名为李冰县，哪怕只有短短十年时间，对神化李冰的活动也有推动作用。

唐宋时期为蜀中大兴水利、都江堰灌区大为拓展的时期，也是神化李冰历程中最繁忙的一段。此间，儒家观念、诗人墨客、割据意识、集权政权、民间附会、道家势力等，交相影响着李冰形象。最引人注意的是，李冰多次"显灵"的故事广泛流传。

唐朝时，凡入川的诗家文人，少有不崇敬歌颂李冰的。例岑参《石犀》一诗说："始知李太守，伯禹亦不如。"大禹是我国治水史和人文史上的开创人物，古代对其大为崇敬，岑参所比，惊世骇俗，但也可见蜀地对李冰的推崇。杜甫《石犀行》说："君不见秦时蜀太守，刻石立作三犀牛。自古虽有厌胜法，天生江水向东流。"在杜甫看来，李冰刻石犀，属道家的厌胜法范畴。

《风俗通》故事在唐代《成都记》中亦有记载，但没有江神索要童女的情节。《成都记》所载故事为：江神经常发洪水，李冰化牛，下水去击杀江神。但江神善战，化身蛟龙，李冰不能敌，便上岸选弓箭手数百名，对他们说："我变的是牛，江神下次一定也变牛与我斗，但我这头牛腰上有条大白带子。你们对没带子的牛放箭好了。"于是叱喊着又下了水。须臾雷电交加、天昏地暗，果然有两头牛在水中打斗。武士们对未系白带的牛齐射，江神遂毙。从此以后，每年洪水涨到李冰祠庙附近就不敢再涨。祠庙南边有几千家人户，房子都在低地，但从来没遭洪灾。唐太和五年（公元831年），岷江发生大洪水，李冰又变成龙与江中蛟龙相斗，腰上犹以白练为标记，据说那一年洪水又没有成灾。

五代前蜀武成三年（公元910年），岷江大洪水危及成都。当天夜里，人们见到都江堰上有许多拿着火把的人来回奔走，暴风骤雨中火影不灭，令人称奇。等到天亮，人们发现李冰祠庙中的旗帜全湿透了，大堰移了几百丈远，时人相信是李冰带着天兵保护了都江堰工程。这一神话记录在前蜀杜光庭《录异记》中。宋张唐英《蜀梼杌》所记，是后蜀广政十五年（公元952年）的岷江洪灾，由于六月初一教坊演了一场二龙战斗的戏剧，大概是惹恼了江龙，顷刻就天昏地暗，下起冰雹。次日灌口奏报，伏龙潭锁孽龙的柱子频频摇动，岷江涨起大水。到了晚上，成都延秋门（西门）涌进洪水，淹了一丈多深，连司天监和太庙都淹垮了。

宋黄休复《茅亭客话》记有开宝五年（公元972年）八月成都暴雨，岷江暴涨，都江堰渠首十分危险，永康知军薛文宝与百姓们十分着急。只见惊涛骇浪中有一个巨大的物体，声如雷吼，高有十丈光景，靠近一看，是一条特大的蛇，正昂头横身，保护着都江堰。到了夜里，人们听到渠首有喊叫声，火把来来回回，风雨中有许多人奔走。天亮时，人们发现李冰祠中旗帜全都湿透。这一年洪水虽大，却未成灾。此传说与《录异记》甚似。当时神化李冰的活动，甚至导致一些官员真的以为只要有李冰神佑，便

万事大吉。宋祁《景文集》卷五十九中收有《故光禄卿叶府君墓志铭》，其中说道："授永康军青城令，时大皂江灗澍溢涌，邑守百丈堰，没不盈版，皆拊手相视，君谒李冰祠，盛服立雨中，邀神为助，有顷少霁，水波为郄。"遇到洪水，到李冰庙里祭拜就行了。

唐宋时期神化李冰的活动导致各地纷纷附会。《舆地纪胜》卷一四七："汉源县有离堆、蜀守李冰所凿。"《蜀中名胜记》卷五彭县条，引宋欧阳修《集古录》说："秦李冰为蜀守，凿山导江，以去水患，其神怒，化为牛，出没波上，君操刀入水杀之，因刻石以为五犀，立之水旁，与江誓曰：后世浅无至足，深无至肩。谓之'誓水碑'，立在彭县。"《集古录》专收历代石刻跋尾，此说当出于唐宋碑刻。附会争名之风，在很大程度上烘托了神化李冰的气氛，也是造成神化李冰活动经久不衰的原因之一。

明代什邡出土宋熙宁《大安王碑记》记有李冰升仙的故事：李冰骑马巡视水道，到了广汉，溯江而上，所以那里留有"马沿河"的地名。后来到了什邡后城山，遇见一个羽衣人，对李冰说："你为老百姓做的事功德无量，天帝已经把你列为天神，现在命我来迎接你。"他一把抓住李冰，飞升上天而去。因此，直到现在，什邡西岭后城治还有礼斗峰、升仙台等地名。20世纪80年代，什邡文史办人士考察了洛水乡朱家桥村境内的太蓬山，找到了山上的石庙，就是古后城治的寺庙，右侧大坪的岩石上刻有"使承仙造供养"等字，西山高峰有高台，南向的峰头上刻有"礼斗峰"三字。大坪右侧岩上刻有凹印，乡人称为"一把斗，五斗银"，此外还发现了大安王庙。20世纪90年代，什邡在此地修建了李冰陵墓。

第三节　对李冰的历代加封

根据一鳞半爪的文献线索，早在秦始皇时期就立祠祭祀李冰。清彭遵泗《蜀故》说，李冰在汉代封为"昭应公"。唐玄宗到四川避难时，追封李冰为"左丞"。王来通《灌江定考》说唐太宗封李冰为"神勇大将军"，玄宗追封"司空相国""赤城王"。张澍《蜀典》称广明二年（公元987年）封李冰为"济顺王"。这些说法因无更多文献依据，可靠性存疑。

李冰的第一次确切封王，应在五代时期。前、后蜀皆为外来统治者，在政治上需要蜀人的支持，在经济上对都江堰灌区高度依赖，神化李冰成为其一个重要的统治手段，目的之一是借此显示帝权。按我国古代礼制，"帝"高于"王"，"王"高于"侯"；"帝"有权封"王"，"王"只能封"侯"。前、后蜀称帝后，先后封李冰为"王"，既迎合了蜀人崇敬李冰的民情，又借此彰显自己的"帝"位。这一时期，李冰屡屡"显圣"也就变得"合理"起来，为蜀地割据王朝加封李冰提供了依据。天祐七年（前蜀武成三年，公元910年）所谓岷江大水而"京不加溢"后，前蜀朝廷封李冰为"大安王"，这是李冰第一次被加封为王的记载。广政十五年（公元952年），在所谓后蜀宫廷教坊俳优冒犯李冰神灵，导致"岷江大涨""大水漂城""溺数千家"，后蜀朝廷派宰相等往青羊观祈祷、遣使往灌县下诏罪己，封李冰为"应圣灵感王"。

北宋时期高度重视都江堰工程的管理、维修。北宋初期，蜀中爆发王小波、李顺起义，起义的中心正在成都平原，起义之初还曾利用了二郎神来号召、组织百姓。北宋王朝镇压起义后，便

屡封李冰、二郎，既有彰显皇权之意，同时也是为了利用李冰、二郎的神威来加强对西蜀的思想控制，故宋王朝正式册封李冰也成当然之事。北宋时期，蜀中著述繁多，屡有涉及都江堰和李冰者。这一时期，祭祀李冰的活动空前正规化、大规模化。《文献通考》卷九十说："开宝七年，诏改封李冰号为广济王，岁一祀。"高承《事物纪原》说："广济王在永康军导江县李冰庙也。"

《宋史》卷一百五《吉礼八》说，徽宗大观中（公元1107—1110年）秘书监何志同言："诸州祠庙，多有封爵未正之处，……李冰庙已封广济王，近乃封灵应公，如此之类，皆未有祀典，致前后差误，宜加稽考，取一高爵为定，悉改正之。"按宋代礼制，册封诸神序列为初封侯，升一级封公，再升一级便封王，故何志同认为李冰的封号前王后公，不符礼制。南宋陆游曾作《伏龙祠观孙太古画英惠王像》，证明宋代还曾册封李冰为"英惠王"。宋朝朝廷发了旨意，地方政府更力倡办祭祀李冰、二郎的活动，一时空前热闹。灌口附近，还出现了以李冰封号"广济"命名的乡。

元代对都江堰较为重视，除坚持每年岁修外，还曾多次大修，《元史》卷三十五《文宗本纪》载："至顺元年，加封秦蜀郡太守李冰为圣德广裕英惠王。"元代这次加封，实际上是承认过去有关李冰的封号和祭祀等活动。明代时期，西蜀人口、农业等较元代有了较大发展，对都江堰大修、岁修和灌区河渠建设也非常重视，明代新建的主祭李冰祠庙，超过了以前历代所建李冰祠庙的总和，但五代以降，历代王朝于李冰、二郎皆有褒封，唯明代例外。

明末清初，四川屡经战乱，人口锐减，水利失修，堤崩渠壅，一片荒凉。成都平原的引水咽喉离堆、宝瓶口复没于榛莽之中，其他可想而知。从康熙四十年，成都平原人口逐增，水利建设日趋恢复，李冰、二郎随之被官府重视起来，清朝是官封李冰次数最多的一个朝代。康熙四十八年（公元1709年），由官府出面组织，官绅军民俱备牲肥礼洁，诣灌县二王庙设祭、献戏，热闹了好几天。（《增修灌县志·学校志》）这以后，岁祭活动又开展起来。雍正五年（公元1727年），四川巡抚宪德上表说："都江堰口庙祀李二郎，有功蜀地，请加封号。"竟全然不提李冰。所幸朝廷将此表交礼部讨论，礼部根据《史记》《汉书》记载，参照《灌县志》载有关二郎的传说，驳斥了宪德的奏表，雍正皇帝颁谕，册封李冰为敷泽兴济通祐王，封李二郎为承绩广惠显英王。当时，官府、民间的许多庙祭，二郎之盛已超李冰。这次经礼部稽史考议，给李冰父子一同封号，在四川影响很大，基本树立起以李冰为主的水神崇拜和祭祀仪轨，且这次下诏，改宋代一年一祭为一年春秋两祭，李冰声望得以恢复，影响至今。乾隆十五年（公元1750年），弘历帝颁赐御书匾曰"绩垂保障"（《高宗纯皇帝实录》卷三百六十一），以赞扬李冰修都江堰的功绩。光绪三年（公元1877年），四川总督丁宝桢奏请朝廷加封"显惠"；光绪四年，由四川省府奏请加封"襄护"，由此诞生李冰的最后一个王号"襄护显惠敷泽兴济通祐三"，长达11字之多。

第四节　二郎的演化过程

一、赵昱的传说与二郎的起源

赵昱赵二郎，是宋明时期都江堰水神传说和水神崇拜的重要

内容，亦为二郎神的原型之一。

　　赵昱是一个后起的传说人物，是道教对李冰采取分功绩、挤庙食而新造的神灵。到清代，个别地区甚至以赵昱代李冰。赵昱的故事，最早见于宋人伪托唐柳宗元《龙城录》卷下《赵昱斩蛟》条：

　　赵昱，字仲明，与兄冕俱隐青城山。从事道士李珏。隋末炀帝知其贤，征召，不起，督让益州太守臧剩强起。昱至京师，炀帝縻以上爵，不就，独乞为蜀太守。帝从之，拜嘉州太守。时犍为潭中有老蛟，为害日久。截没舟船，蜀江人患之。昱莅政五月，有小吏告昱，会使人往青城山置药，渡江溺使者，没舟航七百艘。昱大怒，率甲士千人，及州属男子万人，夹江岸鼓噪，声振天地。昱乃持刀，没水。顷，江水尽赤，石崖半崩，吼声如雷。昱左手执蛟首，右手持刀，奋波而出。州人顶戴，事为神明。隋末大乱，潜以隐去，不知所终。时嘉陵涨溢，水势汹然。蜀人思昱，顷之见昱，青雾中骑白马，从数猎者，见于波面，扬鞭而过。州人争呼之，遂吞怒。眉山太守荐章，太宗文皇帝赐封神勇大将军，庙食灌江口。岁时民疾病，祷之无不应。上皇幸蜀，加封赤城王，又封显应侯。昱斩蛟时，年二十六。珏，传仙去，亦封佑应保慈先生。

　　《龙城录》一书不见于《唐书·艺文志》。南宋朱熹在《朱子语录》中指出："柳文后《龙城录》杂记，王铚性之所为也。"宋人何薳《春渚纪闻》、张邦基《墨庄漫录》、明人杨升庵的《升庵集》卷七十二皆认为《龙城录》为宋人伪作。《龙城录》载太宗封赵昱为神勇大将军，上皇（玄宗）封赤城王，查新旧《唐书》、《资治通鉴》、《文献通考》等，皆不载此事，应属附会耳，以后又被《灌江定稿》附会到了李冰身上。

赵昱有"二郎"之称。南宋洪迈《夷坚志》载：

> 建炎四年张魏公在蜀。方秦中失利，密有根本之忧，阴祷于阆州灵显庙，梦神言曰："吾昔膺受王爵，下应世缘，故吉凶成败，职皆主掌。自大观后，蒙改真人之封，名虽清崇，而退处散地，其于人间万事，未常过而问焉。血食至今，吾方自愧。国家大计，何庸可知。"张公寤而叹异，立请于朝，复旧封爵，且具礼祭告。自是灵响如初。俗谓二郎是也。

《夷坚志》记载赵昱在北宋时已有"二郎"之称。四川广元县南五里有"二郎关"，相传"昔赵二郎昱者屯兵于此，因名"。

赵昱"庙食灌江口"，但他毕竟是晚起的神话人物，其治水活动又在嘉州犍为，虽可分李冰庙食，却不能取代李冰。于是，"赵二郎"传说渐渐丰富，其治水范围也从嘉州扩大到都江堰，到元、明、清初，二郎的形象基本上压过李冰。赵昱的故事到后来还收入《三教源流搜神大全》（撰人不详，元代已有刻本），说赵昱斩蛟时有七人辅佐，又说："清源妙道真君，姓赵名昱，从道士李珏隐青城山……（《三教三源流搜神大全》）宋真宗时，张咏镇蜀。蜀乱，咏祷之，获助，平蜀。事闻，封川王清源妙道真君。"（《明文海》）

《三教源流搜神大全》本是专收儒、释、道三教圣贤及世奉众神的故事、画像的专书。赵昱"从道士李珏"，一个"从"字，清楚地说明道教借此抬高自身的意图。赵昱新添了七人辅佐，与宋元时期的李二郎（或杨二郎）的形象一致化，他们同样有"七圣"辅佐，同样"乘白马，引数人，鹰犬弹弓"而猎。赵昱与二郎的关系，

应该是你中有我、我中有你，共同演进。

赵昱的传说，到清代变化更多。清陈怀仁《川主三神合传》载赵昱事迹说：

赵公讳昱，峨眉人也。父自宏，精医，广施方药活人。公生之夕，母梦神捧日立身旁，因名曰昱。长而才兼文武，年十六举孝廉。好道，从事李珏习法青城山，受水遁、剑术于林澹。性倜傥，善猎。收七人者为用，并携一神犬，色纯白，骏爽通灵。每纵马高原密箐间，七人前导，吠犬驰逐，靡不如意。公外寄游骋，而隐德内充。文安侯牛宏，大雅君子矣，识其贤，表鉴于炀帝。大业六年，犍为冷、源二河，老蛟恣害。帝辟公守嘉州。公至，设械舟，拣壮士，率甲士千人，夹江鼓噪。已持剑披发入水，七人及犬随入。与蛟连战一昼夜。石崖崩裂，潭吼如雷，二水尽赤，公手提蛟头，奋波而出，州人大惊。自是嘉民获免蛟害。公在官数载，多惠政，以世乱弃职，隐赵公山。嘉陵江涨，运饷者瞥见青雾中公乘白马，引白犬，从数猎者过波面，水寻退。蜀民德之，亦于灌口立祠奉祀。盖缘习公貌与崇德庙二郎像，俨然相肖，故喧传公为李二郎再世，合奉公为灌口二郎神也。唐贞观十年，有司具奏，太宗封神勇大将军，遣使致祭；天宝十五年明皇幸蜀，加封赤城王。宋真宗咸平六年，复以张咏知益州。刘旴、王均之乱，公屡助咏破贼。事平，奏闻真宗，封川主清源妙道真君。明末流贼屠两川，遣一支取遵义，由綦江进攻，神和桐娄山关现形，遏其凶锋，贼退走。清康熙中吴三桂伪将马三宝，拥兵入遵义，将大加杀戮，一夕行城上，突逢南面露齿神，扬刀怒喝，欲斫之。宝惧伏、汗流。倏不见。述壮词，左右以高崖山神常显圣对诘。朝具牲仪，上山祭。肖入庙，怵然骇曰："昨夜喝我，正此神也。"已而，指白犬曰："神受祭礼也，人可祭犬乎？"令移于侧，拜祭而还。夜梦犬来嚅嚅吃其足。平日足疾复发，痛倍不可忍。乃买田助神犬香火，至庙悔罪，痛遽已。乾隆三年夏，亢阳为厉，郡守苏公霖泓，竭诚祷于山，焚牒后阴云密布，雨倾盆下，竟夜乃止。其他诸轶事不备书。

比起宋、元传说来，现在赵昱又有了明确的籍贯——峨眉。峨眉山自古多仙神传说，把赵昱出生地摆在这里，愈发让人相信。他还有了父亲，并有确切姓名，叫赵自宏。正因其父"广施方药活人"，积下了大德，才造化了赵昱。赵昱的出身也附会神兆。赵昱自幼好道，又由峨眉到青城，活动于蜀中两大仙山。为了使他入水斩蛟之事更可信，又说他曾向道仙学习水遁、剑术。斩蛟过程已见于宋人传说。其"收七人者为用，并携一神犬"，已与二郎神杨戬无别。此后，他被祭于灌口，人以为即二郎。赵昱的封号，这时又有"川主清源妙道真君"。宋明后，赵昱越来越奇，本领越来越大。明代甚至成为戏神，近代四川芦山县傩戏（庆坛）供奉的头坛祖师便是"擎天顶地灵音广法天尊赵侯祖师"，即赵昱。到明末清初，他又屡次在遵义显圣。到乾隆时期，赵昱甚至可以主管上天下雨了。

二、李冰之子与二郎

唐以前的文献中，皆未谈到李冰有儿子之事。《水经注》在引《风俗通》谈到李冰杀死江神后，说"蜀人慕其气决，凡状健者，

341

因名冰儿也"。

五代后蜀给李冰加封号，北宋初期开宝七年（公元974年）给李冰加封号，皆未提到李二郎。李冰之子的出现，已是北宋以后。《吴船录》卷上："怀古对崖有道观，曰伏龙，相传李太守锁孽龙于离堆之下，观有孙太古画李氏父子像。"孙知微，字太古，北宋彭山人，善书画。他在伏龙观画这幅画应在景德年间（公元1004—1007年）冯伉重修伏龙观之后。高承《事物纪原》卷七说，元丰时"国城^①之西，民立灌口二郎神祠，云神永康军导江县广济王子，王即秦李冰也"。可见在北宋真宗至哲宗之前，不仅确定了李冰与二郎的父子关系，且这种认识在全国已有相当影响，甚至在首都为其立庙。

北宋时曾任过青城县令、蜀州知州及成都知府的赵抃在《古今集记》中说："李冰使其子二郎作三石人以镇湔江，五石犀以厌水怪。凿离堆山以避沫水之害，穿三十六江灌溉川西南十数州县稻田。"其后，张商英在《元祐初建王郎庙记》亦说："李冰去水患，庙食于蜀之离堆，而其子二郎以灵化显圣。"但对这类说法，早有人表示怀疑。南宋朱熹曾一针见血地指出："蜀中灌口二郎庙，当初是李冰因开离堆有功立庙。今来现许多灵怪，乃是他第二儿子出来。初间封为王，后来徽宗好道，谓他是什么真君，遂改封为真君。"但这丝毫不能阻止神化二郎的步伐。

南宋词人杨无咎的《逃禅祠》中，有一首谈到二郎神。词曰：

炎光欲射，更几日薰风吹雨。共说是天公，亦嘉神贶，特作澄清海宇。灌口擒龙，离堆平水，休问功超前古。当中兴护

---

① "国城"即都城汴梁。

我边陲，重使四方安堵。新府祠庭，占得山川佳处；看晓汲双泉，晚除百病，奔走千门万户。岁岁生朝，勤勤称颂。可但民无灾苦，□□□愿得地久天长，协佐皇都。（《词律》）

这里已夺李冰"灌口擒龙，离堆平水"之功予二郎了。

唐宋时期李冰与二郎神的不同传说相互影响，似乎还经历过一些斗争。上引《朱子语类》和《夷坚志》都曾谈到二郎托梦张魏公，表示他不愿受"真君"之封，希望能恢复王号，或许反映出部分人希望二郎能摆脱道家影响的历史背景。从宋迄清，李冰与二郎的父子关系一直处在不断的否定、肯定的矛盾中，治水业绩也处在不断的争夺转换中，这些都是社会背景的反映。明范时俊在《重修灌口二郎神祠碑》中说："秦蜀守李冰凿离堆，然后沃野千里，号称陆海，考厥成功，实其子二郎以神力佐之也。"这里也只说二郎相"佐"。明高韶《都江堰铁牛记碑》说："灌有都江堰，自奏蜀守李公冰命其子二郎凿离堆山创筑之，以障二江之水。受作三石人、五石犀以镇江水，以压水怪，以灌溉川西南数十州邑之田。"这里已全变成了二郎的功劳。民国二十年《富顺县志》卷四载荣天戈《大觉寺川主辨》说："二郎佐冰，著六言以治堰，铭二语以誓水，沉石犀五，石人三以压水怪、镇江流。"这是除《史记》载李冰凿离堆、穿二江外，把建都江堰的其他功劳悉归二郎。民国十三年续修《江津县志》卷四之二《新川主庙》载彭维铭记说："秦蜀守李冰使其子二郎除水怪，凿离堆，穿内外二江，灌溉十四州县田亩，沃野千里，号称陆海。《益州记》曰都江堰有三石人，五石犀以压水，与神誓曰'涸不至足，涨不及肩'，所遗'深淘滩，低作堰'六字，垂为万世法，相传皆二

郎力也。"这里，把李冰所有的功绩统统加之于二郎。综观从唐代至清代初期的传说资料，总趋势是二郎治水的业绩愈传越大，不断拔高，到元明时期已基本压倒李冰。明代虽无褒封，但祭祀二郎的庙宇却普遍兴建起来。明代兴建的"川主庙"在祭李冰的同时，几乎都祭二郎。明代兴建的主祭二郎的寺庙也不少。民国续修《江津县志》卷四之二《新川主庙》将李冰与李二郎的功绩进行了平衡："今诸州邑乡里所塑像庙祀者，悉是二郎君，而未及李公，意其时持筹、擘画、召役、趋工，主其事者，李公也，陟巇降原，经营劳瘁，成其烈者，二郎君也，史册记父之绩，与情戴子之功，两无负焉。"

因此，二郎的演变来源多样，姓氏不一，其过程夹杂着道教臆造、民间传说和官方封号，纷繁复杂，难以厘清。于是世界灌溉工程遗产夹江县东风堰的二郎庙中便供奉李二郎（李冰之子）、杨二郎（杨戬）、赵二郎（赵昱）的塑像，民众为免拜谢不到位而遭某个"二郎"怪罪，于是让三位"二郎"同享血食，一起叩拜，也是一大奇景。

第五节　对二郎的加封

二郎的民间演化虽然从隋代就已经开始，但国家对其的正式册封还是五代之事。五代孟蜀封赐二郎神为"护国灵应王"，被蜀政权奉作护国神。由于宋朝赵氏皇家对道教的推崇，二郎作为道教神灵屡获加封。宋《事物纪原》卷七"灵惠侯"载："元丰时，国城之西，民立灌口二郎神祠，云神永康导江县广济王子。王即秦李冰也。《会要》所谓冰次子，郎君神也。"《宋会要·礼二十·郎君神祠》："永康崇德庙广祐英惠王次子。仁宗嘉祐八年八月，诏：永隶军广济王庙郎君神特封灵惠侯，差官祭告。神即李冰次子，川人号护国灵应王。"

宋朝二郎神亦有护国战神的职能。在宋军西征之时，灌口二郎因"出云雨"而致大雪，"遂殄丑夷，实紧神威"，宋廷以为神佑。后二郎神又"复济阴兵"，屡立德功，勤王助顺，"雷霆声震于敌城"，"肃静疆陲"，故而于北宋中期屡获擢升，北宋诏令文书汇编《宋大诏令集》中便记录了宋廷对他的历次褒封：

《宋朝大诏令集·灵惠应感公惠灵显王制》："灵惠应感公，惟神迈迹右蜀，克载典祀。飙驭赴感，蒙福京畿。至灵克昭，有祈必应。梦协朕志，袭于嘉祥。王师西征，叛羌负固。能出云南，遂殄丑夷。实紧神威，默相予武。夫有功不显，既应庙食之隆；而昭报尤疾，宜恢王爵之奉。歆是褒宠，永孚灵休。可特封昭惠灵显王。"

徽宗时好道，于政和七年诏修"神保观"专为供奉二郎神，又于政和八年改封为昭惠显灵真人，出现了《宋大诏令集·昭惠显灵王封真人赐中书门下诏》描述的下列景象，备述灌口二郎神之神威：

门下：天下有道，聿多助顺之休；圣人成能，斯极感神之妙。昭惠显灵王，英明凤降，变化无方。治水救民，本上穹之所命；纪功载德，有往牒之具存。肇自祖宗，间兴师旅。能施云雨，复济阴兵。致殄羌戎，备昭灵迹。比濯征于夏寇，乃克相于天威。雷霆声震于敌城，人物飙驰于空际。荡平巢穴，肃静疆陲。

翘兹京邑之繁，尤被福禧之广。册封王爵，血食庙廷，尚仍祀典之常，昌侈天真之贶。宜更显号，以示钦崇。可改封昭惠显灵真人。故兹诏示，想宜知悉。

南渡后的宋廷为应对战争，稳定民心，于高宗绍兴元年复旧封灌口二郎王爵，绍兴七年（公元 1137 年）又进封二郎为"昭惠灵显威济王"。苏洵《谥法》卷二关于"威"的追封有三种解释："赏劝刑怒曰威。以刑服远曰威。强毅刚正曰威。"无不昭显其神勇威武刚正的战神一面，希望二郎的神力可以助宋军应对战事。高宗绍兴二十七年（公元 1157 年），二郎被封为"英烈昭惠灵显威济王"，封爵至八字王，置监庙官，祭祀礼隆重。苏洵《谥法》卷二对"烈"的定义为"安民有功曰烈，秉德遵业为烈"。依然强调二郎安民保民的神威。二郎神和军事关系亲密，军防重地多建二郎庙。如长城关口有三座，分别为长城密云二郎庙、长城大境门二郎庙、长城山海关首山二郎庙。明朝初，二郎神信仰还随军屯传播到西北边境。

另有记载二郎神因助张咏平定蜀乱，被追尊为"清源妙道真君"。元《新编连相搜神广记》"清源妙道真君"条："宋真宗朝，益州大乱，帝遣张乖崖入蜀治之。公诣祠下，求助于神，果克之，奏请于朝，追封尊圣号曰'清源妙道真君'。"

《元史》卷三十五《文宗本纪》载，加封李冰后，"其子二郎神为英烈昭惠灵显仁祐王"，封号比其父还多一字。直到雍正时的册封扭转为父前子后，明定位分，封李二郎为"承绩广惠显英王"，此后两次加封"普泽""昭福"四字，清末封号为"昭福普泽承绩广惠显英王"。

第二十三章　水神祭祀与民俗节庆

第一节　庙观——都江堰水神祭祀的重要场所

一、二王庙与李冰、二郎祭祀

秦始皇时即建祠纪念李冰。1974 年外江出土的李冰石像，底部有 18 厘米方孔，为用榫头固定石像所需，因此极有可能汉时已有李冰专祠，石像置祠中供瞻仰敬奉。晋代成都城西南有石犀庙，其中有李冰神像（宋陆游《老学庵笔记》）。南北朝时，齐益州刺史刘季连将建在都江堰首的望帝祠迁至郫县，在原址改建崇德庙，专祀李冰，其地即今之二王庙。

唐李德裕镇蜀时（公元 830—832 年），重建崇德庙，并命段全暐为撰《崇德庙记》，该碑立于庙前。杜光庭《录异记》等志怪类书籍都录有李冰在渠首祠庙内显圣，平治水患之说。北宋曾敏行《独醒杂志》卷五："有方外士为言，蜀道永康军城外崇德庙乃祠李太守父子也。……祠祭甚盛，每岁用羊至四万余。"宋洪迈撰《夷坚志》丁卷六《永康太守》条说："永康军崇德庙乃灌口神祠，爵封至八字王，置监庙官，视五岳。"《蜀中广记》卷六说："犍尾堰索桥有李冰祠，按即崇德庙也，宋扈仲荣仕为监永康军崇德庙，即此。"

明代嘉靖十二年（公元 1533 年），由蜀府拨款，大修灌县崇德庙。崇德庙的规模扩大为正殿五间，寝殿三间，群祀堂十二间，左右廊二十八间，碑亭二，祠后有台，祠前左右有坊。雍正九年至乾隆三年（公元1731—1738年），全真龙门派道士王来通重修前后大殿、娘娘大殿、戏楼、牌坊、两廊等。经过王来通及其后共五任住持的扩修，建筑面积达6050平方米，占地面积10200平方米。建有主殿三重：二王大殿、老王殿、老君殿，配殿十六重：青龙白虎殿、玉皇殿、娘娘殿、祈嗣宫、丁公祠、飞乌楼（圣母殿）、日月殿、魁星阁、龙神殿等，另有三重乐楼，规模极宏，布局甚谨。此后二王庙虽屡经增减，但这一建筑规模基本延续至今。光绪十一年（公元1885年），四川总督丁宝桢颁令禁止砍伐二王庙山林，刻碑立于庙前。

清以前的二王庙内李冰与二郎的神位顺序已难考证。清时二王庙大殿称为"二王殿"，供奉二郎；后殿称为"老王殿"，供奉李冰。1974年，在大殿塑李冰像，二殿塑李二郎像。恢复道教管理二王庙后，1995年道众按照"文革"前照片重塑李冰夫妇神像，在二殿内供奉；重塑二郎神像，在大殿供奉。

二、伏龙观

伏龙观始建于何时已不可考。李冰治水时降服孽龙的传说最早见于《蜀梼杌》所说广政十五年（公元952年）。北宋曾敏行《独醒杂志》说李冰治水时，"有龙为孽，太守捕之，锁孽龙"。北宋开宝五年（公元972年），相传李冰再一次夜战江神，致使洪水泛滥时成都无虞，此时离堆已建有"李公祠"，为离堆伏龙观的前身。这次大水之后，宋太祖赵匡胤当即下诏，令在灌口修庙祭祀李冰。南宋马端临《文献通考》卷九十《郊社考》说："广济王庙，秦蜀守李冰祠也。……开宝五年诏修庙。"这一次修庙包括培修崇德庑，同时也培修李公祠并改名为伏龙观。冯伉于北宋景德年间（公元 1004—1007 年）任永康军事，其间他认为离堆上的伏龙观低洼狭小，于是将其迁建，并作《移建离堆山伏龙观铭并序》碑一通。新迁伏龙观主要建筑布置在一条中轴线上，"东临江口之关，故灵基立其左，崇功之义也。西瞻宝室之穴，故仙亭峙其右。思玄之旨七。正居太上之殿，中筑朝真之坛"（《全蜀艺文志》），中有"太上之殿""朝真之坛"，可见已是道观性质。北宋范成大、陆游都曾在此李冰神像或画像。陆游作《离堆伏龙祠观孙太古画英惠王像》诗一首，诗中言自己对李冰画像行九叩首大礼，心虔以至夜梦"神君"李冰。

明清时祠恢复为"伏龙观"，逐渐演变成为民间祈雨的场所，据称灵验。清嘉庆四年（公元 1799 年）"堰水缩。逮三月秒，尚不及四画。乡民悬耒蹙额，奔集会垣，环舆相告曰：十日水不至，田且石矣。"（《民国灌县志》）为了安抚民情，水利同知与灌县县令俱到伏龙观"匍匐往祷，为民请命。祷之明日，水汩汩至矣。未及一旬，江流涌集，水则已至十画有余，……称庆"（民国《灌县志》）。同治五年（公元 1866 年）四月，成都平原久旱无雨，城内求雨无应。建昌观察使黄云鹄"单骑驰请，斋宿观中累日，临崖盼雨"，并题"川西第一奇功"。同年，四川巡抚崇实以为："子虽齐圣，不先父食。况以公之贤：又有功于蜀，其施力遑能固无待乎其子。今乃数典忘祖，子掩其父，得毋綦欤！"委成绵龙茂道钟竣就伏龙观原山门基址起建通佑王专祠，以二郎配享后殿，与二王庙的二郎在前殿、李冰夫妇居后殿恰恰相反。因此，民间又称伏龙观老王庙、大王庙，以与二王庙区别。

今伏龙观基本保持钟竣所建规模，前殿陈列着 1974 年出土的李冰石像，后殿已不见二郎神像，用作其他展览。

三、李冰与川主庙

蜀地称之为"川"，始于唐代。秦汉至南北朝期间，蜀地并无"川"名。唐代宗大历元年（公元 766 年），巴蜀地区分为剑南东川、剑南西川两道，再加上山南西道（大部分地区在今四川境内），简称为"三川"。

由于李冰创建的都江堰对成都平原几有再造之功，因此李冰被后世尊为"川主"，受到蜀地民众的景仰和崇拜。这种崇拜随着李冰的逐渐神化和历代朝廷的累次加封而不断强化，并嵌刻进了四川人民的集体记忆之中。在明、清等多次大规模移民入川的大背景下，共同的川主信仰为不同地域、不同族群人民的交流融合和整治统一消除文化障碍，并被广泛接受，成为四川人民的身份认同。

宋代及其以前的李冰祠庙皆不称"川主庙"，五代以降，历代王朝给李冰的封号也无"川主"之封。李冰被民间称为"川主"，约始于元、明时期。明代陈鎏《铁牛记》："冰姓李，仕秦有功于蜀，民德之，所在血食，号曰川主。"（民国《灌县志》）在乐山地区，最迟在明代就已为李冰建了川主庙。明《嘉定州志》载："川主庙，城北一里。正统十年知州冯志学建。祀秦守李冰、子二郎。"公元 1801 年，牛华溪盐场大使顾玉栋在《重修牛华溪川主庙记》中说："或谓庙祀者为秦李太守冰，或以为灌口二郎神即李太守之子。盖以神诞于隋，肇封于唐，始亦庙食灌口，故混而一之耳。考神于唐始封神勇大将军，继封赤城王。宋初定乱，从张咏之请，改封川主清源妙道真君，川主之称于是昉。"这段记述认为"川主李冰"的称谓来源为宋代封号。罗开玉《中国科学·神话·宗教的协合—以李冰为中心》[1]对明代新建的21处李冰祠庙作过统计，除金堂称金川寺、简阳称连珠寺、名山称回龙寺、江津称昊天观外，其余17处皆称"川主庙"。

到清代，绝大多数祭祀李冰的祠庙皆称"川主庙"。一说雍正皇帝册封李冰、二郎的诏书中，要求四川各县都要建川主庙。这或许可以解释为何清朝川主庙遍及四川。罗开玉查阅四川部分地方志，清代和民国新建的李冰祠庙统计有180处，其中172处均称川主庙或川主宫，只有华阳县称通佑王庙，新津县称二王庙，灌县有上、下李王庙，江津称清源宫，犍为称泉水庙，无一不是奉祀李冰父子。实际上，四川各地建成的川主庙在500座以上。由此可知，李冰父子二人在明清时已成为民间崇拜的川主，各地川主庙皆有祭典，平时亦香火不断。迄今在什邡仍有祭祀李冰的大王庙。

随着四川人口的不断增多和逐渐向四川边远地区以至云、贵两省迁徙，川主信仰和川主庙范围扩大到西南三省。岷江上游松潘县建有川主寺，仅贵州遵义就建有川主庙6座。

第二节　祭典与节庆

一、李冰祭祀与放水节

都江堰渠首每年冬季岁修后，于清明前后举行隆重仪式，拆

---

①罗开玉：《中国科学、神话、宗教的协合—以李冰为中心》，巴蜀书社，1989年。

除拦河枸槎，放水入灌渠，这个仪式叫做"开水节""放水节""祀水节"等，是都江堰渠首一年一度的大型水利庆典活动。至迟至唐宋时期，已有开水节活动。

宋太祖开宝七年（公元974年）改封李冰"广济王"，定为每年祭招一次。《太平广记》（成书于公元978年）卷二百九十一引《成都记》说都江堰渠首，李冰入水戮蛟后，"故春冬设有斗牛之戏，未必不由此也"。因李冰有化牛斗杀江神的传说，春冬设斗牛之戏纪念，而春季的斗牛之戏，当是在放水节上的表演节目。宋代中期改为春秋二祭。宋代的祭招活动，规模宏大。范成大《离堆行》中有"刲羊五万大作社，春秋伐鼓苍烟根"的诗句。《独醒杂志》中说："永康军崇德庙招李冰父子……每岁用羊至四万余。凡买羊以祭，偶产羔者亦不敢留。"

洪武九年（公元1376年），彭县知府胡子祺大修都江堰后，便遵旧制举行了"放水"仪式，"公私皆喜"。明《蜀中广记》卷五十一说都江堰："国朝尤慎重焉，冬闭时修，春开时祀，水利道主其事，间行别驾及灌令代。"春开时祀，即在春季开水节时要举行大型祭祀活动，故开水仪式又称"祀水"。

《元史》记载祭祀李冰的规格为：帛一，羊一，豕一，登一，铏一，簠二，簋二，笾四，豆四，尊一，爵三，炉一，镫二。祭典程序是：主祭官公服行二跪六叩礼，奠帛读祝，献爵，送神，望燎，告礼成，退。祝文是："维神世德，兴利除患。作堋穿江，舟行清宴。灌溉三郡，沃野千里。膏腴绵洛，至今称美。盐井浚开，蜀用以饶。石人镇立，蜀害以消。报崇功德，国朝褒封。"

明代祭祀李冰，大体承袭元代旧典。明代蜀中地方首脑一般亲自参加放水节活动，一些京官来到蜀中或路过此地，遇上机会也要参加。明成化庚子年（公元 1480 年），灌县祭祀李冰，巡案四川都察御史马蛟以牲礼委托灌县知县蒙代祭；嘉靖十年（公元 1531 年），钦差巡抚四川等处地方都察院右副都御史侯代、右侍郎张土佩，亦以牲礼致祭于李冰（《增修灌县志·学校志》）。

清乾隆三十五年（公元 1770 年），灌县知县叶书绅《禀捐春秋祭典碑》："每年仲春、仲秋祀龙王，次日祀（李）王父子。牲用少牢，祭列九品。"根据清朝时期的记载，都江堰放水节已经成为官民同乐的盛大庆典，节日内容很丰富。祀水前夕，巡抚、总督及成绵道台等达官贵人陆续坐轿来到灌县，下榻在大官街（现名大观街）的行台衙门内。主祭官则须在开水的前一天，从成都启程后，途中到郫县"望丛祠"祭拜古蜀国治水有功的望帝和丛帝。次日清晨，在水利府同知和灌县知县陪同下，由仪仗队抬着祭品，鼓乐吹打，沿傍山的石级大道走出玉垒关，来到二王庙。先祭二王，后祭堰功祠，再祭杨泗（水神）庙，最后在岸边花棚内祭河伯。各类祭典都规定有严格的礼仪，其中以祭二王的礼仪最为隆重。二王即李冰及二郎。主祭官穿补服蟒袍，行二跪六叩礼，祝文与元时大致相同："维神世德作求，兴利除患。作堋穿江，舟行清晏。灌溉三郡，沃野千里。膏腴绵洛，至今称美。盐井浚开，蜀用以饶。石人镇立，蜀害以消。报崇功德，国朝褒封。兹值春祀，礼宜肃恭。尚飨。"（民国《灌县志》）

二王庙的祭礼完毕后，官员们到堰功祠瞻仰历代修堰有功者的塑像。最后到杨泗庙前江边的彩棚内正式开水。古堰两岸，人群密集，盘山路上，观者几重。主祭官号令一下，"轰、轰、轰"三声礼炮，顿时锣鼓喧天，火炮齐鸣。几个彪悍的堰工纵身跳上内江拦河杩槎，挥动利斧，砍断杩槎盘杠结点的竹索，用大绳系

住"杩脑顶",岸上十余个大汉接过扯杩大绳拉倒几栋杩槎。拦河杩槎解体,碧蓝的江水犹如脱缰野马从决口处涌入内江。堰工们一边吼着开水号子,一边手执竹竿向水头打几下,意为告诉水头:不要打坏良田,不要冲毁桥堰,安流顺轨,为民造福。两岸群众面对滔滔春水,欢欣鼓舞。年轻人拼命沿江疾跑,欢呼雀跃,不断用小石子向流水的最前端掷去,名为"打水脑壳"。老人们则争舀"头水"祀神,祷祝五谷丰登。开水后,主祭官员必须立即坐轿或乘车,飞奔成都,赶在水头前到达。若落在水头之后,当年便有水不够用的危险。有人在堰头放下几只鸭子,下游两岸的年轻人便涉水争抢"水头鸭"。清代曾有《灌阳竹枝词》描述开水盛况:"都江堰水沃西川,人到开时拥岸边。喜看杩槎频拆处,欢声雷动说耕田。"

"放水"并非普通节日,更是灌区农业用水的重要节令,是水利管理部门必须千方百计满足广大用水农户需要的关键时限。所有的岁修、大修、抢修工程,必须在此之前完成,才能不误农时。长期以来,这也被水利管理者视为当然使命。内江灌区如此,外江灌区亦如此。清同治六年(公元1867年),"内江之水滚归外江",灌县奉命抢修,虽工程量极大,经费又严重不足,但仍得设法在"二月二十三日,道宪临县开水"之前完工。至于经费问题,可"嗣于开水之后,细察水脉,禀明县主",另行解决。(清·陈炳魁《上吴制军恳拨捐输呈词》)

清同治十二年(公元1873年)秋,岷江大水,内江水滚外江,坏田约二万亩。灌县、崇庆县"各筹办民工"抢修。两县于次年正月初一日开工,虽经费严重不足,灌县方面主事人陈炳魁甚至不得不写了一篇《募捐河工经费启》,但上司给他的时间仍是"牌限十八日开水，日期孔迫矣"。为完成这一任务，陈炳魁不得不"冒雨连宵，催督备瘁，发钱支米，借垫悉穷，屡欲中止，势又不能"，最后不得不按期开水。

民国时期，习俗相沿，由四川省国民政府和水利厅主要官员主祭李冰。都江堰放水节不仅是地方重大节日、民间集会，也为灌区水利管理和用水各方提供了诉求、妥协和调解的机会，为官堰、民堰管理组织之间、上下游用水户之间提供了沟通的渠道。1936年，都江堰灌区建立堰工讨论会议制度，组织者是四川省建设厅，四川省水利局负责会议的行政事务和召集。都江堰流域堰务管理处、灌区各县水利会代表，以及灌区当时所属的第一行政专署的专员和各县的县长是讨论会的主要成员，有时还有四川省政府财政、司法机构的代表。从1936年第一次堰工会议召开，到1947年，一共召开了12次。完整的堰工会议档案现存于四川省都江堰水利发展中心（原都江堰管理局）。1936年第一次堰工会议的地点在离堆伏龙观，即当时四川省水利局的所在地，后来改在二王庙。除第一次会议外，都江堰堰工讨论会召开的时间都在清明节（即都江堰的开水节）当天或前一天举行，从此讨论会加入了开水节官祭李冰的活动。1936年第一次堰工会议由四川省建设厅厅长卢作孚主持，后来建设厅厅长作为会议主持人成为惯例。

民国二十六年（1937年）十月二十九日，蒋介石在国防最高会议上作《国府迁渝与抗战前途》讲话，明确以四川为抗日大后方，提出迁都重庆，继续抗战。四川成为国家抗日战争的大后方后，"川事为一切问题之根本"。但迁都之前，四川军阀割据，势力交错，通过兴修水利和保障农业生产，可以稳定和团结四川地区百姓，坚定抗日救国的决心，因此国民政府加强检查和促进四川农田水

利工程维护建设显得十分重要。都江堰开水大典这一当地特色传统文化风俗成为民国政府与四川地区的百姓拉近距离的重要媒介，对于稳定四川局面、统一后方人心、支撑抗日局面产生了积极而深远的影响，开水典礼规格也上升到国民政府首脑主持。

1940年，国民政府主席林森曾主持开水典礼，都江堰渠首各主要工程竖立高八尺、宽一丈的工程解说牌，古时二跪六叩礼改为对李冰神像三鞠躬。全体参祭人员齐声朗诵《迎神词》："曾曾小子，胚胞黄农。长被泽流，永赞神功。神之格思，百福所赐。作之述之，为万世利。"随从人员将鲜花捧送主祭官，齐唱《纪念歌》，歌词是："系维我祖溯炎农，禹州稷谷，大国奋为雄。遐迩被泽，敷崇殷中。民福国利，粮食是先锋。大造生产，川人果腹庆丰年，足食足兵齐推重。青城八百里，都江十七县，维王建奇功！"歌毕，献花、献帛、献爵，然后奏乐鸣炮放水。

1945年4月5日，四川省主席张群担任开水大典的主祭官。10时，在其他随行官员及当地官员等陪祭的簇拥下，张群面对李冰的神像宣读祭文："时维中华民国三十四年四月五日，主祭官兼理四川省政府主席张群恭率僚属，谨以少宰醴粢之仪，致祭于敷泽兴济通佑显惠襄护王之位前，告以文曰：惟王绩懋岷江，恩垂锦里。施排决之力，远绍禹功；开耕缛之源，丕承稷业。威灵曾闻誓水，食富遍在烝民。群等仰体先绪，思宏堰工；殚心力以图准，守准绳而勿替。兹逢开堰之际，虔申上祷之忱。伏愿俯鉴舆情，默施灵祐；务使川流顺轨，水不扬波；利溥平畴，年征大有。尚飨！"

1949年冬，中国人民解放军进军川西，12月底，成都解放，成都市军事管制委员会成立，立即着手都江堰抢修事宜。当时虽百废待举，财政困难，仍拨银 5 万元克日督修。1950 年清明，成都市军事管制委员会于渠首筑台张旗，举行新中国成立后的首次开水典礼。川西北临时军政委员会副主任李井泉主持庆典，奏乐鸣炮，剪彩放水。放水时刻，杩槎砍倒，江水即顺宝瓶口奔腾而下。这次开水盛典，英国《泰晤士报》曾作为重要新闻加以报道。

1957 年以后，都江堰放水节仪式停止举行。1990 年，都江堰市为弘扬民族传统文化，决定恢复传统的都江堰开水节，四川省及成都市政府领导参会。1991 年的开水节增加仿古仪式，同时举行清明艺术节和灯会、花会等庆祝活动，有日本、新加坡等国来宾参会。之后，一年一度的都江堰放水节传统一直沿袭至今。

二、李冰与二郎的生日祭祀

在李冰崇拜的热潮中，遂有了李冰生日纪念活动。李冰的生日，早期文献中并无记载，是怎样确定下来的已不得而知。五代以降，新出现二郎后，二郎的生日被认为在农历六月二十四日。六月二十四日，实际是氐羌族及其派生的诸多民族共同的盛大节日。由于李冰的生日难以查实，为方便祭礼，一般将其安排在二郎生日后两天，即六月二十六。但民间普遍以六月六日为李冰生日。六月六日又是民间传说的大禹生日，川西许多民间行会多于此日举行各种集会。

与清明放水节官府主祭李冰不同，六月二十四日无论是作为李冰还是二郎生日祭祀，都是典型的民祭活动。灌区十余县群众都要来参加，每日达数万人；时间长，持续十余天。宋祁《文翁祠堂记》说："冰身与水怪斗，不胜，死。自是江无暴流，蛟蜃怖藏，人恬以生。故侈大房殿，岁击羊、豕、雉、鱼，伐鼓笑篙，

357

倾数十州之人。人得侍祠，奔走鼓舞，以娱悦神。祝已传嘏，而后敢安公之治。"宋代灌县崇德庙李冰、二郎生日的大型祭祀活动，甚至引起全国瞩目。洪迈《夷坚志》丁卷六《永康太守》："永康军崇德庙，乃灌口神祠，爵封至八字王[①]，置监庙官，视五岳。蜀人事之甚谨，每时节献享，及因事有祈者，无论贫富，必宰羊。一岁至烹四万口。一羊过城，则纳税钱五百，率岁终可得二三万缗，为公家无穷利。当神之生日，郡人酝迎尽敬，官僚有位，下逮吏民，无不瞻谒。庆元元年，汉嘉杨光为军守，独不肯出，其人素刚介不信异端。幕府劝其一行，拒不听，而置酒宴客。是夜火作于堂，延烧不可救，军治为之一空。数日后，其家遣仆来言，所居亦有焚如之，厄正与同时。杨始悔惧，知为触神所怒谴，然无及矣。"杨光不愿参加纪念活动，军营和家里同时被火烧，这被作为一件奇事传扬，最后记入《夷坚志》。官祭放水节在清明春耕农忙季节举行，很多人不能前来。二王生日，却正值秋收在望之时，百姓不仅有暇来参加这种兼有报恩、社交、散心（如看戏曲、杂耍等），顺便买卖农副产品的祭祀活动，还希望神灵保佑秋收。每年此日，灌区十余州县的民众自发聚集灌县，市集由此而生，当日数万人涌入二王庙，拜神、看戏，随后下山游街、买卖等。古老相传，当日灌县会下一阵小雨，称为"洗山雨"。

明清时期，百姓不敢直呼神名，统称为"川主生日"。清代姚福均编《铸鼎余闻》记："六月二十四日，谓为清源妙道真君诞。"可见还是将六月二十四日作为二郎生日。雍正帝明确李冰与二郎

---

① 《元史·文宗本纪》记载至顺元年（公元1330年）封李冰为"圣德广裕英惠王"；二郎为"英烈昭惠灵显仁祐王"，比李冰封号还多两字，民间俗称"八字王"。

父前子后的位分后，似乎六月二十四日是李冰生日逐渐被灌区人民接受。

现农历六月二十四日被当地政府作为"李冰旅游文化节"，当日都江堰景区免收门票，引来游人万头攒动。都江堰水利工程的主管单位也会在当日举行缅怀治水先贤李冰的活动。

第三节　传统集会及习俗

20世纪50年代前，都江堰灌区内七十二行，行行有组织，行行有俗信。许多行业都有自己的祭祀神、崇拜神，且多以李冰为主，有专门的固定的祭神地点和祭神时间，有些甚至有很大影响。

一、王爷会

民船业祀奉李冰父子，成立有专门的"王爷会"，每年六月六日，到王爷庙或二郎庙举行祭祀活动。河运业的艰险环境给船工的心理影响极大，对自然物的神灵崇拜心理更甚。清代、民国时期，都江堰渠系建有多座王爷庙，大殿内塑"镇江王爷"神像，头戴金盔，身穿铠甲，背挎风火带，右手执斧，左手捻珠。凡水运客商、船民皆顶礼膜拜。每年农历六月六日王爷生日，即为会期。届时必行祭祀大礼，大宴宾客，酬神唱戏，热闹三天方罢。另外，正月初一祭船三天，供刀头肉，切得四四方方的。杀白鸡公，将红血洒船一周。腊月二十一封船，也要行祭一天。

斗载业祀奉李冰，成立有"王爷会"，每年六月六日到王爷庙举行祭祀活动。

山货业祀奉李冰，成立有"王爷会"，每年六月六日到王爷

庙举行祭祀活动。

二、春会

农历正月，灌区各地农村有自发举办春会的习俗。春会是农村极为普遍的盛会，请戏班子演戏娱神，对文武两瘟神虔诚膜拜，恐获惩罚。

三、牛王会

传说农历二月十二日是牛王菩萨的生辰。灌区内农村多举办牛王会，唱大戏、演木偶、演皮影、耍狮子、舞彩龙、放焰火等。四方还愿的农民纷至沓来，求耕牛健壮，家事兴旺。

四、大游江与小游江

自都江堰创建以来，成都城有二江流过，大大改善了城市水环境，汉代以来就有游赏民俗产生。西汉扬雄《蜀都赋》）称："尔乃其俗，迎春送腊，百金之家，千金之公，干池泄澳，观鱼于江……若其游怠鱼弋……罗车百乘，期会投宿，观者方堤，行船竞逐。"宋费《岁华纪丽谱》云："成都游赏之盛，甲于西（一作"四"）蜀。盖地大物繁，而俗好娱乐。"游赏节日，"及期，则士女栉比，轻裘耗服，扶老携幼，阗道嬉游。或以坐具列于广庭，以待观者，谓之'邀床'，而谓太守为"邀头'。"《宋史·地理志》记载：成都在内的川峡四路，梁州之地，"地狭而腴。民勤耕作，无寸土之旷，岁三四收。其所获多为遨游之费。踏青、药市之集尤盛焉，动至连月。好音乐，少愁苦。"《蜀梼杌》记："村落闻巷之间，弦管歌声，合筵社会，昼夜相接。"唐宋的地方官被民众称为"邀头"，即游赏的带头人。苏轼《次韵刘景文周次元寒食同游西湖》诗注中回忆了成都游俗："成都太守，自正月二日出游，谓之'遨头'，至四月十九日浣花乃止。"宋天圣年间（公元1023—1032年），益州长官薛奎自号"薛春游"。庆历、皇祐年间（公元1049—1054年），益州长官田况还写过《成都遨乐诗》二十一章，以记其实。农历二月二日为踏青节，唐代已有赴郊外游江的风俗。《太平广记》卷三百零三载天宝末年，剑南节度使崔圆"与宾客将校数十百人，具舟楫游于江，都人纵观如堵。是日风色恬和，波流静谧，初宴作乐，宾从肃如，忽闻下流数十里，丝竹竞奏，笑语喧然，风水薄送，如咫尺。须臾渐近，楼船百艘塞江而至，皆以锦绣为帆，金玉饰舟"，"中有朱紫十数人，绮罗妓女凡百许，饮酒奏乐方酣。他舟则列从官武士五六千人，持兵戒严，溯沿中流，良久而过"。此时游江以官府自娱为主。宋景焕《野人闲话》记五代后蜀时，"每春三月、夏四月，有游花院者，游锦浦者，歌乐掀天，珠翠填咽，贵门公子，华轩彩舫游百花潭，穷极奢丽"。陈元靓《岁时广记·游蜀江》引《壶中赞录》："蜀中风俗，旧以二月二日为踏青节，都人士女，络绎游赏，缇幕歌酒，散在四郊。历政郡守，虑有强暴之虞，乃分遣戍兵，于冈阜坡塚之上，立马张旗望之。"至北宋时，太守张咏提倡官民同乐，形成了官民共游的传统。"乃于是日自万里桥，以锦绣器皿结彩舫十数只，与郡僚属分乘之，妓乐数船，歌吹前导，名曰'游江'。于是都人士女，骈于八九里间，纵观如堵，抵宝历寺桥，出谯于寺内。寺前创一蚕市，纵民交易，嬉游乐饮，倍于往岁，薄暮方回。"农历二月二日的游赏路线，从万里桥起，向东南游至宝历寺止，谓之小游江。三月三日，官方在学射山（今凤凰山）练弓箭，

晚上在万岁池（今白莲池）中游船。四月十九日是浣花夫人生日，太守先出笮桥门（成都西南城门）到夫人祠堂烧香，然后沿锦江坐彩船至百花潭，观看群众的水嬉和竞渡，称为"大游江"。《岁华纪丽谱》云："官舫民船，乘流上下。或幕帘水滨，以事游赏，最为出郊之胜。"太守还派专人向游人赠送好酒，或折成零钱散发，体现了官民同乐的风气。《鸡肋篇》记为："太守乘彩舟泛江而下，两岸皆民家绞络水阁，饰以锦绣。每彩舟到，有歌舞者，则钩帘以观，赏以金帛。以大舰载公库酒，应游人之计口给酒，人支一升。至暮，遵陆而归"。六月初伏那天，还有到城南江渎池（今不存）泛舟的游俗，官员们晚上在江渎庙聚宴，也是官民同乐之举。

五、端阳节

唐宋以来形成端阳节（五月初五）举行端午竞渡、要水龙等大型水上娱乐活动的传统，明清仍保留。民国时期，依然保持到九眼桥看锦江上水手驾柳叶船抢鸭子的习俗。

第四节　各种表彰、纪念堰功习俗

2200多年来，都江堰灌区逐步形成了一系列表彰、纪念水利功臣的习俗、方法，激励后人投身于水利建设。

一、以功臣姓名命名堰渠

古代都江堰水文化的一个重要习俗，便是为表彰有重大贡献者，用有关人员的姓名命名堰渠名。如李冰时代，杨摩曾率氐人协助李冰建堰，命名有杨摩江。九里堤在历史上曾命名为诸葛堤、刘公堤等，便是为了纪念对此工程作出重要贡献的诸葛亮、刘熙古。蜀汉时新繁县令卫常率民开湖，当地百姓便称所开的湖为卫湖。北宋绍圣初，王觌以宝文阁直学士知成都府，修复成都城中故溪，百姓称其为"王公渠"。南宋绍兴（公元 1131—1162 年）末年，四川制置使兼知成都府王刚中，疏浚成都万岁池，州人称其为"王公之甘棠"。明天顺年间（公元 1457—1464 年），新都县令肖济在饮马河右岸开渠建堰，解决了 1000 多亩农田的缺水问题，当地百姓将此堰命名为肖公堰。大朗堰、大朗河，便是因清顺治十七年（公元 1660 年）主要由僧人大朗（1615—1685）募建而名。乾隆朝蒲江知县张应曾率乡民在该县筑十堰，灌田数千顷，时人称为"张公堰"。新津县的羊头堰，又名湛恩堰，是当地绅民为感谢嘉庆元年（公元 1796 年）新津知县捐廉移修该堰而取名的。同治六年（公元 1867 年），灌县知县钱璋筑黑石河堤有功，百姓称此堤为"钱公是"。同治年间，灌县知县黄毓奎为抗御岷江洪水，在灌县城西十五里处修筑岷江堤一千余丈，人称"黄公堤"。光绪年间，丁宝桢大修都江堰，将鱼嘴上移，并改用浆砌条石，人称"丁公鱼嘴"。民国年间，大邑安仁刘化堂父子为当地水利作出重要贡献，当地人将该水利工程命名为"刘公堰"。为表彰官兴文建设导江堰的功绩，国民政府四川省政府代理主席张群提议，将导江堰命名为"兴文堰"。

二、庙祀功臣

庙祀功臣为都江堰水文化的重要传统之一。秦汉时期祭祀李冰，首开其先。唐宋时期又祭二郎，至清代建堰功祠后走向系列化。古代西蜀被人民长期作为祭祀对象的，除李冰外，还有文翁。

363

宋祁《文翁祠堂记》："蜀之庙食，千五百年不绝者，秦李公冰、汉文公党两祠。"但过去文翁的祠庙，都是从他"兴学"的角度着眼。清道光十三年（公元1833年），水利同知强望泰曾专上《请为汉蜀郡守文翁建祠禀》，说当时祭祀的水利功臣中，文翁未列祀典，灌邑亦无专祠，打算在东门外太平街择官地一段用作祠基，自愿捐俸修建，又另购田亩，岁收地租，以资香火，于是在灌县建起了文翁祠。诸葛亮、刘熙古曾大修九里堤，后人在堤上为他二人立庙建祠堂。特别值得一提的是，唐武周时期的彭州刺史刘易从，在任期间，"决唐昌沱江，凿川派流，台堋口垠歧水溉九陇、唐昌田。"据《则天顺圣武皇后纪》，此后不久，他被武则天下令杀掉，彭州百姓为感其功德，竟冒着极大的风险为其立祠。从那以后，刘易从一直在彭州、都江堰被庙祀至今。北宋政和元年（公元1111年），华阳知县赵纯佑治理沙坎堰成，百姓自发在堰侧建庙宇，绘赵纯佑塑像，生而祀之。北宋宣和五年至宣和七年（公元1123—1125年），成都知府王复治理成都后溪后，"民绘像立祠刻石"。明新都县令肖济在饮马河右岸建堰，当地百姓在堰口建一座小庙，名肖公庙。南宋绍兴十八年（公元1148年），四川安抚制置使李谬大修通济堰，当地百姓在堰旁为其修祠绘像。清光绪年间，丁宝桢为修建都江堰作出卓越贡献，当地百姓即在二王庙下为其建生祠。但刚塑好丁宝桢的像，丁宝桢即在四川总督任上病逝。宣统二年，成都水利知事钱茂发起建立堰功祠，提出共同祭祀自大禹以下，为都江堰灌区作出较大贡献的31名功臣，上报布政使、省府，又经修改补充，完成了《历代都江堰功小传》一书。后在此书基础上，在二王庙下建起了堰功祠。另外，灌县（今都江堰市）庙宇中还祭祀一些外地的水利功臣，如曾担任汲县令的崔瑗、杨四（一作泗）

等，反映了清代都江堰灌区移民文化的背景，也反映了都江堰水文化的包容性。

三、匾联、牌坊

清雍正时期，四川总督黄廷桂给宁朝玉、卢敬臣等以"功垂带水"匾额示厥奖励。道光五年（公元 1825 年），西河正流淤塞一里左右，下游新津、大邑农田无水灌溉，新津县（今龙马乡）郭之新被推举为堰长，率众修淘，它堰阻扰，发生争执。郭屡告不准，乃拦舆控诉，反以"控词冒渎"，投监三月。郭反复上诉三载，制台衙门派员查实，允准疏淘，水归故道。水户感颂不已。道光十三年（公元 1833 年），彭眉水户赠"功遍西河"匾额；道光二十九年（公元 1849 年），众水户在大邑韩场为之修建牌坊，立纪念碑。碑文云："西河之北坪，新冲一河，水湃别江，西河淤塞里许，而四州县人民，几不堪为命矣。……先生以复开西河为己任，控经三载，拘狱九旬，反复呈诉，疑案始决。"（碑现存新津县观音寺）其里人周元章赠联云："挽白马之横流仍归味水，引石牛之正派复还文江"[①]。碑文和联语清楚地记载着：原白马河分西河水，酿成"水湃别江，西河淤塞"的局面，经反复上诉，允准疏淘后，水量仍归西河。后白马河改引沙沟河水，余水亦复还西河。

四、碑刻

（一）表彰功臣

都江堰灌区流行为对水利建设作出重要贡献的人物树碑立传，

---

① "白马"指白马河，"石牛"指沙沟河，"味水""文江"皆指西河。

表彰功臣，激励后人。宋刘熙古曾对成都九里堤工程作出重要贡献，后人曾在其祠堂刻碑记其功（见何涉《縻枣堰刘公祠堂记》）。北宋政和年间，华阳知县赵纯佑治沙坎堰有功，百姓为其建庙，并作《华阳赵侯祠堂记》记其功。元代李秉彝修都江堰后，"土人刻石颂德"。吉当普大修都江堰后，著名学者揭傒斯即撰《蜀堰碑》，详记其事，以彰其功。明代水利佥事施千祥大修都江堰后，学使陈銎、侍郎高韶先后撰《铁牛记》记其事。明代末年，义军蜂起，战火弥漫。崇祯六年，四川按察使刘之勃在极为艰难的条件下，大修都江堰，陈演撰《御史刘公大修都江堰碑》彰其事。清刘沅《大朗堰记》、王泽霖《新开长同堰暨建祠碑刻》皆为此类碑刻。民国年间，大邑刘氏为修建刘公堰作出贡献，有人在崇庆县公园竖立"四川省主席刘公自干修渠纪念碑"。

（二）记事碑刻

有的碑刻以记事为主。宋·杨甲《縻枣堰记》、席益《淘渠记》、吴师孟《导水记》、李新《后溪记》则记载了当时对成都城内外、河溪疏淘等事及有关人员。魏了翁《蜀州新堰记》、清杭爱《复浚离堆碑记》、朱载震《修建太平堤碑》、彭洵《千金堤记》、李芳《钱公堤记》等皆属此类。

在重大工程完成后，有关人员撰稿立碑记其事，让自己所做事业名垂千古。宋魏了翁《眉州新修蟆颐堰记》、明冯亢《移建离堆山伏龙观铭并序》、卢翊《灌县治水记》、清黄廷桂《重修通济堰碑》、强望泰《两修都江堰工程纪略》、钱茂《跋"永镇蜀眼"碑》等，皆为这类作品。

五、上书朝廷封赠

清代四川地方官员、水利官员多次上书朝廷封赠李冰、二郎等。光绪四年（公元 1878 年），双流知县周兆庆、温江举人李汉南、新津候选知州刘德树联名上呈四川总督丁宝桢，请求朝廷封赠大朗，大朗即被封赠为紫阳真人，后又加封为静惠禅师。

六、歌颂

唐末眉州刺史张琳主持重修远济堰，民被其惠，歌曰："前有章仇后张公，疏决水利粳稻丰，南阳杜诗不可同，何不用之代天工。"

七、众人送行

南宋时期，宗室赵不恳在任成都转运判官期间整顿都江堰的岁修堰务、"绳吏以法"、大修渠首等，深受蜀人爱戴。他调离时，灌区欢送的人群从成都延伸到双流，许多群众挡住道路，"遮道不得行"，不让车马离开。

八、上书要求留任

清同治三年以来，灌县县令胡某在承担本县都江堰维修任务方面较有建树，特别是关于培修三道崖以保护离堆的见识甚为专业。他正率人施工时，上面调其另任，灌县陈炳魁上书吴制军，请求将其留任。（《上吴制军留任胡明府书》）

第二十四章　治水文献

第一节　地理、史志文献

有关都江堰的记载最早见于《史记·河渠志》。《华阳国志》记载了大量李冰治蜀功绩和都江堰的早期史料。北魏《水经注》按岷江流向，沿途记述治水事迹，包括蜀王开明以及张仪、李冰、文翁、诸葛亮、李岩等突出人物，对于都江堰引水渠系的原委更为详明，是一篇系统的古代水道记述。此外，各类地理志以及史书中有关水利志的记述，也有涉及都江堰历史、堰功人物。

明清时期，有关都江堰渠首、渠系、灌区资料保留最多的首推地理、方志方面的书籍。从地理书籍方面看，《明一统志》《大清一统志》为官修大型地理类书，所载有关都江堰灌区资料甚多。明正德、嘉靖、万历，清康熙十二年、雍正十一年、嘉庆二十一年皆有《四川总志》或《四川通志》。康熙朝还修有《四川成都府志》。此外，灌区各县清代、民国皆曾多次修志。这些志书中都记载有都江堰渠首、渠系、灌区的大量资料。

第二节　明清历史档案

《明实录》《清实录》是清代历朝官修史料的汇编，内容涉及政治、经济、文化、军事、外交及自然现象等众多方面。《明实录》

《清实录》中散见大量有关都江堰的历史记载。此外，故宫明清档案部现存的明清历史档案，主要汇集了原清内阁大库档案、清军机处方略馆大库档案、清国史馆及清史馆大库档案、宫中各处档案以及清代宫外各衙门和一些私人所存的档案等六个方面资料，其中也有诸多涉及都江堰的记述、奏章。

第三节　水利艺文

水利艺文包括旧诗、新诗、辞赋、祭文、记、序等。汉代以后，都江堰以及李冰等治水人物，是文人墨客创作的常见题材。大量歌颂大禹、蜀王开明、李冰父子、文翁等治水人物的作品，表明了对岷江治水人物的缅怀和尊崇。与岷江水文化有关的各类散文作品，更是从多角度反映了都江堰的创修、变迁、历代维护、治水经验的总结等。

一、赋文

汉代流行赋体，铺陈描写，气象宏大。扬雄《蜀都赋》描写都江堰的雄姿："灵山揭其右，离堆被其东"，反映了岷江雄奇的自然山水与都江堰的雄伟气象。晋代左思的《蜀都赋》则描绘了都江堰发达的灌溉系统工程，以及灌区丰收在望的景象："沟洫脉散，疆里绮错。禾稷油油，粳稻莫莫""指渠口以为云门，洒滮池而为陆泽"。晋人刘渊林注说："李冰于湔山下造大堋，以壅江水，分散其流，溉灌平地"，又说"云门"即都江堰的渠口。汉晋时代都江堰及其灌溉功能在文献中得以展现。宋人狄遵度的《凿二江赋》，从变"二江"之害为"二江"之利的角度分析，

歌颂了李冰和文翁伟大的治水功绩。清代以赋铺写都江堰的作者较多，如何咸宜、杨重雅、刘文泽等，从不同角度讴歌了李冰等治水人物及都江堰灌溉工程。

二、诗歌

唐宋时期，中国诗歌创作达到一个高峰，以都江堰为题材的诗词作品大量涌现。著名诗人如高适、岑参、杜甫、范成大、陆游等，或在蜀为官，或流寓蜀地，对李冰创修都江堰的历史功绩深为崇敬，创作了不少脍炙人口的作品。明清以来，此类作品增多，内容更趋广泛，从岷江自然风光、沿江建筑、纪念祠庙到渠首工程、治水经验等，多有涉及。按内容划分，可分为五类。

第一类歌颂治水人物。第二类反映都江堰渠首工程。如清人吕元亮的《石人》《铁牛》《六言箴》、窦圻的《分水坝》等，表明了作者对前人治水经验的重视。第三类反映岁修。如陆游的《视作堤》："西山大竹织万笼，船舸载石来亡穷。横陈屹立相叠重，置力尤在冰庙东"，不仅描写了修筑都江堰大堤的场景，还对宋代使用笼石工艺提供佐证。第四类反映洪涝灾害及抗灾。如唐代诗人岑参的《石犀》："江水初荡潏，蜀人几为鱼"，反映了都江堰未修前，成都平原经常发生洪灾。杜甫的《石犀》："蜀人矜夸一千载，泛溢不近张仪楼"，反映了都江堰的防洪功效。第五类是其他类型。如宋人范成大《离堆行》对蜀人"祀水"的民俗活动作了生动的描写："自从分流注石门，西州秔稻如黄云。刲羊五万大作社，春秋伐鼓苍烟生。"近现代也有较多涉及都江堰的文学作品，如民国时期冯玉祥、于右任作的旧体诗；新中国成立后，董必武、赵朴初、邓拓、魏明伦等创作的诗词。历代有关都江堰的诗歌作品见表 24-2。

表 24-1 历代有关都江堰的诗歌作品

朝代	作者	诗歌作品
秦汉	佚名	《先民谣》
东晋	郭璞	《岷山赞》
唐	岑参	《石犀》
唐	杜甫	《奉观严郑公厅事岷山沱江画图十韵》
唐	杜甫	《石犀行》
唐	杜甫	《登楼》
唐	杜甫	《陪李七司马皂江上观造竹桥，即日成，往来之人免冬寒入水，聊题短作，简李公二首》
宋	范成大	《戏题索桥》
宋	范成大	《离堆行》
宋	范成大	《怀古亭》
宋	陆游	《十二月十一日视筑堤》
宋	陆游	《伏龙祠观孙太古画英惠王像》
宋	陆游	《神君歌》
宋	陆游	《登灌口庙东大楼观岷江雪山》
宋	陆游	《和范舍人永康青城道中作》
宋	苏轼	《送鲜于都曹归蜀灌口旧居》
宋	宋邓	《江渎池亭》
明	杨慎	《出郊》
明	杨慎	《徐及泉相送至斜堰河》
明	杨慎	《春三月四月仰山余尹招游疏江亭观新修都江堰》
明	杨基	《长江万里图》
明	李东阳	《长江行》
明	范涞	《谒秦蜀守李公祠寻离堆山故迹》
明	郭庄	《疏江亭》

朝代	作者	诗歌作品
明	郭庄	《离堆》
清	冯世瀛	《离堆》
清	吕元亮	《铁牛》
清	吕元亮	《离堆》
清	吕元亮	《都江堰》
清	吕元亮	《六言箴》
清	何椿龄	《灌口》
清	何椿龄	《伏龙观》
清	吴文锡	《都江堰》
清	李调元	《离堆》
清	李惺	《慰农亭二首》
清	何盛斯	《灌口瞰江》
清	董玉书	《游伏龙观随吟》
清	宋育仁	《宿伏龙观》
清	张怀溥	《游灌口有怀青城》
清	罗骏声	《观都江堰放水》
清	杨作镝	《离堆观涨》
清	罗春恩	《索桥歌》
清	杨均	《安澜桥》
清	朱凌云	《都江堰》
清	陈炳魁	《都江堰歌》
清	陆法言	《登离堆望两江》
清	李世瑛	《谒二王祠感题》
清	黄澍	《伏龙观》
清	王昌麟	《伏龙观怀古》
清	石养愚	《岷山》
清	马玑	《离堆锁峡》

朝代	作者	诗歌作品
清	黄俞	《都江堰》
清	黄春台	《灌阳十景诗离堆怀古》
清	马莲舫	《石犀》
清	马莲舫	《铁龟》
清	马莲舫	《灌口竹枝词》
清	陈政共	《题石犀》
清	吴好㇇	《灌县竹枝词》
清	马光型	《灌江竹枝词》
清	王昌南	《老人村竹枝百咏》
清	山春	《灌阳竹枝词》
民国	崔敬伯	《参观都江堰》
民国	冯玉祥	《离堆公园》
民国	于右任	《住灌一日》
民国	邢莱	《锦城竹枝词》

三、其他体裁的文学作品

历朝历代其他体裁的文学作品，包括记、序、笺等散文、碑刻等，内容更为广泛，岷江山水胜迹、风俗民情、水利建设、堰功人物无不涉及，都江堰史和岷江水文化得到全面、真实和艺术的再现。如宋人范成大的《吴船录》，除记载都江堰堰务管理，及杀羊祭神的祈水习俗外，还生动描绘他从成都到永康军（今都江堰市）途中所见到的灌区情景："庚午。二十里，早顿安德镇。四十里至永康军，一路江水分流入诸渠，皆雷轰雪卷，美田弥望，所谓岷山之下沃野者正在此。"（《宋代日记从编》）《蜀堰碑》《铁牛记》等详细记述了元明时期都江堰"铁石治堰"的历史，

以及铁龟鱼嘴、铁牛鱼嘴的形制、工艺、施工过程等，是研究中国古代水利技术的重要文献资料。

现代碑记，如马识途《解放军抢修都江堰碑记》，记载了1949年冬解放军抢修都江堰的事迹。何开四所作《都江堰实灌一千亩碑记》传播甚广，其碑立于飞沙堰左岸纪念碑亭之内，已经成为重要的参观景点。

本书原本收录都江堰堰功人物小传及较为知名的赋文、碑记、诗词等，但因篇幅原因删去，仅在附录列出名录。《都江堰志》《都江堰文献集成》收录较为齐全，可资阅读索引。

附　录

都江堰历史文献一览表（先秦至清）

文　献	朝　代	作　者
史记·河渠书（节录）	西汉	司马迁
蜀王本纪	西汉	扬雄
蜀都赋并注	西汉	扬雄著；南宋 章樵注
汉书·地理志（节录）	东汉	班固
李冰石像刻铭	东汉	佚名
建安四年正月中旬故监北江堋太守守史郭择、赵汜碑	东汉	佚名
政论（节录）	东汉	崔寔
京兆樊惠渠颂（节录）	东汉	蔡邕
风俗通义（节录）	东汉	应劭
华阳国志·蜀志（节录）	晋	常璩
三国志·蜀志（节录）	晋	陈寿
蜀都赋并注（节录）	西汉	左思著；晋 刘逵注
益州记（节录）	刘宋	任豫
益州记（节录）	梁	李膺
水经注·江水（节录）	北魏	郦道元
括地志（节录）	唐	李泰
元和郡县图志（节录）	唐	李吉甫
新唐书·地理志（节录）	宋	欧阳修

文　献	朝　代	作　者
高俭传（节录）		《旧唐书》《新唐书》
通典（节录）	唐	杜　佑
南渎大江广源公庙记（节录）	唐	李景让
成都记序（外一则）	唐	卢求
请筑罗城表	唐	高骈
请筑罗城又表	唐	高骈
赐高骈筑罗城诏	唐	李儇
创筑罗城记	唐	王徽
创筑羊马城记	后唐	李昊
修青城山诸观功德记（节录）.	前蜀	杜光庭
贺江神移堰笺	前蜀	杜光庭
录异记（节录）	前蜀	杜光庭
程德柔醮水府修堰词	前蜀	杜光庭
道教灵验记（节录）	前蜀	杜光庭
堤堰志（节录）	北宋	任愭
成都古今集记（节录）	北宋	赵抃
太平寰宇记（节录）	北宋	乐史
元丰九域志（节录）	北宋	王存　等
舆地广记（节录）	北宋	欧阳忞
方舆胜览（节录）	南宋	祝穆
宋史·礼志（节录）	元	脱脱　等
宋史·河渠志（节录）	元	脱脱　等
宋史·列传（节录）	元	脱脱　等
宋史·循吏传（节录）	元	脱脱　等
锦里耆旧传（节录）	北宋	句延庆
蜀梼杌（节录）	北宋	张唐英
移建离堆山伏龙观铭并序	北宋	冯伉

都江堰　可持续水利工程的典范

文　献	朝　代	作　者
益州重修公宇记	北宋	张咏
茅亭客话·蜀无大水	北宋	黄休复
韩忠宪公祠堂记（节录）	北宋	阎灏
郫县蜀丛帝新庙碑记（节录）	北宋	张俞
縻枣堰刘公祠堂记	北宋	何涉
记永康军老人说（节录）	北宋	石介
本朝政要策·水利（节录）	北宋	曾巩
事物纪原（节录）	北宋	高承
益州增修龙祠记（节录）	北宋	田况
成都府新建汉文翁祠堂碑（节录）	北宋	宋祁
扬子云宅辨碑记（节录）	北宋	高惟几
东斋纪事（节录）	北宋	范镇
合江亭记	北宋	吕大防
观政阁箴（节录）	北宋	吕大防
奉使回奏十事状（节录）	北宋	吕陶
蜀州新堰记	北宋	吕陶
朝议大夫黎公墓志（节录）	北宋	吕陶
朝请大夫知邛州常君墓志铭（节录）	北宋	吕陶
朝请郎新知嘉州家府君墓志铭（节录）	北宋	吕陶
朝散郎费君墓志铭（节录）	北宋	吕陶
京东提点刑狱陆君墓志铭（节录）	北宋	王安石
闻见录（二则）	北宋	邵伯温
成都后溪记	北宋	李新
导水记	北宋	吴师孟
莫侯画像记（节录）	北宋	杨天惠
华阳赵侯祠堂记（节录）	北宋	杨天惠

文 献	朝 代	作 者
御劄问蜀中旱歉画一回奏（节录）	南宋	汪应辰
夷坚志·丁志（一则）	南宋	洪迈
驷马桥记	南宋	京镗
万里桥记（节录）	南宋	刘光祖
淘渠记	南宋	席益
縻枣堰记	南宋	杨甲
独醒杂志（二则）	南宋	曾敏行
双流昭烈庙碑阴记	南宋	任渊
砌街记	南宋	范暮
南康郡王庙记（节录）	南宋	张演
吴船录（节录）	南宋	范成大
永康军评事桥免夫役记	南宋	魏了翁
永康军花洲记（节录）	南宋	魏了翁
壁津楼记	南宋	魏了翁
中大夫秘阁修撰致仕杨公墓志铭（节录）	南宋	魏了翁
中奉大夫知邛州李公墓志铭（节录）	南宋	魏了翁
舆地纪胜（节录）	南宋	王象之
祭二郎文	南宋	牟巘
游浣花记（节录）	南宋	任正一
闲邪公家传	南宋	周驰
大元混一方舆胜览（节录）	元	刘应李 詹友谅
大元救赐修堰碑	元	揭傒斯
敕赐汉昭烈帝庙碑（节录）	元	揭傒斯
文献通考（节录）	元	马端临
元史·河渠志·蜀堰	明	宋濂 等
元史·列传（节录）	明	宋濂 等

文　献	朝　代	作　者
马可·波罗行纪（节录）	元	马可·波罗
马可·波罗游纪（节录）	元	马可·波罗
寰宇通志（节录）	明	彭时　等
大明一统志（节录）	明	李贤　等
议处修堰新规	明	张彦杲
四川志（节录）	明	熊相　等
重修四川总志（节录）	明	王元正　等
四川总志（节录）	明	虞怀忠　等
新修成都府志（节录）	明	谢寿举　张世雍　等
图书编（节录）	明	章潢
蜀中广记·蜀郡县古今通释（节录）	明	曹学佺
蜀中广记·神仙记（节录）	明	曹学佺
蜀中名胜记（节录）	明	曹学佺
明史·河渠志（节录）	清	张廷玉　等
明史·地理志（节录）	清	张廷玉　等
明史·吕翀传（节录）	清	张廷玉　等
赠陈太守赴成都序（节录）	明	王直
胡延平传	明	杨士奇
游草堂记	明	薛瑄
策府十科摘要·工科·水利（节录）	明	何乔新
丹铅总录（一则）	明	杨慎
琐语（二则）	明	杨慎
益部谈资（一则）	明	何宇度
大安王庙记	明	马上
灌县治水记碑	明	卢翊
重修灌口二郎神祠碑	明	范时儆
新作蜀守李公祠碑	明	阮朝东

文　献	朝　代	作　者
都江堰铁牛记	明	高韶
临江记	明	劳堪
六公祠碑（节录）	明	张时彻
见闻考随录（节录）	明	韩邦奇
铁牛记	明	陈鎏
重开金水河记	明	刘侃
都江堰记	明	陈文烛
五岳游草（节录）	明	王士性
广志绎（节录）	明	王士性
使蜀记（节录）	明	王樵
御史刘公大修都江堰碑	明	陈演
通雅（二则）	明	方以智
程邑侯水利功德碑	明	庄祖诲
读史方舆纪要（节录）	清	顾祖禹
古今图书集成（节录）	清	蒋廷锡　等
四川通志（节录）	清	查郎阿　等
大清一统志（节录）	清	和珅　等
水道提纲（节录）	清	齐召南
行水金鉴（节录）	清	傅泽洪
府厅州县图志（节录）	清	佚名
蜀故（节录）	清	彭遵泗
蜀典（节录）	清	张澍
蜀水经（节录）	清	李元
蜀水考（节录）	清	陈登龙
重修四川通志（节录）	清	常明　等
广舆记（节录）	清	蔡方炳
清史稿·河渠志（节录）	清	赵尔巽　等

文　献	朝　代	作　者
清史稿·列传（节录）	清	赵尔巽　等
灌记初稿（节录）	清	彭洵
灌县志（节录）	清	孙天宁　等
增修灌县志（节录）	清	庄思恒　等
崇宁县志（节录）	清	刘坛　张大锌　等
续修新繁县志（节录）	清	张文珍　等
新繁县乡土志（节录）	清	余慎　陈彦升　等
新都县志（节录）	清	张奉书　等
重修彭县志（节录）	清	张龙甲　等
郫县志（节录）	清	朱鼎臣　等
重修郫县志（节录）	清	陈庆熙　等
汉州志（节录）	清	刘长庚　等
德阳县新志（节录）	清	裴显忠　等
金堂县志（节录）	清	谢惟杰　等
续修金堂县志（节录）	清	王树桐　等
成都县志（节录）	清	王泰云　等
重修成都县志（节录）	清	李玉宣　等
华阳县志（节录）	清	潘时彤　等
双流县志（节录）	清	汪士侃　等
温江县志（节录）	清	徐文贲　等
温江县乡土志（节录）	清	曾学传　等
增修崇庆州志（节录）	清	沈恩培　等
新津县志（节录）	清	王梦庚　等
蜀景汇考（节录）	清	钟登甲
重修昭觉寺志（节录）	清	罗用霖　等
题修都江大堰疏	清	佟凤彩
水利详文	清	王日讲
水利知照文	清	佟世雍

文　献	朝　代	作　者
都江堰酌派夫价疏	清	宪德
议开浚成都金水河事宜	清	项诚
题请李冰李二郎封号疏	清	礼部
复议四川巡抚硕色奏请石牛堰沙沟黑石二河动帑兴修疏	清	户部
奏请成都水利同知专驻灌县疏	清	何绍基
请为汉蜀郡守文翁建祠禀	清	强望泰
浚黑石河禀	清	叶炯
筹款修理都江堰工折（光绪三年十二月二十八日）	清	丁宝桢
都江堰新工稳固片（光绪四年七月初八日）	清	丁宝桢
都江堰水势实无冲损民田折（光绪四年九月初八日）	清	丁宝桢
报销都江堰工用款折（光绪五年闰三月十七日）	清	丁宝桢
申报①	清	不详
清德宗实录（节录）	清	礼部
遵旨覆陈都江堰工并无浮冒折（光绪五年四月初五日）	清	丁宝桢
都江堰人字堤补修完竣折（光绪五年六月二十一日）	清	丁宝桢
都江堰分水鱼嘴不能退修折（光绪五年七月十三日）	清	丁宝桢
都江堰稳固安澜各州县涸复田亩片（光绪五年九月二十三日）	清	丁宝桢
都江堰岁修亲往查验片（光绪五年十二月二十日）	清	丁宝桢

①晚清报纸。

文　献	朝　代	作　者
遵旨覆奏都江堰工成效显著折（光绪六年四月十六日）	清	丁宝桢
都江堰涸出田亩并无虚饰片（光绪六年四月十六日）	清	丁宝桢
请加封杨四将军奏	清	礼部
协修深溪坎地处堰二禀	清	喇世俊　车辚
上吴制军留任胡明庥书	清	陈炳魁
上吴制军恳拨捐输呈词	清	陈炳魁
请免缴解摊派加工银禀	清	陈炳魁
请设水当禀	清	陈炳魁
募捐河工经费启	清	陈炳魁
请复篓堰旧制禀	清	承厚
四川总督部堂赵为札文	清	四川总督部堂 布政使司
都江堰河道水利记	清	申元敬
都江堰水源考	清	刘应鼎
岷江分合源流考	清	周鹏翀
水利考	清	佚名
水性说	清	王来通
天时地利堰务说	清	王来通
拟作鱼嘴法	清	王来通
做鱼嘴活套法	清	王来通
李冰凿离堆论	清	郭维藩
东别为沱解	清	高升之
东别为沱辨（节录）	清	陈一津
培风塔记	清	陈一泗
深淘滩低作堰诠	清	何焕然
新都水利考	清	魏用之
筒车记	清	刘沅

文　献	朝　代	作　者
蓄堰水说	清	阚昌言
重修普惠宫记	清	高兆鲁
岷江上源考	清	陈炳魁
岷江各支流考	清	陈炳魁
都江堰水利说	清	王昌麟
两修都江堰工程纪略	清	强望泰
听雨楼随笔（节录）	清	王培荀
历代都江堰功小传序	清	王人文
历代都江堰功小传吉当普传跋	清	钱茂
都江堰堰工利病书	清	赵式铭
复浚离堆碑记	清	杭爱
蜀道驿程记（节录）	清	王士禛
秦蜀驿程后记	清	王士禛
陇蜀余闻	清	王士禛
修建太平堤碑	清	朱载震
重修通佑显英王庙碑.	清	黄廷桂
重修通佑王殿碑	清	朱介圭
汇辑二王实录	清	张灼
灌江备考（节录）	清	王廷珏
记事二则	清	滕兆荣　汪松承
重刊"深淘滩，低作堰"六字跋	清	张文藻
书都江堰事	清	林携
蜀輶日记	清	陶澍
都江堰十四属用水田粮碑记	清	佚名
新建慰农亭碑	清	强望泰
李公父子治水记	清	刘沅
成都石犀记	清	刘沅

文　献	朝　代	作　者
新建通佑王启碑	清	李芳
千金堤记	清	彭洵
钱公堤记	清	李芳
重建蜀郡守李公庙碑	清	完颜崇实
司马曾公德政碑	清	陈召南
四川成都府水利全图说	清	曾寅亮
离堆伏龙观题壁记	清	黄云鹄
三道崖碑	清	刘廷恕
丁公祠碑	清	陆法言
培修慈云洞碑	清	陆葆德
都江堰灵异记	清	周盛典
护树碑	清	不详
重修襄护王寝殿记	清	丁宝桢
重修襄护王寝殿碑	清	王祖源
襄护王寝殿落成记	清	丁士彬
都江堰复笼工碑	清	佚名
丁公祠碑	清	陈廷先
堰工祠记	清	钱茂
己酉书事	清	钱茂
跋"永镇蜀眼"碑	清	钱茂
卧铁记	清	庄裕筼
丁亥入都纪程（节录）	清	黎庶昌
新开长同堰暨建祠碑	清	王泽霖
水利记	清	彭锡畴
新元史·李秉彝传（节录）	民国	柯劭忞

图书在版编目（CIP）数据

可持续水利工程的典范：都江堰 /
旷良波著 . -- 武汉：长江出版社，2024.7
　（世界灌溉工程遗产研究丛书 / 谭徐明总主编 . 中国卷）
　ISBN 978-7-5492-8804-5

　Ⅰ . ①可… Ⅱ . ①旷… Ⅲ . ①都江堰－水利史 Ⅳ .
① TV632.71

中国国家版本馆 CIP 数据核字 (2023) 第 055966 号

可持续水利工程的典范：都江堰
KECHIXUSHUILIGONGCHENGDEDIANFAN：DUJIANGYAN

旷良波　著

出版策划： 赵冕　张琼
责任编辑： 朱舒
装帧设计： 汪雪　彭微
出版发行： 长江出版社
地　　址： 武汉市江岸区解放大道 1863 号
邮　　编： 430010
网　　址： https://www.cjpress.cn
电　　话： 027-82926557（总编室）
　　　　　　027-82926806（市场营销部）
经　　销： 各地新华书店
印　　刷： 湖北金港彩印有限公司
规　　格： 787mm×1092mm
开　　本： 16
印　　张： 25
彩　　页： 4
字　　数： 280 千字
版　　次： 2024 年 7 月第 1 版
印　　次： 2024 年 7 月第 1 次
书　　号： ISBN 978-7-5492-8804-5
定　　价： 158.00 元